国家『十三五』重点图书出版规划项目
同济大学学术专著（自然科学类）出版基金资助项目
老年友好城市系列丛书

老年人热舒适和居住热环境研究

THE RESEARCH ON THERMAL COMFORT AND THERMAL ENVIRONMENT OF THE OLDER PEOPLE

焦瑜　于航　著
JIAO Yu　YU Hang

同济大学 出版社
TONGJI UNIVERSITY PRESS

图书在版编目（ＣＩＰ）数据

老年人热舒适和居住热环境研究 / 焦瑜，于航著
. -- 上海：同济大学出版社，2019.11
（老年友好城市系列丛书 / 于一凡主编）
ISBN 978-7-5608-8794-4

Ⅰ . ①老... Ⅱ . ①焦... ②于... Ⅲ . ①老年人住宅 -
居住环境 - 环境设计 - 研究 Ⅳ . ① TU-856

中国版本图书馆 CIP 数据核字 (2019) 第 245839 号

老年人热舒适和居住热环境研究

焦 瑜 于 航 著
出 品 人　　华春荣
责 任 编 辑　　李小敏　由爱华
责 任 校 对　　徐春莲
装 帧 设 计　　潘向蓁
封 面 设 计　　张 微
版　　次　　2019 年 11 月第 1 版
印　　次　　2019 年 11 月第 1 次印刷
印　　刷　　上海安枫印务有限公司
开　　本　　710 mm × 980 mm　1/16
印　　张　　20.5
字　　数　　410 000
书　　号　　ISBN 978-7-5608-8794-4
定　　价　　159.00
出 版 发 行　　同济大学出版社
地　　址　　上海市四平路 1239 号
电　　话　　021-65985622
邮 政 编 码　　200092
网　　址　　www.tongjipress.com.cn
经　　销　　全国各地新华书店

科技的进步延长了人类的寿命，当全球老龄化程度日趋加深，银发时代带给我们太多的机遇与挑战。"健康老龄化"的呼声越来越高，我们必须严肃思考，怎样用科学的方法去了解老年人与环境的关系。当他们的生理机能在减退、心理功能在老化、社会角色在转变、居住模式在发生着变化的时候，我们不能回避的一个问题就是：怎样从生理、心理和行为特征出发，为老年人提供舒适健康的居住环境。

2012 年，中国共产党第十八次全国代表大会做出了"积极应对人口老龄化"的战略部署，同年，新修订的《中华人民共和国老年人权益保障法》将老年宜居环境建设上升到了法律的层面，规定"国家采取措施，推进宜居环境建设，为老年人提供安全、便利和舒适的环境"。积极应对老龄化是国家的战略方针，老年宜居环境建设是积极应对老龄化的重要方面。在此过程当中，我们可以看到和感受到，老年宜居环境建设在研究和实践层面上都取得了长足的进步，但是问题依然很多。

"老年宜居环境"是一个复杂的系统工程，需要多个行业的共同努力和多学科的交叉研究。我们研究的方向就是老年人与居住建筑物理环境的交互作用，这项研究涉及生理学、心理学、行为学、老年医学、社会学、统计学、建筑学等多个学科内容，在整个研究过程中，我们咨询了相关领域的专家，并查阅了大量的研究资料。我们于2010 年开始，做了 100 个样本的探索研究。2012 年，开始设计并逐步形成较为完善的研究方案和研究计划。同济大学机械与能源工程学院 A309 老年人热舒适研究团队自 2013 年开始走访和进行现场调查，至今已历时 5 年半，积累了宝贵的数据和研究经验，本书就是研究团队部分研究成果的分享。

本书从环境生理学和适应性热舒适出发，结合上海地区气候特点，充分考虑老年人的生理、心理和热适应行为特点，通过理论研究、现场调查和数据分析，深入了解老年人的健康舒适与居住物理环境的关系，为"适老化"建筑设计和改造提供依据，为基于气候性和地区性的老年宜居环境建设相关标准的制定提供基础研究依据。本书包含基础理论、发展现状、研究方法、数据分析和建模以及设计指南，内容丰富翔实，图文并茂，可读性强。

本研究得到国家自然科学基金面上项目"夏热冬冷地区老年人热感觉模式研究"（批准号 51578386）和面上项目"社区建成环境促进健康老龄化的规划响应"（批准

号 51878456）的资助。本书的出版得到同济大学学术专著（自然科学类）出版基金的支持。同时感谢上海市城市更新及其空间优化技术重点实验室的支持。本书以焦瑜博士的研究为主要内容，汇集了课题组姚新玲、王恬、安玉松、李畅、魏琦、储向阳、王梓等研究生的研究成果。特别感谢接受我们调研的养老机构和慈祥善良的老人们，感谢不辞辛苦参加调研的 A309 的研究生同学们，感谢提出宝贵意见和建议的专家学者和朋友们。

　　希望本书对读者们有所帮助，也希望读者提出宝贵的意见和建议，帮助我们更好地开展老年人热舒适研究工作，为我国的老龄事业贡献绵薄之力。

于　航
2019 年 10 月

　　为了应对日益严峻的老龄化问题，2012 年新修订的《中华人民共和国老年人权益保障法》明确规定，"国家采取措施，推进宜居环境建设，为老年人提供安全、便利和舒适的环境"，将老年宜居环境建设上升至法律层面的要求。适老建筑环境研究是老年宜居环境建设的重要方面。了解老年人对居住建筑环境生理、心理和行为的适应性特点以及老年人在真实环境下的热舒适需求，是适老建筑环境研究的一项重要工作。

　　早在 20 世纪 80 年代，老年人的居住条件问题就得到了国际社会的广泛关注。进入 21 世纪以来，全球老龄化进程迅速发展，老龄问题成为机遇与挑战并存的世界大趋势。随着国家将老年宜居环境建设上升为法律层面的要求，相关研究的专著也越来越多，科研推动行业高速发展，行业的高速发展带动着专业读者的阅读需求。目前的专著中，有对老年住宅及室外空间利用的阐述，对老年人集聚的老年社区的阐述，对老年人室内室外设施建设的阐述，还有对老年住宅或老年社区实施运作策略等方面的研究。其中建筑学科方面的研究大都侧重于建筑设计、区域规划、居住区设施建设等范围的阐述，从建筑物理环境角度出发，基于心理学和生理学对老年人的适应性热舒适研究的学术著作迄今为止尚未见公开出版。

　　本书填补了老年宜居环境建设领域建筑环境学方面专著的空白。以公共养老设施老年人与居住建筑环境之间的交互作用为出发点，通过理论研究和文献研究提出问题，设计并论证研究方法，进行现场调查和采集数据，统计分析获得统计规律和模型，并结合实际提出设计建议，环环相扣，点面结合。有理论基础的介绍，也有方法论的论证，研究成果在文字描述的基础上，用大量图表生动展现，可读性强。

　　本书以环境生理学和适应性热舒适为理论基础，结合上海地区气候特点，从老年人的生理、心理和热适应行为出发，对上海地区公共养老设施老年人的适应性热舒适和居住热环境设计进行了介绍。

　　本书的写作意图有 3 个：

　　（1）为适老建筑规划和设计提供热环境层面上的指导和理论依据。由于老年人生理、心理、行为的特殊性与建筑物理环境密切相关，而且随着建筑行业的发展和老年人生活水平的提高，老龄化社会必将对影响老年人舒适的居住热环境要素提出新的要求，相应的行业标准和规范也要满足时代需求。因此有必要对基本设计理论及基础参数进行研究。本书的出版可服务于老年人居住热环境的改善和设计，为老年人居住热环境设计提供理论依据。

（2）介绍本课题组在上海地区公共养老设施建筑物理环境和老年人热舒适方面取得的研究成果及研究方法，供老龄科学研究者参考。老年宜居环境建设是一门综合性的科学技术，涉及建筑、规划、生理、心理、社会学、公共医学等多个学科领域。把相关学科的理论和技术有机地结合起来，是做好老年宜居环境建设工作的重要基础。本书从建筑物理环境和老年人热舒适的角度出发，揭示老年人与居住建筑环境交互作用的规律，为老年宜居环境建设提供理论依据。

（3）希望通过本书的出版，将研究成果用于指导养老设施热环境管理，增进老年人福祉。马克思说："科学绝不是一种自私自利的享受。有幸能够致力于科学研究的人，首先应该拿自己的学识为人类服务。"因此，本书希望传递信息给更多养老设施的管理和工作人员，使他们通过阅读本书，从建筑物理环境和热舒适的角度了解老年人，从而可以为老年人提供更有效的服务。

随着全球老龄化的发展，研究者有责任去深入了解和考察老年群体对热环境的需求，从而提高老年人居住热环境质量和老年人的身心健康水平。首先，基于老年人适应性热舒适对特殊气候条件下老年人的主观感觉、生理和行为反应进行研究，加强基础参数的测试和研究工作，有助于提升我国建筑设计行业的整体水平；其次，本书为养老设施的环境设计和空间规划提出了建议，这些工作有利于提高养老设施的设计水平和管理服务水平，进而有利于提高养老设施内老年人的生活品质；再次，中国老龄化问题关系着国计民生，探索并找到适合中国特色的养老设施的热环境设计和空间规划至关重要。

本书对上海地区公共养老设施建筑的物理环境和居住在内的老年人适应性热舒适进行了全方位的分析和探讨。主要内容包括五个部分：①对写作背景和国内外研究现状和发展动态进行总结；②介绍理论基础和研究方法；③介绍上海地区公共养老设施老年人特征和居住建筑物理环境特征；④描述老年人适应性热舒适的统计规律，探讨上海地区老年人对养老设施热环境的真实需求；⑤总结老年人与设施环境（包括设施热环境、设施空间、设施管理）之间相互影响、相互渗透的关系，探讨如何通过养老设施热环境的改善和设施管理措施来满足设施内老年人对居住建筑热环境的舒适要求。

全书共分为 11 章：

第 1 章，绪论。本章主要对本书写作背景进行阐述。

第2章，老年人热舒适基础理论。本章主要阐述老年人热舒适研究的基础理论和基本概念。

第3章，老年人热舒适和热环境研究现状和发展动态。本章主要对老年人热舒适和热环境研究的国内外研究现状和发展动态进行阐述和总结。

第4章，老年人热舒适现场调查研究方法。本章为方法论篇，介绍了老年人适应性热舒适现场调查研究的方案设计和数据统计分析方法。

第5章，老年人居住养老设施建筑特征与建筑环境参数。本章主要对上海地区养老设施老年人居住建筑特征、空间环境特征以及环境参数进行统计分析。

第6章，老年人样本特征与环境参数的关联性。本章主要对老年人特征进行统计描述和假设检验，并对老年人服装热阻、生理参数与环境参数相关关系的关联性进行了分析和讨论。

第7章，老年人对建筑物理环境的主观感觉。本章采用统计和数据分析方法，结合理论研究，探究上海地区公共养老设施老年人对热、声、光环境的主观感觉，分析影响老年人主观感觉的热因素和非热因素，建立老年人热满意影响因素的 Logistic 模型并对模型进行检验。

第8章，老年人适应性热舒适研究。本章通过线性回归、假设检验、Logistic 概率分析的方法，定量分析了现有热舒适指标和热适应模型对上海地区老年人的适应性，构建了热感觉模型、热适应行为模型和热适应模型等，并对老年人的心理、生理和行为的适应特点进行了阐述。

第9章，过渡空间和老年人的热适应行为。本章首先结合老年人主观感觉分析了上海地区公共养老设施老年人居住建筑室外－过渡空间－室内三类热环境特点；其次基于老年人日常生活的典型空间热环境（室内－过渡空间－室外），对老年人的心理、行为和生理适应性进行研究，并给出空间热环境温度设计的参考值；最后提出了上海地区公共养老设施老年人居住建筑空间环境使用和设计建议。

第10章，老年人居住建筑室外热舒适。我国幅员辽阔、气候特征（分严寒、寒冷、夏热冬冷、夏热冬暖、温和五个气候区）和人群差异（南方、北方、东部、西部、中部）明显。本书以上海市某养老机构的室外活动空间为研究对象，基于现场调查的数据，利用 Autodesk CFD（计算流体动力学软件）对室外热环境进行了数值模拟，并对该敬老院的室外空间提出了评价和建议。

第11章，总结与展望。本章总结上海地区公共养老设施老年人特征和居住热环境特征，调研老年人适应性热舒适的统计规律，探讨上海地区老年人对养老设施热环境的真实需求；总结老年人与设施环境（包括设施热环境、设施空间、设施管理）之间的相互影响、相互渗透的关系，探讨如何通过养老设施热环境的改善和设施管理措施来满足设施内老年人对居住建筑热环境的舒适要求。

本书设计和实施了现场调查方案，以上海地区公共养老设施中70岁以上老年人为研究对象，现场调查了17家养老机构，获得冬季有效样本342个，夏季有效样本330个，方案设计科学可靠，数据翔实。通过对数据的统计和分析，建立了上海地区公共养老设施老年人的热感觉模型、热适应行为模型和热适应模型等，并结合老年人日常生活的典型空间热环境，分别给出了老年人的行为适应和生理适应统计特征，为适老建筑热环境设计和空间规划提供了理论依据。

目　录

Chapter 1　第 1 章

绪　论

Introduction

1.1 老龄化和老年人

按照国际上通用的判断老龄化的标准，一个国家或地区 60 岁及以上人口占总人口的 10% 或 65 岁以上的人口占总人口的 7% 以上即称为老龄化社会（aging society），达到 14% 即称为老龄社会（aged society），达到 20% 则称为超老龄社会（hyper-aged society）。

对于老年人的定义，各国的标准并不一致。依据老龄化程度和发展程度，一般是以 60 岁或 65 岁作为分界点。在人口老龄化严重的国家或一些发达国家，基本上是以 65 岁作为进入老年期的标准。一些研究者将老年期分为"年轻老年人"（60～69 岁）、"中老年人"（70～79 岁）、"老老年人"（80～89 岁）和"非常老的老年人"（90 岁以上）。联合国世界卫生组织（World Health Organization，WHO）对年龄阶段的划分标准中规定：44 岁以下为青年，45～59 岁为中年，60～74 岁为年轻的老年人，75～89 岁为老年人，90 岁以上为长寿老人。《中华人民共和国老年人权益保障法》（2015）第二条规定："老年人是指 60 周岁以上的公民。"

1.2 全球老龄化进程

2000 年，全球 60 岁以上的人口有 6 亿；到 2025 年，这个数字将达到 12 亿；而到 2050 年，全球 60 岁以上的人口预计将突破 20 亿，占全世界总人口的 21.1%。如图 1-1 所示为 2015—2100 年不同发展程度国家（地区）的老年人口数量，图中数据来源于联合国 2017 年世界人口预测（United Nations: World Population Prospects 2017）。根据预测结果，到本世纪中叶，老年人口比例超过 30% 的不仅包括欧洲和北美的许多国家，还包括智利、中国、伊朗、韩国、俄罗斯、泰国和越南。

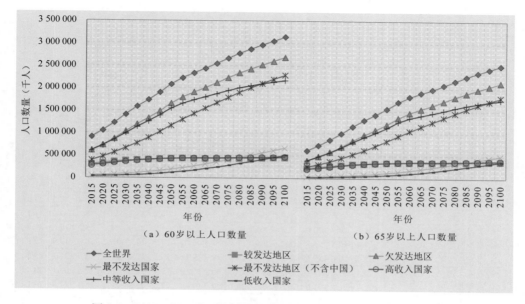

图 1-1　2015—2100 年不同发展程度国家（地区）的老年人口数量

　　全球老龄化进程具有以下特点：①人口老龄化的速度加快；②老年人口的重心从发达国家向发展中国家转移，低收入和中等收入国家将经历最快最显著的人口结构变化；③人口平均寿命不断延长；④高龄老年人增长速度快，全世界能够活到 80 多或 90 多岁的人数将超越以往；⑤女性老年人在老年人口中占比较大。

　　年龄中位数可以反映人口年龄的集中趋势和分布特征，是考察人口年龄构成类型的重要指标之一。将全体人口年龄按照自然大小顺序排列，年龄中位数就是这个连续变量数列中的中间值。人口年龄中位数通常被用来衡量一个国家的人口老龄化程度：①年龄中位数在 20 岁以下为年轻型人口；②年龄中位数在 20 ~ 30 岁为成年型人口；③年龄中位数在 30 岁以上为老年型人口。图 1-2、图 1-3 和表 1-1 列出了 1950—2015 年各地区和国家年龄中位数的统计信息（数据来源于联合国 2017 年世界人口预测）。可以看出，2015 年，中国人口年龄中位数为 37 岁，即一半的中国人口年龄小于 37 岁，而另一半则大于 37 岁。日本的年龄中位数达到了 46.3 岁。

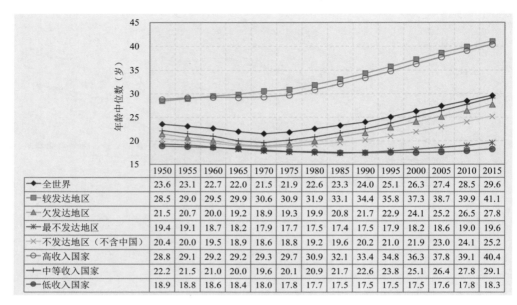

图 1-2　1950—2015 年不同发展程度国家（地区）的年龄中位数

	1950	1955	1960	1965	1970	1975	1980	1985	1990	1995	2000	2005	2010	2015
◆ 全世界	23.6	23.1	22.7	22.0	21.5	21.9	22.6	23.3	24.0	25.1	26.3	27.4	28.5	29.6
■ 较发达地区	28.5	29.0	29.5	29.9	30.6	30.9	31.9	33.1	34.4	35.8	37.3	38.7	39.9	41.1
▲ 欠发达地区	21.5	20.7	20.0	19.2	18.9	19.3	19.9	20.8	21.7	22.9	24.1	25.2	26.5	27.8
✳ 最不发达地区	19.4	19.1	18.7	18.2	17.9	17.7	17.5	17.4	17.5	17.9	18.2	18.6	19.0	19.6
✕ 不发达地区（不含中国）	20.4	20.0	19.5	18.9	18.6	18.8	19.2	19.6	20.2	21.0	21.9	23.0	24.1	25.2
○ 高收入国家	28.8	29.1	29.2	29.2	29.3	29.7	30.9	32.1	33.4	34.8	36.3	37.8	39.1	40.4
＋ 中等收入国家	22.2	21.5	21.0	20.0	19.6	20.1	20.9	21.7	22.6	23.8	25.1	26.4	27.8	29.1
● 低收入国家	18.9	18.8	18.6	18.4	18.0	17.8	17.7	17.5	17.5	17.5	17.5	17.6	17.8	18.3

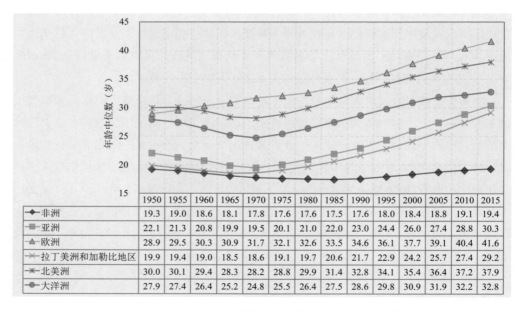

	1950	1955	1960	1965	1970	1975	1980	1985	1990	1995	2000	2005	2010	2015
◆ 非洲	19.3	19.0	18.6	18.1	17.8	17.6	17.6	17.5	17.6	18.0	18.4	18.8	19.1	19.4
■ 亚洲	22.1	21.3	20.8	19.9	19.5	20.1	21.0	22.0	23.0	24.4	26.0	27.4	28.8	30.3
▲ 欧洲	28.9	29.5	30.3	30.9	31.7	32.1	32.6	33.5	34.6	36.1	37.7	39.1	40.4	41.6
✕ 拉丁美洲和加勒比地区	19.9	19.4	19.0	18.5	18.6	19.1	19.7	20.6	21.7	22.9	24.2	25.7	27.4	29.2
✳ 北美洲	30.0	30.1	29.4	28.3	28.2	28.8	29.9	31.4	32.8	34.1	35.4	36.4	37.2	37.9
● 大洋洲	27.9	27.4	26.4	25.2	24.8	25.5	26.4	27.5	28.6	29.8	30.9	31.9	32.2	32.8

图 1-3　1950—2015 年世界各洲（地区）的年龄中位数

表 1-1　1950—2015 年各国家的年龄中位数　　　　　　　　单位：岁

国　家	年　份													
	1950	1955	1960	1965	1970	1975	1980	1985	1990	1995	2000	2005	2010	2015
埃及	20.6	20.7	19.9	19.0	19.0	19.2	19.4	19.5	19.6	20.1	21.2	22.6	23.9	24.7
中国	23.9	22.3	21.4	19.8	19.3	20.4	21.9	23.6	24.9	27.3	30.1	32.7	35.2	37.0
日本	22.3	23.6	25.4	27.2	28.8	30.3	32.6	35.0	37.3	39.4	41.2	43.0	44.7	46.3
韩国	19.0	18.9	18.6	18.4	19.0	19.9	22.1	24.3	26.9	29.3	31.9	34.8	38.0	40.8
印度	21.3	20.8	20.3	19.6	19.4	19.8	20.2	20.6	21.1	21.8	22.7	23.8	25.1	26.7
新加坡	20.0	19.4	18.8	18.1	19.7	21.9	24.5	27.3	29.3	31.8	34.1	35.9	37.3	40.0
俄罗斯	24.3	26.1	27.2	28.6	30.8	30.8	31.4	32.2	33.4	35.0	36.5	37.3	38.0	38.7
丹麦	31.7	32.4	33.0	32.8	32.5	33.0	34.3	36.0	37.1	37.7	38.4	39.6	40.6	41.6
英国	34.9	35.1	35.6	35.1	34.2	34.0	34.4	35.4	35.8	36.5	37.6	38.7	39.6	40.2
意大利	28.6	30.1	31.4	32.1	32.8	33.3	34.1	35.5	37.0	38.7	40.4	42.0	43.8	45.9
法国	34.7	32.9	33.1	32.8	32.5	31.8	32.6	33.8	35.0	36.4	37.7	38.9	40.0	41.2
德国	35.2	34.5	34.7	34.3	34.2	35.4	36.5	37.2	37.6	38.4	40.1	42.1	44.3	45.9
荷兰	28.0	28.5	28.6	28.5	28.6	29.4	31.3	33.1	34.6	36.0	37.5	39.0	40.8	42.1
瑞士	33.2	32.9	32.7	31.5	31.8	32.9	34.6	36.0	36.9	37.2	38.6	40.1	41.6	42.2
西班牙	27.5	28.6	29.2	30.0	29.8	29.9	30.4	31.6	33.3	35.5	37.6	39.1	40.6	43.2
芬兰	27.8	28.0	28.4	28.7	29.6	30.8	32.8	34.7	36.4	37.8	39.4	40.9	42.0	42.5
墨西哥	18.7	17.8	17.1	16.6	16.6	16.6	17.2	18.2	19.5	21.2	22.7	24.2	25.9	27.5
巴西	19.2	18.9	18.6	18.3	18.7	19.5	20.3	21.2	22.4	23.7	25.1	27.0	29.0	31.3
加拿大	27.7	27.3	26.5	25.5	26.1	27.5	29.2	31.0	32.9	34.8	36.8	38.6	39.7	40.5
美国	30.2	30.3	29.8	28.6	28.4	29.0	30.0	31.4	32.8	34.0	35.2	36.1	36.9	37.6
澳大利亚	30.4	30.2	29.6	28.4	27.4	28.1	29.3	30.7	32.1	33.6	35.4	36.6	36.9	37.4
新西兰	29.4	28.7	27.4	25.8	25.6	26.3	27.9	29.5	31.1	32.6	34.3	35.5	36.6	37.3

1.3　中国老龄化进程

　　中国自 1999 年进入老龄化社会以来，老年人口数量不断增加，老龄化程度持续加深。全国老龄工作委员会办公室于 2006 年发布《中国人口老龄化发展趋势预测研究报告》，提出从 2001 年到 2100 年，中国的人口老龄化发展趋势可以划分为三个阶段：

　　（1）第一阶段，从 2001 年到 2020 年是快速老龄化阶段。这一阶段，中国将平均每年增加 596 万老年人口，年均增长速度达到 3.28%，大大超过总人口年均 0.66% 的增长速度，人口老龄化进程明显加快。到 2020 年，老年人口将达到 2.48 亿，老龄化水平将达到 17.17%。

　　（2）第二阶段，从 2021 年到 2050 年是加速老龄化阶段。中国老年人口数量开始加速增长，平均每年增加 620 万人。到 2023 年，老年人口数量将增加到 2.7 亿。到 2050 年，老年人口总量将超过 4 亿，老龄化水平将达到 30% 以上。

　　（3）第三阶段，从 2051 年到 2100 年是稳定的重度老龄化阶段。2051 年，中国老年人口规模将达到峰值 4.37 亿。这一阶段，老年人口规模将稳定在 3 亿～4 亿，老龄化水平基本稳定在 31% 左右，进入一个高度老龄化的平台期。

　　根据全国老龄办公布的数据，截至 2017 年底，我国 60 岁及以上老年人口 2.41 亿人，占总人口 17.3%。人口统计数据显示，我国从 1999 年进入人口老龄化社会到 2017 年的 18 年间，老年人口净增 1.1 亿。中国老龄化具有人口规模大、增长速度快、高龄化、地区差异大和未富先老的特征。老龄化社会的到来，还将持续对我国的经济、文化、政治、城镇建设、空间环境等各方面带来深远的影响，各种各样的老龄问题也接踵而至。把老年人需求和解决人口老龄化问题相结合，也给国家发展带来新的活力和机遇。

1.4　老年人居住环境建设的发展历程

居住条件的好坏是安全和健康的决定性因素之一。

早在 20 世纪 80 年代，老年人的居住问题就得到了国际社会的广泛关注。联合国也将 20 世纪最后一年（1999 年）定为"国际老人年"，并确定其主题为"建立不分年龄人人共享的社会"。联合国《1982 年老龄问题维也纳国际行动计划》中指出："充足的居住条件和令人愉快的物质环境对于所有人的幸福生活来说都是必要的，而且，住房对于任何国家任何年龄组的生活素质都有至关重要的影响，这种看法是人们所普遍接受的。适宜的住房条件对于年长者甚至更为重要，因为其住所实际上就是其所有活动的中心。"

2002 年 4 月 8 日至 12 日在西班牙马德里举行的第二次老龄问题世界大会再次阐述了居住问题对老年人身心健康的重要性，并在行动建议中强调："住房和生活环境要适应老龄化过程中人们不断变化的住房和行动需求"。同年，世界卫生组织发布了《积极老龄化：政策框架》。该框架将积极老龄化定义为："为提高老年人的生活质量，尽可能优化其健康、社会参与和保障机会的过程。"该定义强调了对多部门行动的需求，目标是确保"老年人始终是其家庭、所在社区和经济体的有益资源"。世界卫生组织的政策框架确定了"物理环境"为积极老龄化的六个重要的决定因素之一。其他五个重要因素分别为经济、行为、个体、社会、卫生和社会服务。

随着全球老龄化的快速发展，2006 年，世界卫生组织提出了"老年友好城市"（Age-Friendly Cities and Communities，AFCC）的理念，并于 2007 年国际老年人日（International Day of Older Persons，IDOP）（联合国于 1990 年 12 月 14 日通过 45/106 号决议，指定 10 月 1 日为国际老年人日）发布了《全球老年友好城市指南》。该指南共涉及老年友好城市的八个主题。这八个主题包括：作为城市物理环境的重要特点，对个人出行、安全、社会治安、健康行为和社会参与都有重大影响的"室外空间与建筑"、"交通"和"住房"；主要反映社会文化环境，会对人们的社会参与度和心理健康产生影响的"尊重和社会包容"、"社会参与"和"市民参与和就业"；涉及社会环境、健康和社会服务决定因子的"交流和信息"和"社区支持和卫生保健服务"。该指南指出："适合的住所及其社区和社会服务的可及性对其独立性的影响与老年人的生活质量之间有着一定的联系"，并提出老年友好住所评判标准（图1-4；资料来源于《全球老年友好城市指南（2007）》）。

2016年，世界卫生组织发布了《关于老龄化与健康的全球报告》。该报告将"健康老龄化"定义为"发展和维护老年健康生活所需的功能发挥的过程"（图1-5）。报告指出，健康老龄化从出生时基因遗传开始，个人特征中，有些因素通常是固定的，

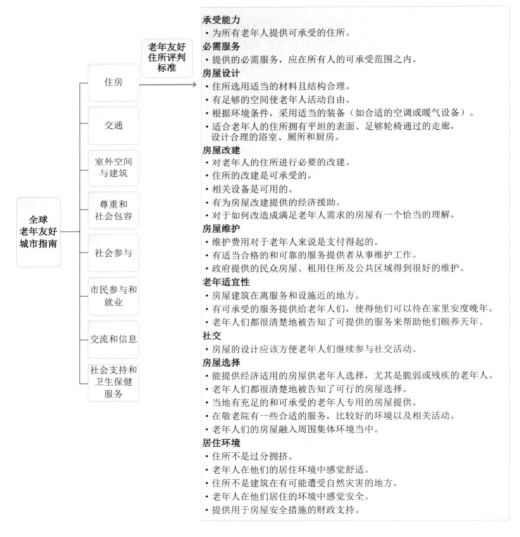

图1-4　全球老年友好城市主题和老年友好住所评判标准

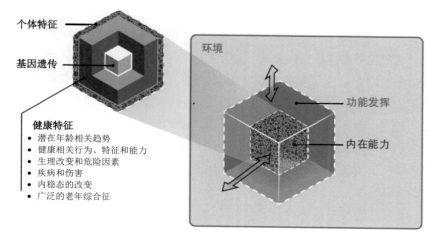

图 1-5　健康老龄化过程

如生理、性别和民族，还有一些因素是部分可变的，或反映社会规范，如职业、学历、社会性别和财富。随着年龄的增加，分子和细胞水平的损伤逐渐积累并导致生理储备普遍下降。大部分这种广泛的生理和内环境稳态的变化都是不可避免的，尽管其范围在特定年龄的个体间有很大的差异。除了这些基础的变化外，生命历程中经历的一系列积极和消极的环境影响可作用于其他健康特征的发展。这些健康特征相互叠加，最终决定个体的内在能力 —— 即个体在任何时候都能动用的全部身体机能和脑力的组合。而老年人能否完成自己认为重要的那些事情，不仅取决于其内在能力，还受特定时刻他们与所处环境之间相互作用的影响。环境中有很多的因素，包括建筑环境、人际关系、态度和价值观、卫生和社会政策、支持系统及其提供的服务。个人与环境和谐是评估个体与环境相互作用的一种方式，它反映了个体与环境之间动态互惠的关系。

个人与环境和谐这一概念考虑到：

（1）个体及其健康特征和能力；

（2）社会需求和资源；

（3）老人与居住环境之间动态的交互式的关系；

（4）随着时间推移，老人和环境发生的变化。

把老年人需求和解决人口老龄化问题相结合，也给中国的发展带来新的活力和机遇。其中老年人的宜居环境建设日益凸显，成为老龄问题中的一个重要环节。2012 年，新修订的《中华人民共和国老年人权益保障法》新增"宜居环境"的规定，将老年宜居环境建设上升为法律层面的要求，明确提出"国家采取措施，推进宜居环境建设，为老年人提供安全、便利和舒适的环境"。老年宜居环境建设是一个复杂的系统，适老宜居室内外物理环境是其重要的组成部分。环境建设要充分考虑人口老龄化因素、适合人口老龄化社会发展的新要求，充分考虑老年人身心特点、满足老年人的需求。2016 年 10 月 12 日，全国老龄办联合 25 个部委发布了我国第一个老年宜居环境建设指导意见。《关于推进老年宜居环境建设的指导意见》结合我国国情，规划了适老居住环境、适老出行环境、适老健康支持环境、适老生活服务环境、敬老社会文化环境五大老年宜居环境建设任务，并提出到 2025 年，安全、便利、舒适的老年宜居环境体系基本建立，"住、行、医、养"等环境更加优化，敬老、养老、助老社会风尚更加浓厚的发展目标。

1.5 中国养老政策及养老建筑设计标准

2011 年 12 月，国务院办公厅印发了《社会养老服务体系建设规划（2011—2015年）》，指出我国的社会养老服务体系主要由三个有机部分组成，即居家养老、社区养老和机构养老，并指出应以居家养老为基础、社区养老为依托、机构养老为支撑。2016 年 6 月，《民政事业发展第十三个五年规划》中提出：全面建成以居家为基础、社区为依托、机构为补充、医养相结合的多层次养老服务体系。2017 年 2 月，《"十三五"国家老龄事业发展和养老体系建设规划》中提出了老龄事业发展目标：到 2020 年，居家为基础、社区为依托、机构为补充、医养相结合的养老服务体系更加健全。为了积极应对人口老龄化的国家战略，中国老龄政策体系在逐渐形成和不断完善。

目前，中国已经初步形成以《宪法》和有关基本法律为依据，以法律、行政法规、地方性法规、部门规章和规范性文件为主要表现形式，以《中华人民共和国老年人权益保障法》《关于加强老龄工作的决定》《中国老龄事业发展"十五"计划纲要》《"十三五"国家老龄事业发展和养老体系建设规划》等重要纲领性文件为基本政策，以养老保障政策、老年医疗卫生政策、为老服务政策、老年文化教育政策、老年人社会参与政策、老年人权益保障政策等为具体政策的老龄政策体系。

截至 2016 年，国家和地方级机构主要的公共养老设施建筑设计规范和标准如表 1-2 所示。

表 1-2 国家和地方级机构主要公共养老设施规范和标准

	规范名称	机构设施体系
国家级标准	老年人居住建筑设计规范（GB/T 50340—2016）	专为老年人设计，供其起居生活使用，符合老年人生理、心理要求的居住建筑，包括老年人住宅、老年人公寓及其配套建筑、环境、设施等
国家级规范	养老设施建筑设计规范（GB 50867—2013）	为老年人提供居住、生活照料、医疗保健、文化娱乐等方面专项或综合服务的建筑统称，包括老年养护院、养老院、老年日间照料中心等
国家级标准	城镇老年人设施规划规范（GB 50473—2007）	专为老年人服务的居住建筑和公共建筑，包括托老所、老年公寓、养老院、护理院
地方级标准	上海市养老设施建筑设计标准（DG J08-82—2000）	为老年人（年龄 60 岁以上）提供住养、生活护理等综合性服务的机构，含福利院、敬（安、养）老院、老年护理院、老年公寓等涉及老年人生活并提供综合性服务的设施
行业标准	老年人建筑设计规范（JG J122—99）	专供老年人的老年公寓、老人院（养老院）、托老所

由于老年人生理、心理、行为的特殊性与建筑物理环境密切相关，而且随着建筑行业的发展和老年人生活水平的提高，老龄化社会必将对影响老年人舒适的建筑环境要素提出新的要求，相应的行业标准和规范也要满足时代需求。但目前的标准和规范存在以下问题：虽然对温度、日照、遮阳、风等影响室内物理环境的因素给出了结论性的设计要求，但内容零散，不成系统，需要进一步完善；缺少对新建室内物理环境和设施适老化建设的指导标准，以及既有环境和设施适老化改造的指导标准；再者，缺少老年人居住室外物理环境的质量控制和评价指标的相关内容。

老年宜居环境建设需要多学科交叉研究的推动和支持。目前，老年人宜居室内物理环境的基础研究比较缺乏，数据支持不足。室内环境与老年人的健康和幸福感息息相关，应结合当地气候条件和老年人特征，寻求科学有效的方法进行研究和设计。因此，从老年人的需求出发，加强基础设计参数的测试和研究工作，不仅有助于提升我国老年宜居环境建设的整体水平，还可以促进老年宜居环境的健康可持续发展。

1.6　研究对象的选取和说明

本书以入住上海地区公共养老设施的 70 岁以上健康老年人为研究对象。

1. 调研地

选择上海为调研地。上海市是我国最早进入老龄化社会的城市，也是我国老龄化
程度最高的大型城市。如图 1-6 所示为 2012—2017 年上海市老年人口数量和占总人口
的比例，可以看出，老年人的数量持续增加，老龄化日益严重。据上海老龄科研中心
预测，至 2020 年，上海户籍 60 岁以上老年人口总数将达 540 万人。上海市老年人口
数量庞大、增长速度快，老龄化现象严重。高龄老年人、空巢老年人、外来老年人、
半自理老年人以及失能失智老年人的增加已经成为上海市老龄化过程中的重要特征。

上海在 2007 年就参与了"全球友好城市建设"项目（表 1-3）。此外，上海市是
养老社会保障制度较完善的城市之一，也是全国开展创建"老年友好城市（城区）"
和"老年宜居社区"试点最多的城市。上海市制定了比较完善的政策法规与制度，如
《上海市老龄事业发展"十三五"规划》《上海市养老机构管理和服务基本标准》《上

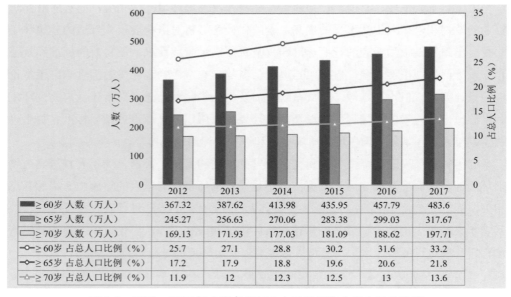

	2012	2013	2014	2015	2016	2017
≥60岁 人数（万人）	367.32	387.62	413.98	435.95	457.79	483.6
≥65岁 人数（万人）	245.27	256.63	270.06	283.38	299.03	317.67
≥70岁 人数（万人）	169.13	171.93	177.03	181.09	188.62	197.71
≥60岁 占总人口比例（%）	25.7	27.1	28.8	30.2	31.6	33.2
≥65岁 占总人口比例（%）	17.2	17.9	18.8	19.6	20.6	21.8
≥70岁 占总人口比例（%）	11.9	12	12.3	12.5	13	13.6

图 1-6　2012—2017 年上海市老年人人口数量和占总人口的比例

表 1-3　2007 年全球"老年友好城市建设"参与城市

洲 / 地区	国 家	城市 / 地区	洲 / 地区	国 家	城市 / 地区
北美洲	阿根廷	拉普拉塔	欧洲	德国	鲁尔区
	巴西	里约热内卢		爱尔兰	唐道客
	加拿大	哈利法克斯		意大利	乌迪内
		波蒂奇拉普雷里		俄罗斯	莫斯科
		萨尼赤			图伊马济
		舍布鲁克		瑞士	日内瓦
	哥斯达黎加	圣何塞		土耳其	伊斯坦布尔
	牙买加	金斯敦		英国	爱丁堡
		蒙特哥湾			伦敦
	墨西哥	坎昆	东南亚	印度	新德里
		墨西哥城			乌代浦
	波多黎各	马亚圭斯	西太平洋	澳大利亚	墨尔本
		庞斯			梅尔维尔
	美国	纽约		中国	上海
		波特兰		日本	姬路
东地中海	约旦	阿曼			东京
	利比亚	黎波里	非洲	肯尼亚	内罗毕
	巴基斯坦	伊斯兰堡			

海市养老机构设置细则》《上海市养老设施建筑设计标准》。为积极应对上海深度老龄化和养老需求的多元化，构建适应上海特色的养老设施体系，上海发布《上海市养老设施布局专项规划（2013—2020 年）》，以构建居家为基础、社区为依托、机构为支撑的养老服务格局为目标，重点关注专为老年人提供中长期生活照料、专业护理以及生活辅助等综合性服务的公共服务设施。截至 2015 年底，上海市各区养老机构数量及床位数如图 1-7 所示。

上海属于北亚热带季风性气候，四季分明，日照充分，雨量充沛，气候温和湿润，春秋较短，冬夏较长。气候条件不同，对建筑的设计要求也不同。《民用建筑热工设计规范》（GB 50176—2016）从建筑热工设计的角度出发，将我国气候分为 5 个分区，如表 1-4 所示。上海在中国建筑气候分区中属夏热冬冷地区，大部分地区夏季闷

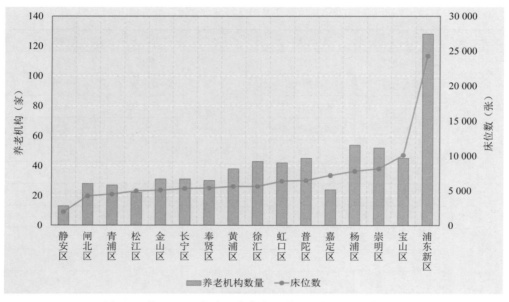

图1-7　截至2015年底上海市各区养老机构数量和床位数

表1-4　建筑热工设计一级区划指标及设计原则

一级区划名称	区划指标		设计原则
	主要指标	辅助指标	
严寒地区	$t_{min,m} \leqslant -10℃$	$d_{\leqslant 5} \geqslant 145$ 天	必须充分满足冬季保温要求，一般可以不考虑夏季防热
寒冷地区	$-10℃ < t_{min,m} \leqslant 0℃$	90 天 $\leqslant d_{\leqslant 5} < 145$ 天	应满足冬季保温要求，部分地区兼顾夏热防热
夏热冬冷地区	$0℃ < t_{min,m} \leqslant 10℃$ $25℃ < t_{max,m} \leqslant 30℃$	0 天 $\leqslant d_{\leqslant 5} < 90$ 天 40 天 $\leqslant d_{\geqslant 25} < 110$ 天	必须满足夏季防热要求，适当兼顾冬季保温
夏热冬暖地区	$10℃ < t_{min,m}$ $25℃ < t_{max,m} \leqslant 29℃$	100 天 $\leqslant d_{\geqslant 25} < 200$ 天	必须充分满足夏季防热要求，一般可不考虑冬季保温
温和地区	$0℃ < t_{min,m} \leqslant 13℃$ $18℃ < t_{max,m} \leqslant 25℃$	0 天 $\leqslant d_{\leqslant 5} < 90$ 天	部分地区应考虑冬季保温，一般可不考虑夏季防热

注：$t_{min,m}$ —— 最冷月平均气温，应为累年1月平均温度的平均值；$t_{max,m}$ —— 最热月平均气温，应为累年7月平均温度的平均值；$d_{\leqslant 5}$ —— 日平均气温 $\leqslant 5℃$ 的天数；$d_{\geqslant 25}$ —— 日平均气温 $\geqslant 25℃$ 的天数。

热，冬季湿冷，气温日较差小；年降水量大；日照偏少；春末夏初为长江中下游地区的梅雨期，多阴雨天气。夏热冬冷地区最冷月平均气温 0℃～10℃；最热月平均气温 25℃～30℃；日平均气温≥25℃的天数 40～110 天；日平均气温≤5℃的天数 0～90 天。目前对生活在此气候区的老年人的适应性热舒适和居住热环境研究比较缺乏。

2. 设施对象

养老设施指专为老年人提供中长期生活照料、专业护理以及生活辅助等综合性服务的公共服务设施，主要包括机构养老设施和社区居家养老服务设施两大类。其中，机构养老设施指为老年人提供集中居住和照料护理服务的机构，包括敬老院、养老院和福利院等。

《养老设施建筑设计规范》（GB 50867—2013）中规定："养老设施"是"为老年人提供居住、生活照料、医疗保健、文化娱乐等方面专项或综合服务的建筑统称，包括老年养护院、养老院、老年日间照料中心等"。《上海市养老设施建筑设计标准》（DGJ 08—2000）中规定："养老设施"指"为老年人（年龄 60 岁以上）提供住养、生活护理等综合性服务的机构，含福利院、敬（安、养）老院、老年护理院、老年公寓等涉及老年人生活并提供综合性服务的设施"。

中国的设施养老历史悠久。公元 521 年，南朝梁武帝设立的"独孤院"成为中国历史上第一家由政府开办的"养老院"，专门收养老人和孤儿，从此，中国的养老院开始制度化；唐代的养老院更为普遍，称为"悲田院"；北宋时期的"居养院"，收养贫困老人；宋徽宗时期，苏轼在杭州设立养老院，救济贫困老者；南宋初年，中国出现专门为包括老人在内的各种贫民设立的福利医疗机构，称作"惠民和剂局"；明代初期，朱元璋在全国各地建立融收容和养老于一体的机构，称为"养济院"和"惠民药局"；清代延续明代制度，继续开办"养济院"和"施棺局"。

"设施养老"的居住模式，其优势主要有解决老年人日常生活照料、使老年人获得及时的护理和医疗援助，减轻老年人子女的负担等；养老设施能提供针对老年人的硬软件环境，以及专业的护理和服务人员等。2016 年 10 月，上海市老龄科学研究中心、上海交通大学舆情研究实验室对上海市 9 个区 60 岁以上的老年人开展了"上海市老年人养老意愿调查"，调查结果指出，随着上海的老龄化、高龄化、空巢化现象日益严重，养老院等机构养老设施越来越被人们重视，近六成（56.9%）的上海老年人表示未来愿意入住养老院。然而，目前"设施养老"却存在不可回避的问题，一是老年人对设施环境的不适应；二是在适老性建筑环境的设计上缺乏生理、心理和行为方面的考虑。因此，本书选择公共养老设施建筑为调研设施对象。

3. 问卷调查对象

根据截至 2012 年底的统计数据，入住上海养老机构的老年人平均年龄为 85.2 岁。综合考虑居住在上海公共养老设施建筑内老年人受试的意愿、健康状况、思维和语言表达、年龄和性别比例等因素，本次现场调查选取 70 岁以上的健康老年人作为问卷调查对象。Rockwood（2002，2005）在 20 世纪 90 年代提出了虚弱分类，将老年人的虚弱状况分为 4 类，分别为健康、轻度虚弱、中度虚弱和虚弱。随后，他们在加拿大健康和老龄化研究（CSHA）数据基础上，结合更多的老年健康信息对该分类进一步细化，定义了临床虚弱分类，将老年人的虚弱分为 7 类，如表 1-3 所示。本书定义 Rockwood 老年人虚弱等级为 1～4 的老人为健康老人。

表 1-3　老年人的虚弱分类

虚弱等级	具体测量
1. Very fit 非常健康	robust, active, energetic, well-motivated and fit; these people commonly exercise regularly and are in the most fit group for their age 强健、充满活力、精力充沛、积极、有规律锻炼、同年龄群体中最为健康
2. Well 健康	without active disease, but less fit than people in category 1 没有活动性疾病，但是健康状况比第 1 类老年人差
3. Well, with treated comorbid disease 健康良好	disease symptoms are well controlled compared with those in category 4 与第 4 类老年人相比，患有一种或多种轻微的可控制的疾病
4. Apparently vulnerable 表面虚弱	although not frankly dependent, these people commonly complain of being "slowed up" or have disease symptoms 没有直接的依赖，但老年人经常抱怨行动缓慢，有某些疾病症状
5. Mildly frail 轻度虚弱	with limited dependence on others for instrumental activities of daily living 在功能性日常生活自理能力（IADL）方面存在一定的依赖
6. Moderately frail 中度虚弱	help is needed with both instrumental and non-instrumental activities of daily living 在功能性日常生活自理能力和生活自理能力 (ADL) 方面都需要一定的帮助
7. Severely frail 严重虚弱	completely dependent on others for the activities of daily living, or terminally ill 在生活自理能力上完全依赖，或者长期患病

1.7 拟解决的问题和研究目的

以上海地区 70 岁以上健康老年人为中心，从公共养老设施老年人居住建筑环境入手，探究老年人适应性热舒适和居住物理环境，拟解决的问题主要包括：

问题 1：适应性热舒适研究中针对老年人包含非热影响因素的现场调查方案如何设计和实施？

问题 2：统计上海地区公共养老设施老年人对居住环境的主观感觉及其影响因素，老年人适应性热舒适是怎样的？

问题 3：上海地区公共养老设施建筑空间设计对老年人适应性热舒适的影响是怎样的？空间热环境温度应该怎样设计？

问题 4：老年人居住建筑室外热环境影响因素和设计建议是什么？

本书的研究目的如下：

（1）了解上海地区公共养老设施老年人居住建筑环境特征和老年人热环境需求。基于老年人心理、行为和生理特点，结合交叉学科理论知识以及预调研获取的数据和文字信息，对调研建筑特征、空间环境特征以及老年人特征进行统计描述和假设检验；采用数据描述、交叉表分析和 Logistic 回归的方法，对老年人在公共养老设施居住建筑环境下的主观感觉及其影响因素进行分析。了解老年人居住建筑环境特征和老年人对热环境的需求。

（2）挖掘上海地区公共养老设施老年人对热环境适应的统计规律、影响因素和保证老年人舒适要求的室内温度条件。通过现场调查和理论研究的方法，分析环境参数、生理参数与老年人适应性热舒适的关联性，挖掘老年人对热环境适应的统计规律、影响因素和保证老年人舒适要求的室内温度条件。

（3）为上海地区公共养老设施老年人居住热环境设计提供理论依据。现有的公共养老设施建筑设计相关标准及规范存在不完善性，应依据当前的经济发展状况、建筑科技发展水平以及涉老政策规定，从当代老年人身心健康对居住建筑环境的需求，对基本设计理论及基础参数进行研究。对老年人适应性热舒适的研究最终是为了服务于老年人居住热环境的改善和设计，为老年人居住热环境设计提供理论依据。

从拟解决的问题和研究目的展开，本书的主要研究工作如下：

（1）结合现有热舒适现场调查方法、社会调查研究方法和老年人特征，通过预调研，设计公共养老设施老年人适应性热舒适现场调查研究方案。

（2）采用统计和数据分析方法，对上海地区公共养老设施建筑特征、空间环境特征和老年人特征进行描述和分析。

（3）采用统计和数据分析方法，结合理论研究，探究上海地区公共养老设施老年人对热环境的主观感觉，分析影响老年人热感觉的热因素和非热因素，建立老年人热满意影响因素的 Logistic 模型并对模型进行检验。

（4）采用统计和数据分析方法，对上海地区公共养老设施老年人心理、生理和行为适应的统计规律进行研究，建立上海地区公共养老设施老年人热适应行为模型和热适应模型。

（5）基于上海地区公共养老设施老年人日常生活的典型空间热环境（室内—过渡空间—室外），对老年人的心理、行为和生理适应性进行研究，并给出空间热环境温度设计的参考值。

（6）对老年人居住建筑室外热舒适和热环境进行探索性研究。

1.8　小　结

本章对老龄化进程和老年人居住环境建设的发展历程进行了阐述，总结了中国养老政策及养老建筑设计标准和规范，并分析了现有标准和规范的不足。在此基础上，对本书的研究对象进行了说明，并提出了本书拟解决的问题和研究目的。

Chapter 2　第 2 章

老年人热舒适基础理论

Basic Theories for Thermal Comfort of the Older People

第 2 章 老年人热舒适基础理论

2.1 老年人热舒适和热环境

2.1.1 热感觉和热舒适

对物理刺激和心理感觉之间关系的研究学科称为心理物理学，是心理学最早的分支之一。热环境通过人体的感觉器官作用于机体，人体对感受到的温度、湿度、风速、辐射等参数作出相应的生理反应从而产生热感觉，热舒适即为对这一热感觉产生的主观评价。因此，舒适的感觉是生理和心理上的。ASHRAE Standard 55 中对热舒适的定义是：热舒适是一种对热环境表示满意的心理状态。热舒适研究的就是人与热环境之间的关系，研究目的是获得一个让居住者满意的热环境。

心理量表是心理物理学的重要组成部分，通过心理量表可以度量心理量和物理量之间的关系。热感觉是人对周围环境是"冷"或"热"的主观描述，在实际操作中，需要用心理量表来描述热感觉，从而建立热感觉与环境参数之间的量化关系。目前应用最广泛的两种心理量表标度如表 2-1 所示。1936 年，贝氏（Bedford）标度首先由英国学者 Thomas Bedford 在英格兰所进行的对工厂工人舒适状况的调查中采用；1966 年，ASHRAE 开始使用七点热感觉标度。

表 2-1　Bedford 和 ASHRAE 的七点标度

Bedford Scale（贝氏标度）		ASHRAE Thermal Sensation Scale（ASHRAE 热感觉标度）	
7	过分暖和	+3	热
6	太暖和	+2	暖
5	令人舒适的暖和	+1	稍暖
4	舒适（不冷不热）	0	中性
3	令人舒适的凉快	-1	稍凉
2	太凉快	-2	凉
1	过分凉快	-3	冷

在 Bedford 的七点标度中，热感觉和热舒适是合二为一的。Fanger 提出"热中性和热舒适是一样的，且这两个概念以后以同义来对待"；Gagge 也解释热舒适为"一种对环境既不感到热又不感到冷的舒适状态，也就是人们在这种舒适状态下会有'中性'的热感觉"。另一种观点认为热舒适与热感觉不同，只有在某些动态过程中存在热舒适，舒适感的产生伴随着不适感的减弱。以量表方法设置一些投票，调查受试者的热感觉，这种投票选择的方式称为热感觉投票（Thermal Sensation Vote，TSV）。本书采用与 ASHRAE 热感觉标度相同的七点标度对老年人的热感觉进行考察。

由于热舒适与热感觉在概念和实际评价过程中有分离的现象存在，因此在进行热舒适研究的时候，不仅要对热感觉进行调查，也要设置评价热舒适程度的热舒适投票（Thermal Comfort Vote，TCV）。热舒适投票分为五个等级，如表 2-2 所示。

表 2-2　热舒适投票等级

5	4	3	2	1
舒适	稍不舒适	不舒适	很不舒适	不可忍受

2.1.2　生理系统与生理参数

1. 生理系统

人体共有八大生理系统：运动系统、呼吸系统、脉管（循环）系统、消化系统、神经系统、内分泌系统、泌尿系统、生殖系统。这些系统协调配合，使人体内各种复杂的生命活动能够正常进行。同时，人体也通过这些系统与周围环境发生着相互影响、相互作用的关系。随着年龄的增长，人体各器官及组织细胞逐渐发生形态、功能和代谢等一系列变化，机体各器官系统结构和功能衰退，使老年人稳定机体内环境的能力下降，从而成为许多老年期疾病产生的原因。

1）运动系统（locomotor system）

运动系统由骨、骨连结和骨骼肌组成（图 2-1）。人体运动系统对人体起着支持、保护和运动作用。老年人生理机能衰退的一个显著特征就是肌肉和骨骼不同程度的老化。由于肌组织内肌细胞的萎缩、肌束的减少，肌纤维弹力减弱，肌肉的伸缩幅度和持久性下降，使得老人的手部握力、腿部力量、身体的灵活性不断衰减。老化常伴着肌肉力量和耐力的丧失。研究表明，一般人的肌肉力量在 20 ~ 30 岁时达到顶峰，之后逐级递减，到 70 岁时，其肌肉强度只相当于 30 岁时的一半。同时，运动肌性能水

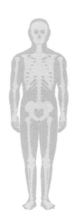

图 2-1　人体骨骼和肌群

平的降低，会对老年人日常生活的自主性和安全性造成影响。另外，骨骼减轻开始于40 岁左右，老年人的骨密度会下降，骨头韧性不断降低，脆性却呈上升态势，骨折的可能性增加。脊柱间隙的软骨会出现萎缩迹象，使得老年人身高降低和体型变小。由于关节表面软骨的退化和伴随的骨质增生，关节炎和骨质疏松是老年人的常见疾病。尽管老年人的运动系统产生了一些退行性变化，不能参与剧烈运动，但科学合理的运动和劳动，仍能减轻退行性改变的程度及减慢发展的进程，使老年人机体生理功能得到增强和改善。因此，在老年宜居环境的设计中应该充分考虑适合老年人运动需求的空间环境和设施，保证安全性、舒适性和健康性，防止老年人摔跤，并缓解气候和环境温湿度对老年人骨骼和骨关节疾病的影响。

　　2）呼吸系统（respiratory system）

　　呼吸系统是由呼吸道（鼻腔、咽、喉、气管、支气管）和肺组成（图 2-2）。人体呼吸系统的功能是完成机体与外界环境之间的气体交换，即吸入氧气，呼出二氧化碳。呼吸道是传送气体的通道，肺是气体交换的器官。此外，鼻还有嗅觉功能，喉是发音器官，咽是消化道和呼吸道的共用器官。人类呼吸系统的生理功能一般在 30 岁以后趋向衰退，60 岁以后衰退速度更为显著。这种现象主要是其组织结构退行性变化的结果。呼吸系统的老化表现在气道 - 肺泡结构上的改变和呼吸功能减退乃至肺代谢功能衰减和降低诸多方面，气道 - 肺泡与外界开放相通，易受空气污染、吸烟、微生物、抗原性物质、气温等的影响。老年呼吸系统疾病是非常重要的疾病，严重影响老年人的生活质量。预测到 2020 年，在全球病死率最高的 10 种疾病中，有慢性阻塞性肺疾病、下呼吸道感染、肺癌、肺结核等，这些疾病多见于老年人，大部分为老年呼吸系统慢性疾病。因此，在老年宜居环境的设计上要从空气品质和温湿度环境出发，减少和消除空气中挥发性有机化合物、颗粒物、微生物、温湿度等对老年人呼吸系统的影响，并设计和建设适老设施减缓老年人呼吸系统功能的衰退。

3）脉管系统（angiological system）

脉管系统是分布于人体各部的一套封闭管道系统，它包括心血管系统（cardiovascular system）和淋巴系统（lymphatic system）。脉管系统的主要功能是物质运输，将消化管吸收的营养物质、肺吸入的氧和内分泌腺分泌的激素运送到全身各器官、组织和细胞，并将它们代谢产生的二氧化碳和其他废物运往肺、肾和皮肤排出体外，以保证机体新陈代谢的正常进行。心血管系统由心、动脉、静脉和连于动、静脉之间的毛细血管组成。淋巴系统包括淋巴管道、淋巴器官和淋巴组织。心脑血管疾病是心脏血管和脑血管疾病的统称，泛指由于高脂血症、血液黏稠、动脉粥样硬化、高血压等所导致的心脏、大脑及全身组织发生的缺血性或出血性疾病。心脑血管疾病是一种严重威胁人类，特别是 50 岁以上中老年人健康的常见病。影响心脑血管疾病发病与死亡的因素有很多，其中包括季节、气候、大气污染物等环境因素。在热环境中，由于体温调节的需要，心血管系统可出现一系列生理应激反应，主要表现为组织血液的重新分配、心率和心输出量增加以及血压的变化。因此，在老年宜居环境建设中应加强对老年人心血管疾病的预防措施，提高老年人的健康水平。

4）消化系统（digestive system）

消化系统由消化道和消化腺组成，包括口腔、食管、胃、小肠、大肠以及分泌消化激素和消化酶的辅助器官（肝脏和胰腺）（图 2-3）。人体消化系统的主要生理功能是摄取、转运、消化食物和吸收营养、排泄食物残渣。随着年龄的增长，消化系统的组织结构及生理功能都出现了衰老性改变，这些改变是老年人消化疾病发生的基础。除了功能性老化，消化系统疾病还受不良饮食习惯、压力、微生物、环境污染物等的影响。因此，在老年宜居环境设计中应采取措施来减少对消化健康具有负面影响的因素。

5）神经系统（nervous system）

神经系统包括脑、脊髓以及与它们相连的周围神经（图 2-4）。神经系统对机体的感觉、运动、消化、呼吸、泌尿、生殖、脉管和代谢等系统的功能起着调节和主导的作用。人对环境的适应行为也是在神经系统的调节和控制下进行的。神经系统借助于感受器接收内外环境的各种信息，通过周围神经传入脊髓和脑的各级中枢进行整合，

图 2-2　人体呼吸系统　　图 2-3　人体消化系统

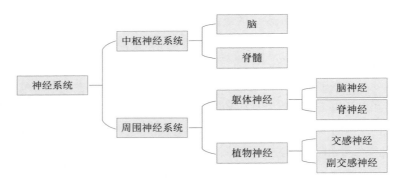

图 2-4　神经系统构成图

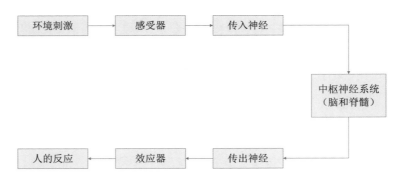

图 2-5　环境刺激与人的反应流程图

然后一方面直接经周围神经的传出部分，另一方面间接经内分泌腺的作用到达身体各部的效应器，控制和调节身体各器官的系统的活动，使它们协调一致，维持机体内环境的稳定并适应外环境的变化，保持生命活动的进行。环境刺激与人的反应流程如图 2-5 所示。

与正常衰老相关的神经系统变化影响人体所有其他生理系统。与衰老相关最明显的改变是神经介质效率的降低，随着身体的老化，突触传递脉冲越来越慢，这样，神经系统就需要更长的时间向大脑传递信息、处理加工信息和反馈，所以，老年人对物理环境刺激反应的时间较长。此外，大脑功能的减退，使老年人易出现感知觉迟钝、动作协调性差、生理性睡眠时间缩短等症状。因此，在老年宜居环境设计中应充分考虑环境变化对老年人带来的潜在危害，采取措施减少引起老年人不舒适和不健康的因素。

6）内分泌系统（endocrine system）

内分泌系统是神经系统以外的另一项重要的调节系统。它由内分泌腺和内分泌组织所构成，其功能是对机体的新陈代谢、生长发育和生殖活动进行体液调节，维持体内环境相对稳定。老年人内分泌系统从腺体组织结构到激素水平、功能活动均发生了一系列的变化。内分泌腺的组织形态学改变主要表现为：①腺体重量减轻；②结缔组织增生、纤维化；③血液供应减少。内分泌腺功能的主要变化是绝大多数内分泌腺的功能减退。内分泌功能的衰退，使老年人稳定内环境的能力下降，进而导致各种疾病的发生。

7）泌尿系统（urinary system）

泌尿系统是由肾脏、输尿管、膀胱及尿道组成。其主要功能为排泄。排泄是指机体代谢过程中所产生的各种不为机体所利用或者有害的物质向体外输送的生理过程。肾是泌尿系统中最重要的器官，其主要功能是清除血液中的代谢废物、多余的水分和无机盐，以尿的形式排出体外，保持人体内环境的相对稳定。随着机体的老化，肾脏执行排尿和清除的能力会降低 50%，还会失去吸收葡萄糖的能力，从而增加老年人发生严重脱水的可能性。而输尿管和膀胱肌肉张力的逐渐减小，以及出现不能抑制的膀胱收缩，使膀胱贮量降低，导致夜间老年人排尿频繁，影响睡眠。

8）生殖系统（genital system）

生殖系统包括男性生殖系统和女性生殖系统，具有产生生殖细胞、繁育后代和分泌性激素等功能。

2. 生理参数

人体是否处于一种健康状态无法仅仅依靠个人主观判断，通常需要依靠生理参数测试进行判断。生理指标在环境健康评价中的应用十分必要。常见的生理参数有体温、心率、脉率、血氧饱和度和血压等。

1）体温（body temperature）

体温是指机体深部的平均温度。机体深部温度主要是指心、肺、脑和腹腔器等处的温度，称为体核温度（core temperature）。人体的外周组织即表皮，包括皮肤、皮下组织或肌肉等的温度称为体表温度、表层温度或体壳温度（shell temperature）。其中最外层皮肤表面的温度称为皮肤温度（skin temperature）。体核温度高于体表温度，且比较稳定。体表温度不稳定，易受环境、衣着等因素的影响，各部位之间的差异也很大，特别是皮肤和四肢末端的温度波动很大。在寒冷环境中，随着气温的下降，手、足的皮肤温度降低最显著，但头部皮肤温度变动相对较小。皮肤温度与局部血流量有密切关系。凡是能影响皮肤血管收缩的因素（如环境温度变化或精神紧张）都能改变皮肤的温度。在寒冷环境中，由于皮肤血管收缩，皮肤血流量减少，皮肤温度随之降低，体热散失因此减少；在炎热环境中，皮肤血管舒张，皮肤血流量增加，皮肤温度上升，同时起到了增强发散体热的作用。

人类的体温必须维持在 35℃ ~ 41℃ 这一狭小的范围内。环境温度变化时，维持体温的内环境稳定是人类生存的必要条件。只有维持内环境温度相对稳定，才能维持细胞的正常结构和功能。因为细胞的生化反应及酶促反应受到温度的影响。如果细胞的温度降低，其代谢活动和功能将受到抑制，当体温降至 34℃ 时，人就会丧失意志，低于 25℃ 时可使呼吸、心跳停止；体温升高则增强细胞的生化反应，当体温超过 42℃ 时将引起细胞内的酶及其他蛋白质变性，导致细胞损伤，高于 45℃ 时将有生命危险。

体温在保持相对恒定的同时，其生理性波动受昼夜变化、性别、年龄、运动、环境温度、季节、地域、药物等因素的影响。

2）心率（Heart Rate，HR）

心率用来描述心动周期，是指心脏每分钟跳动的次数，即"心脏跳动的频率"。频率就是在单位时间内，某件事情发生的次数。两种解释结合起来就是，心脏在 1 分钟内跳动的次数。

正常成年人安静时的心率有显著的个体差异，因年龄、性别、环境及其他影响因素的不同而不同。健康成年人的心率为 60 ~ 100 次 / 分，大多数为 60 ~ 80 次 / 分，女性的心率一般比男性稍快；3 岁以下的幼儿常在 100 次 / 分以上；老年人偏慢。同一个人，在安静或睡眠时心率减慢，运动时或情绪激动时心率加快，在某些药物或神经体液因素的影响下，会使心率发生加快或减慢。经常进行体力劳动和体育锻炼的人，平时心率较慢。近年，国内大样本健康人群调查发现：中国男性静息心率的正常范围为 50～95 次 / 分，女性为 55～95 次 / 分。心率的升高是心血管疾病发生和死亡的重要因素之一。高温环境中，心率随热负荷的增加而大幅度增加。有学者认为，在湿热环境中，心率可作为反映机体热应激状态的一个客观指标。也有学者的研究表明，个体特征不同的人群中，温度与心率的关系存在差异，温度对心率影响的效应值在老年人群更大。

3）脉率（Pulse Rate，PR）

在每个心动周期中，动脉内的压力发生周期性的波动。这种周期性的压力变化可引起动脉血管发生搏动，称为动脉脉搏。1 分钟的动脉脉搏次数称为脉率。正常人脉搏的快慢与心率基本一致，但受年龄、性别、运动、情绪、疾病、环境等因素的影响。成人脉搏 60～100 次 / 分，女性稍快。安静状态下脉搏较慢，睡眠状态脉搏可慢至 50～70 次 / 分。儿童脉搏较成人快，新生儿可达 160 次 / 分。老年人较慢，平均为 55～60 次 / 分。

4）血氧饱和度（oxyhemoglobin saturation）

血液中的氧是通过与还原血红蛋白结合后形成氧合血红蛋白而被输送到全身组织中。血氧饱和度即血液中氧合血红蛋白的比例，可直接反映血液中血氧浓度，是评估人体氧气供给状况的重要指标，也是呼吸循环中的重要生理指标。正常人清醒状态下动脉血的血氧饱和度为 98%，睡眠状态下血氧饱和度会有所下降，波动在 90%～95%，一般认为，血氧饱和度正常值应不低于 94%，在 94% 以下为供氧不足，有学者将血氧饱和度值小于 90% 定为低氧血症的标准。

5）血压（blood pressure）

血压是血液在血管中流动时作用于血管的压力。在一个心动周期内，血压随心脏的舒缩活动而呈现周期性波动。心缩期，动脉血压急剧升高，最高的血压值称为收缩压。心舒期，动脉血压下降，在心舒末期的动脉血压最低值称为舒张压。收缩压和舒张压的差值称为脉搏压，简称脉压。一个心动周期中每一瞬间动脉血压的平均值，称为平均动脉压。平均动脉压是非常重要的心血管变量，其变化由心输出量或外周阻力的变化引起。正常人的血压随着内外环境变化在一定范围内波动。如果血压过低，人体各器官得不到足够的血液供给，以致发生缺血，特别是脑部缺血，严重影响脑的功能，表现为昏迷；如果血压升高，心脏射血遇到阻力过大，负担过重，长期可致心力衰竭，同时，过高的血压长期作用于血管壁，容易使管壁损伤。因此，保持血压在适宜的范围，对人体有着十分重要的意义。研究表明，气温的升高和降低会对血压产生影响，并且人体血压值会随着季节的交替而发生变化。在热环境中，机体散热机制强化，皮肤血管扩张，末梢血管阻力下降，血压明显降低。

2.1.3　老年人的产热和散热特点

法国生理学家克劳德·贝尔纳认为机体内环境的稳定状态是自由和独立生命的首要条件，所有的生命结构尽管多种多样，但目的只有一个，就是保持内环境条件的稳定。贝尔纳还指出，生命是机体与环境的物理化学状态之间相互斗争的结果。根据贝尔纳的观点，生命的特征就是在外环境不断变化下，内环境能保持恒定。

人体热平衡方程的表达式为

$$S = M - E - W - R - C \quad (\mathrm{W/m^2}) \tag{2-1}$$

式中　S —— 人体蓄热率；

　　　M —— 代谢产热率；

　　　E —— 汗液蒸发和呼出的水蒸气所带走的热量；

　　　W —— 人体所做机械功；

　　　R —— 人体以辐射形式散发的热量；

　　　C —— 人体以对流形式散发的热量。

式（2-1）中各参数的单位均为 $\mathrm{W/m^2}$。

人类作为将体温维持在一定范围内的恒温有机体，在环境发生变化时，保持产热和散热的平衡，从而维持体温的恒定，是人体的基本生理要求（图2-6）。

1. 产热（thermogenesis）

在安静状态下，人体主要的产热器官是内脏器官。当机体运动或劳动时骨骼肌成为主要的产热器官。在寒冷环境中，机体主要通过寒战产热（shivering thermogenesis）和非寒战产热（non-shivering thermogenesis）的形式来增加产热量。寒战是机体效率最高的产热方式，指骨骼肌节律性的振荡和震颤；非寒战产热又称代谢性产热，即机体处于寒冷环境中，机体所具有的代谢产热的功能。产热活动的调节受神经因素和体液因素的影响，交感神经兴奋以及肾上腺素、去甲肾上腺素和甲状腺激素均可提高机体的代谢水平，增加产热量。如表2-3所示为人体不同组织、器官的产热量比较。

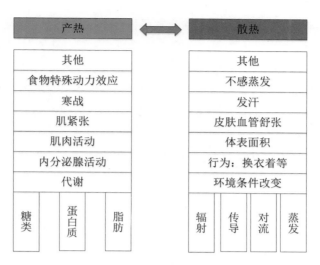

图 2-6　人体的产热和散热

表 2-3　不同组织、器官的产热量比较

器官、组织	产热量	
	安静状态	劳动或运动
脑	16%	1%
内脏	56%	8%
骨骼肌	18%	90%
其他	10%	1%

老年人的产热特点如下：

（1）老年人肌肉系统老化、肌纤维萎缩、骨骼肌总量减少，使其活动受限，行动迟缓，由肌肉活动所产生的热量比例较小。

（2）老年人骨骼肌对葡萄糖的摄取降低，糖代谢调节能力下降，处于寒冷环境时，其寒战过程减弱，或者很少有效应，由寒战所生成的热量减少。

（3）老年人代谢率低，机体代谢产热量减少。

（4）老年人由功能细胞所组成的身体组织所占比例较小，造成机体总热量生成减少。

2. 散热（thermolysis）

人体的主要散热部位是皮肤，大约有 85％的体热通过皮肤的辐射、传导、对流和蒸发散热的方式向外界发散。其他的方式还包括呼吸、排尿、排便等。热中性温度区机体散热方式及其所占比例如表 2-4 所示。当外界温度低于人体表层温度时，通过辐射、对流、传导方式散热。散发热量的多少主要取决于皮肤与周围环境的温差的大小，而皮肤温度又受到皮肤血流量的影响。在炎热环境中，交感神经紧张性下降，皮肤小动脉血管舒张，皮肤血流量增多，皮肤温度升高，散热增加。当机体受到冷刺激时，交感神经兴奋引起血管平滑肌收缩而限制皮肤血液灌流量，使皮肤温度降低接近环境温度，减少皮肤与环境之间的温差，降低机体的散热。当外界环境温度等于或高于皮肤温度，辐射、传导和对流等纯粹物理性的散热方式不能起作用时，蒸发散热就成为机体唯一的散热方式。蒸发有不感蒸发和发汗两种形式。不感蒸发是指机体中的水分直接渗出到皮肤和呼吸道黏膜表面，在没有形成明显水滴之前被蒸发的一种散热形式；发汗是通过汗腺分泌汗液的活动，又称为可感蒸发。人体与环境的热交换如图 2-7 所示。

表 2-4　热中性温度区机体散热方式及其所占比例

散热方式	散热量（kJ）	百分比
辐射、传导、对流	8 792	70.0%
皮肤水分蒸发	1 821	14.5%
呼吸道水分蒸发	1 005	8.0%
呼气	440	3.5%
加热吸入气	314	2.5%
排尿、排便	188	1.5%
合　计	12 560	100.0%

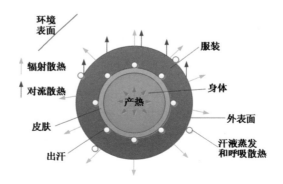

图 2-7　人体与环境的热交换

老年人的散热特点如下：

（1）老年人皮肤老化，功能降低，皮肤血管硬化，使血管壁弹性和收缩力降低，影响散热。老年人在冷环境下，皮肤散热量过多而导致体温降低。

（2）老年人促发出汗反应的温度阈值显著增高，促汗功能发生障碍，神经传导速度下降。老年人暴露在热环境下，热刺激激活汗腺的数量减少，汗腺分泌汗液的功能降低，全身和局部出汗功能减弱。

2.1.4　老年人的体温调节特点

体热平衡是指在体温调节机制的调控下，机体产热和散热之间处于相对平衡的状态。正常体温的相对恒定有赖于机体产热和散热过程的动态平衡，而这种动态平衡是在体温调节机制的控制下实现的。体温调节是非常复杂的过程，当机体受到环境刺激时，骨骼肌、呼吸系统、神经系统、内分泌系统以及皮肤等均在体温调节过程中发挥重要的作用。恒温动物有着完善的体温调节机制，包括自主性体温调节和行为性体温调节。

1. 自主性体温调节

机体在环境温度及其他气候条件发生变化时，在中枢神经系统特别是下丘脑的控制下，通过增减皮肤的血流量、发汗、寒战等生理调节反应，使体温维持在一个相对稳定的水平。

如果周围环境温度升高或进行剧烈运动，下丘脑的前部从热感受器接收温度信号，并引发人体的血管扩张和排汗机能。通过血管扩张增加血液的流量，热量随着血液送达皮肤表面，皮肤温度升高，从而增加皮肤向环境的散热量；通过排汗机能，由汗液蒸发的方式带走热量。人体处于冷环境中，下丘脑的后部从冷感受器接受温度信号，指示皮下血管收缩以减少身体表层的血流量，通过这种方式降低皮肤温度，从而减少人体对流和辐射的热损失。如果皮肤温度降低后人体内部核心温度仍不能维持恒定，体温调节系统就会通过寒战等方式增加产热量，从而维持体温恒定。

2. 行为性体温调节

机体通过有意识的活动对热平衡进行控制，如在不同环境中通过姿势或行为的改变，特别是采取保温或降温的措施，维持体温恒定。

行为性体温调节是有意识的，是对自主性体温调节的补充。行为性体温调节包括简单的和极复杂的行为。

（1）维持机体热量的行为：如改变躯体姿势、晒太阳、聚集拥抱、衣物保暖。

（2）提高机体产热的行为：如运动、进食。

（3）避免体温过高的行为：如吹风、减少热量摄入、冲凉。

（4）优选最适环境温度行为：如身体与外环境隔离、向温度低（高）的地方移动、采用辅助手段创造环境条件。

行为性体温调节受季节变化、性别以及年龄的影响。当环境温度变化引起热不适或不愉快时，就能驱动行为性体温调节。

老年人的体温调节特点是：

（1）老年人温差感知能力减弱，温度识别能力降低，适应低温和高温环境的能力降低，热感觉阈值增大。

（2）老年人温度敏感性降低，对环境温度变化的感知延缓，中枢神经系统的调节功能减弱。

（3）老年人自主性体温调节和行为性体温调节的能力均减弱。

2.2　老年人的热感觉特点和需求

适老建筑的研究和设计是老年宜居环境建设的重要方面。在适老建筑的研究和设计上需要考虑老年人与建筑物理环境的交互作用。机体的生命活动与周围环境密切联系，环境的变化会影响机体的生命活动，机体的生命活动则必须与环境变化相适应。在探讨人与居住物理环境之间关系的问题上，一方面需要掌握物理环境对人的影响，另一方面则需要明确人的需求对建筑物理环境提出的要求，从而根据人的需求，提供健康、舒适、安全的居住环境。

人类的感觉和知觉能力依赖于人体感觉器官的生理结构和功能。老年是人类生命过程中细胞、组织与器官不断趋于衰老，生理功能日趋衰落的一个阶段。衰老具有累积性、普遍性、渐进性、内生性、危害性的特征，其表现既有外部形态的老化，也有内在结构、生理功能的退行性改变，这些改变在个体又进一步表现为对心理、生理、社会及环境变化的综合适应能力，即老年人对环境的适应性发生改变。

人体通过皮肤温度感受器、内脏温度感受器、脊髓和脑内温度敏感神经元分别感受环境温度信息、内脏温度信息和中枢神经系统温度信息，这些来自外周和中枢系统的温度信息传入体温调节中枢后，中枢对这些信息进行整合后发出指令，经传出神经以及神经分泌途径下传，引起骨骼肌、内分泌腺、皮肤血管等活动的变化，改变机体的产热和散热能力，使机体维持相对稳定的状态。随着年龄的增长，皮肤血管对冷热反应迟钝，皮肤内神经末梢密度的减少，使得皮肤感觉迟钝，散热增加，维持热量的能力降低，且老年人在应对环境变化时不能作出有效的调节，这些原因使得老年人在偏冷环境中易发生低体温症。英国学者 Collins 早在 19 世纪 80 年代就指出，室内空气温度低于 15℃会增加老年人脉管系统负担，影响老年人健康。人工气候室实验也表明，老年人服装热阻为 1.0 clo 并进行轻度活动时，舒适温度为 21.1℃。若加大服装热阻和活动程度，舒适温度可降低到 16℃。但若空气温度低于 10℃，则会威胁老年人健康。老年人的主动脉弹性减弱，心肌细胞体积减少，心肌收缩力量降低，心血管系统储血差，且老年人皮肤汗腺的数量和汗液的分泌量均减少，这些变化使得老年人在偏热环境中散热功能差，易发生中暑现象。近年研究发现，热浪来袭时，老年人发病率和死亡率上升得更为明显。为保证老年人的健康，冬季室内需要保证足够高的温度，夏季亦须采取有效的降温措施，即老年人居住建筑室内热环境要求更高。

老年人对声环境的要求比较特殊。一方面，Cruickshanks（1998）、Wilson（1999）、刘丞（2006）等进行的流行病学调查结果表明，50% 以上的老年人有听力减退症状。因此，老年人日常交流时需要更大的音量，亦对周围环境的安静程度有较高的要求。同时，老年人大多患有心脏病、高血压、抑郁症、神经衰弱等疾病，对噪声很敏感。在同一强度的噪声环境中，老年人心理上的烦躁情绪比其他年龄段的人群严重，更易受到噪声的伤害。因此，保持老年人居住建筑室内声环境质量很重要。另一方面，老年人易发耳鸣，外界如有声音，耳鸣可被掩盖而减轻，在安静的环境中耳鸣感反而会加重。为排解内心的孤独感，部分老人还会对热闹的环境产生偏爱。所以，老年人居住建筑室内声环境也不能太过安静。

年龄超过 45 岁，晶状体硬化，睫状肌功能减退，人就开始不同程度地出现"老花眼"症状。进入老年阶段后，老花眼加重，视网膜视觉细胞和视神经纤维减少，晶状体透光能力减弱，瞳孔尺寸适应光的变化能力减弱，老年人识别蓝色和绿色的能力减弱，对比灵敏度下降，视野变小，景深感觉减弱，对明与暗的适应能力下降。60 岁时人眼对光的感受只有 20 岁时的 33%，到了 75 岁，只能达到 20 岁时的 12%。同时，老年人对眩光更为敏感，在日光或夜晚灯光下更易出现怕光现象。因此，老年人居住建筑室内光环境需要提高室内照度，改善房间亮度的均匀性，避免眩光照射，并选用显色性好的电光源。

老年人生理上的衰老，引起了一系列心理上的变化：

（1）缺乏安全感；

（2）抑郁和焦虑；

（3）自卑和失落；

（4）怀旧和孤独；

随着老年人生理和心理感受的变化，以及因此产生的行为特殊性，就要求在老年人居住建筑的设计上，充分考虑环境的适应性、安全性和舒适性。而目前我国老年人居住建筑除了质量和数量上都不能满足老龄化社会养老的需求现状外，在建筑的室内外物理环境设计上往往忽视了老年人的特殊需求。因此，从老年人的适应性热舒适出发，研究特殊气候条件下老年人与居住空间热环境的关系，不仅能充分考虑老年人的生理和心理需求，还有助于提升老年人的身心健康水平。

2.3 居住环境和环境参数

本书所涉及的老年人居住环境界定为住宅物理环境，主要包含以下要素：

1. 热环境（thermal environment）

室内热环境是指影响人体冷热感觉的各种因素所构成的环境，室内热环境评价研究常常与热舒适研究联系起来。研究热环境需要关注以下环境参数：

（1）空气温度（air temperature）

即室内环境空气的干球温度，由房间的得热和失热、围护结构内表面温度及通风等因素构成的热平衡决定。室内环境的空气温度决定了人体表面与环境的对流换热温差，因而影响了人体与环境的对流换热量。

（2）湿度（humidity）

通常用相对湿度（Relative Humidity，RH）表示，也可以用湿球温度、含湿量、水蒸气分压力等参数表示。一定温度下，相对湿度越高，人体皮肤表面单位面积的蒸发量越少，可带走的热量就越少。

（3）空气流速（air speed）

空气流速影响人体与环境的对流交换系数。空气流速较大时，人体的对流散热量增大，提高汗液的蒸发速率，从而增加人体的冷感。此外，空气流速还影响人体皮肤的触觉感受，产生"吹风感"（draught）。

（4）平均辐射温度（mean radiant temperature）

即一个假想的等温围合面的表面温度，它与人体的辐射热交换量等于人体周围实际的非等温围合面与人体间的辐射热交换量。平均辐射温度体现了室内环境对人体与环境的辐射换热作用。

（5）操作温度（operative temperature）

即具有黑色内表面的封闭环境的平均温度，反映了空气温度和平均辐射温度的综合作用。

2. 声环境（acoustic environment）

声环境是指建筑室内外各种噪声源，在室内形成的对居住者在生理、心理上产生影响的声音环境。声音计量常用声功率（级）、声强（级）、声压（级）等物理量。声环境评价主要关心建筑室内环境的噪声问题。噪声的标准定义是，凡是人们不愿听的各种声音都是噪声。噪声评价是对各种环境下的噪声作出其对接收者影响的评价，并用可测量计算的评价参数来表示影响的程度。噪声评价涉及的因素很多，包括噪声的强度、频谱、持续时间、随时间的起伏变化及出现时间等。最常用的噪声评价量为 A 声级，单位为分贝（dB）。A 声级反映了人耳对不同频率声音响度的计权，与噪声对人耳听力的损害程度对应得很好。此外，还有等效连续 A 声级、昼夜等效声级、累计分布声级等基于 A 声级衍生出的评价指标。

3. 光环境（luminous environment）

人对外部世界信息的感觉，80% 来自光引起的视觉。建筑照明能耗在建筑能耗中也占据了重要的份额。太阳的全光谱照射是人们在生理上和心理上长期感到舒适满意的关键因素，因此，在进行光环境设计时，应尽量利用天然光源来保证建筑室内光环境。舒适的光环境应当具有适当的照度水平、舒适的亮度比、适宜的色温与显色性以及避免眩光干扰。常用的光环境度量参数有光通量、（光）照度、发光强度、（光）亮度、色温（度）、显色指数、眩光指数等。人眼对外界环境明亮差异的知觉，取决于外界景物的亮度。但是，规定适当的亮度水平相当复杂，因为它涉及各种物体不同的反射特性，实际中常以照度水平作为照明的数量指标，既可用于天然采光环境，亦可用于人工照明环境。表面上一点处的（光）照度是入射在包含该点的面元上的光通量除以该面元面积之商，单位为勒克斯（lux 或 lx）。

2.4 小 结

本章主要阐述了老年人热舒适和热环境研究的基础理论和基本概念；介绍了老年人的生理系统和生理参数，老年人的产热和散热特点以及体温调节特点；最后对涉及老年人与物理环境交互作用的环境参数做了说明。

Chapter 3　第 3 章

老年人热舒适和热环境研究现状和发展动态

The Research Status and Developmental Trends for Thermal Comfort and Thermal Environment of the Older People

3.1　老年人热舒适研究现状和发展动态

3.1.1　热舒适

热舒适问题是建筑科学领域最早研究的课题之一。热舒适的研究工作是 19 世纪与医学和测温学同时开展的。早在 1733 年，Arbuthnot 便指出，风具有驱散身体周围热、湿空气的降温效果。关于辐射效应，1824 年，Tredgold 指出，人置身于辐射源中，需要较低的空气温度。1887 年，Aitken 提出用黑球温度计测量辐射的原理，但是他用此仪器测量辐射量和风速，只限于气象研究。19 世纪初，人们认识到控制湿度的重要性，这一问题促使美国采暖和通风工程师学会于 1919 年在匹兹堡建立了实验室。1923 年 Houghton、Yaglou 及其同事们的研究确定了有效温度指标（Effective Temperature，ET），此指标描述了空气温度、湿度、气流速度的综合作用。根据这种指标所确定的冬季及夏季舒适区在英国、美国，澳大利亚以及热带国家的空调设计中产生了深刻的影响，但是此指标并未考虑热辐射的作用，而且过高地估计了湿度在低温下的影响。1926 年，Barker 提出了平均辐射温度的概念。基于这个理论，1932 年，Vernon 和 Warner 用黑球温度（经过对湿球温度的修正）计算有效温度。1946 年，Bedford 提出一种同样的方法，但未对湿球温度加以修正，将该合成温度称为改正的有效温度指标（Corrected Effective Temperature，CET）。1971 年，Gagge 等人引入皮肤湿润度而提出了新有效温度（New Effective Temperature，ET*）指标，并被 ASHRAE Standard 55-74 采用。1986 年，Gagge 又考虑了人体活动水平和服装热阻的影响，引入生理参数，提出了标准有效温度指标（Standard Effective Temperature，SET）。综合考虑了空气温度和平均辐射温度对人体热感觉影响后的合成温度，即操作温度（Operative Temperature，t_{op}）成为目前常用的热舒适性评价指标。1976 年，丹麦工业大学的 Fanger 在堪萨斯州立大学的实验及一些实验数据的基础上，将环境变量与人体能量代谢率、服装热阻等个人变量联系起来，提出一个综合的舒适方程，并提出了预测平均热感觉投票（Predicted Mean Vote，PMV）和预测不满意百分比（Predicted Percent Dissatisfied，PPD）。国际标准化组织（International Standardization Organization，ISO）根据 Fanger 的研究成果于 1984 年制定了 ISO 7730 标准。

3.1.2　热指标

热环境的设计，力图满足健康、舒适的要求。不同的热环境由不同的标准进行评价，主要有以下三类：

（1）安全标准，也可称为生存标准。热环境不能影响到人的身体健康，人体温度调节系统不致失调，人体生理机制不损失或导致死亡。

（2）舒适标准。环境的冷热适度，人的热感觉接近于中性。人体调节机能的应变较小，感觉到舒适。

（3）工效标准。热环境能影响人的敏感、警觉、疲乏、专注和厌烦程度，从而影响人从事体力和脑力劳动的效率。

1. PMV-PPD

Fanger 于 1982 年提出了描述人体在稳态条件下能量平衡的人体舒适方程，该方程在人体热平衡方程（2-1）的基础上推导得出。Fanger 认为人体在达到舒适状态时有以下三个特征：首先，人体必须处于热平衡状态，即人体蓄热率 $S = 0$；其次，皮肤平均温度应具有与舒适相适应的水平；最后，人体应具有与舒适相适应的排汗率。这也是热舒适方程应用的三个前提条件。将上述三个特征代入人体热平衡方程，得到舒适状态下的热平衡方程，即人体热舒适方程。其数学形式如下：

$$
\begin{aligned}
M - W = {} & f_{cl} h_c \left(t_{cl} - t_a \right) + 3.96 \times 10^{-8} f_{cl} \left[\left(t_{cl} + 273 \right)^4 - \left(\overline{t_r} + 273 \right)^4 \right] + \\
& 3.05 \left[5.733 - 0.007 \left(M - W \right) - P_a \right] + 0.42 \left(M - W - 58.2 \right) + \\
& 0.0173 M \left(5.867 - P_a \right) + 0.0014 M \left(34 - t_a \right)
\end{aligned}
\tag{3-1}
$$

式中　f_{cl}——服装的面积系数。

　　　h_c——对流换热系数，W/(m^2·K)。

　　　t_{cl}——衣服外表面温度，℃。根据热平衡关系有 $t_{cl} = t_{sk} - I_{cl}(R + C)$，$I_{cl}$ 为服装热阻，m^2·K/W。

　　　t_a——人体周围空气温度，℃。

　　　$\overline{t_r}$——平均辐射温度，℃。

　　　P_a——人体周围水蒸气分压力，kPa。

加上新陈代谢率 M 和机械功 W，热舒适方程中共有 8 个变量。但是，f_{cl} 和 t_{cl} 均可由 I_{cl} 决定，h_c 是风速 v 的函数，而机械功 W 可按零考虑。因此热舒适方程反映的是处于热平衡状态时，影响人体热舒适的 6 个变量 M，t_a，P_a，$\overline{t_r}$，I_{cl}，v 之间的定量关系。

在热舒适方程的基础上，Fanger 提出了预测平均热感觉投票 PMV。PMV 指标共有七点（$-3 \sim +3$），是表征人体热反应的评价指标，表示大多数人对热环境的平均投票值。PMV 指标综合考虑了空气温度、平均辐射温度、相对湿度、空气流速、人体能量代谢率和服装热阻 6 个因素。

Fanger 的热舒适方程反映了人体蓄热率 $S = 0$ 时各变量之间的关系。PMV 指标就是引入反映人体热平衡偏离程度的人体热负荷（thermal load，TL）而得出的。其理论依据是当人体处于稳态的热环境下，人体的热负荷越大，人体偏离热舒适的状态越远。基于美国和丹麦 1 396 名受试者的热感觉资料，Fanger 通过回归分析得出了人的热感觉与人体热负荷之间的关系为

$$\text{PMV} = \left[0.303 \exp(-0.036M) + 0.0275\right]TL \qquad (3\text{-}2)$$

式（3-2）中，人体热负荷 TL 的定义为人体产热量与人体向外界散出的热量之间的差值，即为人体热平衡方程中的蓄热率 S，相当于热舒适方程左右两侧的差。因此，式（3-2）可展开为

$$\text{PMV} = \left[0.303 \exp(-0.036M) + 0.0275\right] \times \left\{ \begin{array}{l} M - W - \\ 3.05\left[5.733 - 0.007(M - W) - P_a\right] - \\ 0.42(M - W - 58.2) - \\ 0.0173M(5.867 - P_a) - \\ 0.0014M(34 - t_a) - \\ 3.96 \times 10^{-8}f_{cl}\left[\left(t_{cl} + 273\right)^4 - \left(\overline{t_r} + 273\right)^4\right] - \\ f_{cl}h_{cl}\left(t_{cl} - t_a\right) \end{array} \right\} \qquad (3\text{-}3)$$

预测平均热感觉投票 PMV 指标采用了七点标度，如表 3-1 所示。

表 3-1　PMV 热感觉标度

热感觉	热	暖	稍暖	适中	稍凉	凉	冷
PMV 标度	+3	+2	+1	0	-1	-2	-3

预测平均热感觉投票 PMV 指标代表了同一环境下绝大多数人的感觉，因此可以评价一个热环境的舒适与否，但人与人之间存在个体差异，因此预测平均热感觉投票 PMV 指标不一定能够代表所有个人的感觉。为此，Fanger 又提出了预测不满意百分比 PPD，来表示人群对环境不满意的百分比。PPD 与 PMV 的定量关系为

$$PPD = 100 - 95 \exp\left[-\left(0.03353 PMV^4 + 0.2179 PMV^2\right)\right] \tag{3-4}$$

ISO 7730 标准推荐以 PPD ≤ 10% 作为设计依据，即 90% 以上的人感到满意的热环境为热舒适环境，与此对应的预测平均热感觉投票 PMV 值为 −0.5 ~ +0.5。

2. 有效温度 ET 和新有效温度 ET*

1923—1925 年，Houghton 等人在实验基础上提出了有效温度 ET。该指标将干球温度、湿度、空气流速对人体温暖感或冷感的影响综合成一个单一数值的指标。有效温度 ET 通过人体实验的方法获得，然后绘制成诺模图使用。1976 年，Gagge 等人提出了低风速条件下（$v < 0.15m/s$），有效温度的近似计算公式为

$$ET = (1.21 T_a - 0.21 T_{wb}) / [1 + 0.029 (T_a - T_{wb})] \tag{3-5}$$

或

$$ET = 0.492 T_a + 0.19 p_a + 6.47 \tag{3-6}$$

式（3-5）和式（3-6）中，T_a 为干球温度，℃；T_{wb} 为湿球温度，℃；p_a 为蒸气压力，$10^2 Pa$。

有效温度 ET 适用于空气流速较低的环境中。该指标能在一定环境范围内综合反映干球温度、湿度、空气流速对人体热感觉的影响，但并未考虑辐射的影响，并且在低温环境下高估了湿度的影响。

1971 年，Gagge 引入皮肤湿润度的概念，提出了新有效温度 ET*。该指标定义为：对于同样着装和活动的人，在某环境中的冷热感与在相对湿度 50% 空气环境中的冷热感相同，则后者所处环境的空气干球温度就是前者的新有效温度。ET* 的数值是通过对身着 0.6 clo 服装，静坐在流速为 0.15 m/s 的空气中的人进行热舒适实验，并采用相对湿度为 50% 的空气温度作为与其冷热感相同环境的等效温度而得出的。通过实验方法绘制成诺模图。该指标涉及服装热阻、新陈代谢率以及相关环境变量，适用于着装轻薄、活动量小、风速低的环境，虽然克服了有效温度在低温环境下存在的问题，但应用范围较窄，受服装和活动量的限制较大。

3. 标准有效温度 SET*

标准有效温度 SET* 的提出是基于这样的观点：两个活动量相同的人处于不同的

环境中，只要他们的平均皮肤温度和皮肤湿润度是相同的，那么就应该有相同的热感觉，并且他们的热损失也是相同的。其定义为某个空气温度等于平均辐射温度的等温环境中的温度，其相对湿度为50%，空气静止不动，在该环境中身着标准热阻服装的人若与他在实际环境和实际服装热阻条件下的平均皮肤温度和皮肤湿润度相同时，则必将具有相同的热损失，该假想环境的温度就是上述实际环境的标准有效温度。即

$$Q_{sk} = h_{cSET*}(t_{sk} - SET*) + \omega h_{eSET*}(P_{sk} - 0.5P_{SET*}) \tag{3-7}$$

式中，皮肤的总散热量 Q_{sk}、皮肤温度 t_{sk} 和皮肤湿润度 ω 均可利用 Gagge 的二节点模型进行求解。P_{SET*} 是标准有效温度下的饱和水蒸气分压力，kPa；h_{cSET*} 为标准环境中考虑了服装热阻的综合对流换热系数，$W/(m^2 \cdot ℃)$；h_{eSET*} 为标准环境中考虑了服装的潜热热阻的综合对流质交换系数，$W/(m^2 \cdot kPa)$。

确定某一状态下的标准有效温度需分两步进行。首先通过 Gagge 的二节点模型求出一个人实际环境中的皮肤温度 t_{sk} 和皮肤湿润度 ω，其次就是求出产生相同皮肤温度和湿润度的标准环境温度，即标准有效温度。

尽管标准有效温度最初设想是用于预测人体排汗时的不舒适感，但经过发展已可应用于各种衣着条件、活动量和环境变量的情况。但是与新有效温度相比，其计算较复杂，因此阻碍了它的广泛使用。

4. 操作温度

该指标综合考虑了空气温度和平均辐射温度对人体热感觉的影响。

依据 ISO 7726 计算平均辐射温度 $\overline{t_r}$。以发射率为0.95、直径为150 mm的标准黑球温度计测得房间内的黑球温度 t_g，在自然对流下采用式（3-8）计算，在强迫对流时采用式（3-9）计算：

$$\overline{t_r} = \left[(t_g + 273)^4 + 0.4 \times 10^8 \times |t_g - t_a|^{1/4} \times (t_g - t_a)\right]^{1/4} - 273 \tag{3-8}$$

$$\overline{t_r} = \left[(t_g + 273)^4 + 2.5 \times 10^8 \times v_a^{0.6}(t_g - t_a)\right]^{1/4} - 273 \tag{3-9}$$

依据 ASHRAE Standard 55-2013 计算操作温度 t_{op}。当空气流速小于0.2 m/s或者平均辐射温度与空气温差小于4℃时，操作温度可近似等于平均辐射温度与空气温度的加权平均值，并按式（3-10）计算：

$$t_{op} = A \cdot t_a + (1 - A) \cdot \overline{t_r} \tag{3-10}$$

式中，系数 A 按表3-2取值。

表 3-2 操作温度计算中系数 A 的取值

空气流速（m/s）	< 0.2	0.2 ~ 0.6	0.6 ~ 1.0
A	0.5	0.6	0.7

3.1.3 适应性热舒适

Fanger 的热舒适方程有三个舒适条件，也就是说 Fanger 热舒适方程是在稳态传热的基础上给出的最佳舒适条件。Fanger 热平衡模型基于大量严格的实验室实验而建立，虽然在许多气候室中得到了较为一致的可再现的结果，然而在大量非空调环境的现场实测中，研究者们发现人们的实际热感觉投票 TSV 与预测平均热感觉投票 PMV 之间存在明显的偏差。针对这种现象，各国研究者展开了各种各样的讨论，也进行相关研究对造成这种偏差的原因进行解释。主要的解释有：

（1）PMV 模型中输入的四个环境参数变量在现场测量中的误差，例如现场测点位置设置和动态热环境特征的影响。

（2）根据 ASHRAE 或 ISO 标准，以查表的方式确定现场实际服装热阻值的不准确性。

（3）根据 ASHRAE 或 ISO 标准，以查表的方式确定现场代谢率值的不准确性。

（4）PMV 模型只适用于空调采暖稳态热环境下的评价指标，而不适用于非空调环境或者非稳态的环境，其参数适用范围也决定了 PMV 模型不适用于很热或者很冷的环境。

（5）PMV 模型未考虑的一系列非热因素的影响。这些因素包括性别、年龄、文化程度、健康状况、经济状况、建筑设计和功能、季节、气候、适应时间、热声光环境的交互作用和认知（态度、期望、偏好）等。

（6）人与环境的交互作用，即人的适应性的影响。

对现场调查 TSV 和 PMV 出现偏差的解释，促进了适应性热舒适理论和模型研究的逐渐发展。

人体是一个独立生存的非共生机体，能够到处运动和在各种各样的自然环境中生存。人类生存依存于环境，受到环境的影响，机体通过适应能够在多样的外界条件下生存。适应是生物学的一个核心概念，是使机体适应于不断变化的客观条件而需要的一种机制。适应也可用于描述对环境变化而发生短时程代偿性作用。当机体面对环境变化时，在正常情况下会表现出三种不同水平的反应：避开（avoidance）、顺应（acclimation）或调节（regulation）。机体可以选择其中一种或不同的结合方式进行适应。避开主要是从不利环境中避开某些机制，进入能适应的地域，这是一种行为上的活动；顺应是机体内部状态符合外部条件的变化，即耐受（tolerance）；调节是通过调节系统使机体内环境中的某些功能状态接近原初或正常水平。

环境学和行为学的研究指出，人对某个场所的经历是一个多变现象，是该场所改变人的目标和期望值的反映。热适应理论认为热感觉受人体热平衡物理过程以外的背景影响，如气候条件、社会状况、经济条件和其他背景因素。适应模型揭示了环境与使用者的关系，认为人不再是给定热环境的被动接受者，而是通过多重反馈循环与人－环境系统交互作用并逐渐适应的主动参与者。

适应性热舒适理论和模型的代表性观点主要有修正 PMV 理论和模型以及热适应理论和模型。

1. 有代表性的修正 PMV 理论和模型

1）Fanger 和 Toftum 的期望因子

PMV 实验公式推导中采用的实验数据都是在室内环境参数严格控制的人工气候室内获得的。大量的现场调查结果发现，非空调环境下的实际热感觉投票 TSV 与预测平均热感觉投票 PMV 预测值有偏差。Fanger 和 Toftum 认为造成非空调环境下 PMV 模型预测值和 TSV 实际热感觉投票值存在偏差的原因有 2 个：一是炎热环境下对人体的新陈代谢率估值偏高；二是在热带气候下居住在非空调室内的人们的期望值较低。为此，Fanger 和 Toftum 提出了 PMVe 模型，用"期望因子"（expectation factor）e 来修正 PMV 模型，即用预测平均热感觉投票 PMV 值乘上一个相应的热期望因子 e。影响期望因子 e 的两个关键因素分别是气候和建筑，其取值在 0.5 ~ 1.0。表 3-3 给出了温暖地区自然通风建筑期望因子 e 的值。

表 3-3　温暖地区自然通风建筑的期望因子

期　望	建筑分类	期望因子
高	空调使用普遍地区的自然通风建筑，夏季只有短暂时间的炎热气候	0.9 ~ 1.0
中	空调使用不普遍地区的自然通风建筑，夏季炎热	0.7 ~ 0.9
低	很少使用空调地区的自然通风建筑，全年气候炎热	0.5 ~ 0.7

2）预计适应性平均热感觉投票 APMV

重庆大学姚润明等运用自动控制"黑箱"原理提出了用于非人工冷热源热湿环境

评价的预计适应性平均热感觉投票 APMV（Adaptive Predicted Mean Vote），在人体热平衡基础上考虑了人们心理、生理与行为适应性，引入了与当地气候类型、建筑类型等因素有关的自适应系数（λ），并被写入了国家标准《民用建筑室内热湿环境评价标准》（GB/T 50785—2012）。APMV 可按式（3-11）计算：

$$APMV = PMV / (1 + \lambda \times PMV) \tag{3-11}$$

式中，自适应系数 $\lambda = K_\delta / \delta$，与当地的气候类型、人的适应性等因素有关，需要在不同类型建筑中，通过大样本的热湿环境测试和热舒适问卷调查分析得到，可按表 3-4 取值。

表 3-4　自适应系数

建筑气候区		居住建筑、商店建筑、旅馆建筑及办公室	教育建筑
严寒、寒冷地区	PMV ≥ 0	0.24	0.21
	PMV < 0	−0.50	−0.29
夏热冬冷、夏热冬暖、温和地区	PMV ≥ 0	0.21	0.17
	PMV < 0	−0.49	−0.28

热适应模型的建立依赖于大量的现场调查数据。随着适应性热舒适研究的发展，越来越多的研究者在不同国家、不同气候区，针对不同人群进行了现场调查，研究适合当地居民的热舒适条件。但这些现场研究对象多集中在幼儿园儿童、小学生、中学生、大学生以及年轻成年人，对老年人的现场研究较为少见。

2. 有代表性的热适应理论和模型

1）Humphreys 和 Nicol 理论和模型

Humphreys 和 Nicol 提出热适应模型来解释自由运行建筑环境中人们的实际热感觉与人体热平衡模型预测结果的差异，他们认为：如果不适感出现，人们会做出反应以维持其舒适感。这些反应包括血管收缩、扩张、出汗和寒战等生理反应，并且受气候、经济、文化和技术等背景因素的约束。在这个适应性假设中，人不再是环境的被动接受者，而是与环境处于交互作用的动态平衡中。Nicol 和 Humphreys 通过对 SCATs 项目数据库的数据进行整合和分析，采用操作温度作为室内热环境指标，室外平滑周平均温度作为室外气候指标。取 Griffiths 常数为 0.5，即操作温度每变化 2℃，热感觉变化 1 个标尺计算中性温度。构建热适应模型：

$$T_{comf} = 0.33 T_{out} + 18.8 \tag{3-12}$$

式中，T_{comf} 为舒适温度（℃）；T_{out} 为室外温度（℃）。

随后，EN 15251 采用此热适应模型，形成了自由运行建筑的适应性热舒适标准。该标准中热适应模型的示意图如图 3-1 所示。该标准将居住者的可接受度分为三个类别，按照不同的建筑类型定义的三个可接受范围，分别为：等级 I，对应人们有高水平的期望（PPD ＜ 6%），推荐适用于非常敏感和脆弱的使用者，可接受温度范围为 ± 2℃；等级 II，对应一般水平的期望（PPD ＜ 10%），推荐新建、改建或扩建的建筑，可接受温度范围为 ± 3℃；等级 III，对应较低水平的期望（PPD ＜ 15%），推荐用于现有建筑，可接受温度范围为 ± 4℃。

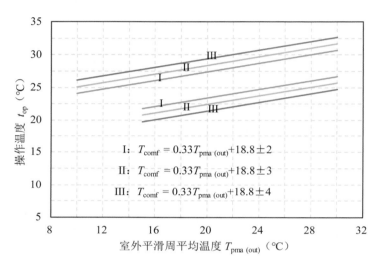

图 3-1　EN 15251 中的热适应模型

2）de Dear 和 Brager 理论与模型

de Dear 和 Brager 将人对环境的适应方式分为三种，分别是生理适应、心理适应和行为调节。生理适应是指人体在热（冷）的刺激下，致使应激反应逐渐减弱的所有的生理反应变化，分为遗传性适应和顺应或习服两类。人体对热环境的生理适应主要表现为体温调节、心脑血管变化（如降低心率和增加血容量及外周血流量）和出汗机能等。心理适应用来刻画习惯与期望对人的感觉信息和反应的影响程度。适应性模型承认反馈循环的潜在作用，即一个人以往和当前的室内外环境的热经历直接影响了他的热反应和热接受度。行为调节是指人有意或无意做出的所有调整，包括：

（1）改变个人参数以适应周围环境的个人调节，如调整服装、活动量和姿势、喝冷热饮、移动到不同的地方。

（2）当条件具备时的技术或环境调节，包括开关窗户或遮阳设施、开关风扇或取暖设备、控制空调等。

（3）包括调整工作和午休时间等的文化调节。de Dear 和 Brager 模型被 ASHRAE 55 采用。

de Dear 和 Brager 通过对 ASHRAE database 全球数据库进行整理分析，采用操作温度作为室内热环境指标，室外月平均温度作为室外气候指标，将室内最适宜的舒适温度（中性温度）和室外空气月平均最高温度和最低温度的代数平均值联系起来，构建热适应模型：

$$T_{comf} = 0.31T_{out} + 17.8$$ （3-13）

假设人体实际热感觉 TSV 为 ±0.5 和 ±0.85 对应的热接受率分别 90% 和 80%，定义了两个舒适温度范围。该模型被 ASHRAE Standard 55-2013 采用，并在 ASHRAE Standard 55-2013 中将室外气候指标修改为室外主导平均温度。该标准中热适应模型的示意图如图 3-2 所示。从图 3-2 中可以看出，ASHRAE Standard 55-2013 中热适应模型适用的室外温度条件为 10℃ ~ 33.5℃。

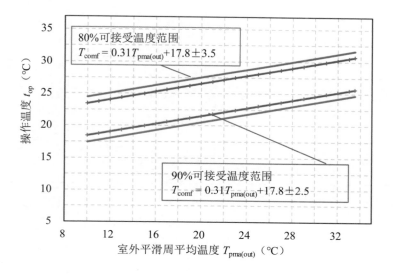

图 3-2　ASHRAE55 中的热适应模型

3）国内热适应模型研究现状

表 3-5 总结了我国部分研究者在热适应模型现场调查方面的研究成果（未包含我国香港、台湾、澳门）。

表 3-5 国内现场调查研究热适应模型

研究者	调研地点	季节	热适应模型	样本量	建筑类型	建筑运行模式
杨柳	哈尔滨、北京、西安、广州、上海	冬夏	$T_n = 0.30T_{a,out} + 17.9$	不详	高校教室	X
茅艳	严寒地区（哈尔滨、长春、沈阳）	冬夏	$T_n = 0.12T_{a,out} + 21.5$	30	住宅	X
	寒冷地区（北京、郑州、西安）	冬夏	$T_n = 0.27T_{a,out} + 20.0$	30		
	夏热冬冷地区（南京、重庆、上海）	冬夏	$T_n = 0.33T_{a,out} + 16.9$	30		
	夏热冬暖地区（南宁、广州、海口）	冬夏	$T_n = 0.55T_{a,out} + 10.6$	30		
杨薇	湖南长沙	春	$T_n = 0.25T_{a,out} + 16.6$	不详	高校教室宿舍	自然通风
	长沙、武汉、九江、南京、上海	夏	$T_n = 0.32T_{a,out} + 15.1$	129	住宅	自然通风
李俊鸽	河南南阳	冬夏	$T_n = 0.61T_{a,out} + 14.7$	1 596	住宅	X
叶晓江	上海	全年	$T_n = 0.42T_{a,out} + 15.1$	1 768	住宅高校教室	X
韩杰	湖南长沙	冬夏	$T_n = 0.67T_{a,out} + 10.3$	101	住宅高校教室	X
	湖南岳阳	冬夏	$T_n = 0.44T_{a,out} + 9.2$	131	独立式农宅	自然通风
刘晶	重庆	全年	$T_n = 0.23T_{a,out} + 16.9$	3 621	高校教室	自然通风
李爱雪	哈尔滨	夏	$T_n = 0.28T_{a,out} + 20.4$	135	高校教室	自然通风
毛辉	成都	全年	$T_n = 0.73T_{a,out} + 9.0$	1 737	住宅	自然通风

续 表

研究者	调研地点	季节	热适应模型	样本量	建筑类型	建筑运行模式
闫海燕	吐鲁番	冬夏	$T_n = 0.019T_{a,out}^2 - 0.29T_{a,out} + 18.3$	6 751	住宅	X
	包头、银川	冬夏	$T_n = 0.006T_{a,out}^2 - 0.10T_{a,out} + 19.2$			
	渭南、焦作	冬夏	$T_n = 0.57T_{a,out} + 10.8$			
	汉中	冬夏	$T_n = 0.68T_{a,out} + 6.9$			
	昆明	冬夏	$T_n = 0.60T_{a,out} + 10.5$			
	拉萨	冬夏	$T_n = 0.41T_{a,out} + 16.2$			
	广州	冬夏	$T_n = 0.52T_{a,out} + 12.7$	931		
闫海燕	全国	全年	$T_n = 0.48T_{a,out\_30} + 13.8$	不详	Y	自然通风
张恒	重庆	夏	$T_n = 0.24T_{a,out} + 19.5$	732	住宅	自然通风
刘红	重庆、成都、武汉、南京、杭州、长沙	全年	$T_n = 0.71T_{a,out} + 8.3$	11 523	住宅	自然通风
杨茜	西安、渭南	冬夏	$T_n = 0.21T_{a,out} + 20.5$	233	住宅	X
			$T_n = 0.63T_{a,out} + 9.8$	130	农宅	
张琳	哈尔滨	夏	$T_n = 0.49T_{a,out} + 11.8$	423	住宅	自然通风
王剑	哈尔滨	春秋	$T_n = 0.25T_{a,out} + 18.4$	160	高校宿舍	自然通风
熊燕	黄冈	冬夏	$T_n = 0.81T_{a,out} + 6.14$	2 271	农宅	自然通风
金振星	南方	全年	$T_n = 0.82T_{a,out} + 4.51$	5 756	住宅	自然通风
	北方	全年	$T_n = 0.50T_{a,out} + 13.94$	2 269	住宅	X

注：X 表示冬季为集中供暖或非集中供暖，夏季为自然通风；Y 表示包括住宅、办公、高校教室、农宅等多种建筑类型；T_n 为中性温度（℃），$T_{a,out}$ 为室外平均空气温度（℃）。

2012 年 5 月发布的《民用建筑室内热湿环境评价标准》（GB/T 50785—2012）规定，对于非人工冷热源热湿环境，设计评级应采用计算法或图示法。图 3-3 为图示法夏热冬冷地区热适应模型。

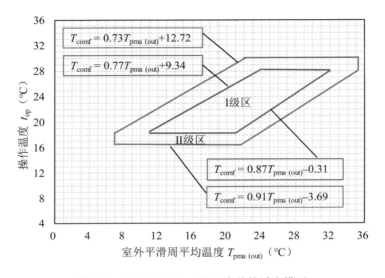

图 3-3 GB/T 50785— 2012 中的热适应模型

3.1.4 老年人热舒适和热适应

对老年人热舒适和热适应的研究最早开始于率先进入老龄化的国家，如美国、法国、芬兰、丹麦和日本等。研究方法有人工气候室研究、现场调查和数值模拟，得到了许多有意义的成果。研究范围主要包括：老年人热舒适与年轻人的区别，老年人对温度及气候变化的敏感性，热舒适指标 PMV-PPD 对老年人的适用性和老年人的热适应行为。

在老年人的舒适温度与年轻人的舒适温度差异问题上，1969 年，美国学者 Frederick 和 Rohles 用问卷调查的方法对 64 名平均年龄 75 岁的老年受试者进行研究，并与年轻人和中年人的测试结果进行对比分析，发现超过 40 岁的群体的舒适温度比 40 岁以下群体高 1 ET，这与 ASHRAE Thermal Comfort Standard 55-66 的规定不一致。此后，大量的学者，Wong（1987），Tsuzuki（2000）等也发现，老年人的舒适温度较年轻人高。发现这样的差异后，越来越多的学者开始对产生差异的原因进行研究，结果表明，由于老年人与年轻人的生理和心理特点不同，老年人对环境变化的适应能力减弱，新陈代谢减缓，对外界的温差调节能力降低，因此对室内热环境的需求也不同。Collins（1981）等对 17 名老年人和 13 名年轻人进行实验研究，发现老年人和年轻人的期望温度都为22℃～23℃，但年轻人对温度的控制精度比老年人高，认为这是因为老年人对温度识别能力减弱，老年人对气候变化的适应能力减弱。Natsume（1992）等在微气候室条件下对 6 名男性老年人和 6 名成年男子的期望温度进行研究，得出老年人对温度的敏感性降低的结论。Yochihara（1993）等在人工气候室对 10 名男性老年人和 10 名男性大学生对比分析实验，结果表明：在冷环境中，老年人不能像年轻人一样通过血管收缩来减少热损失；由中性温度环境进入冷温度环境中时，老年人的血压比年轻人升高得快；在热环境中，老年人不能像年轻人一样通过血管舒张散热，老年人对冷的感觉有延迟。他建议老年人居住建筑中（包括停留时间较短的卫生间和走廊）需要有供冷和供热系统，以克服温度变化对老年人带来的不适感。Schellen（2010）等在自然通风条件下对老年人和年轻人热感觉差异进行研究，认为老年人的热感觉只和空气温度有关，而年轻人的热感觉还与皮肤温度有关。荷兰学者 Daanen（2015）等对 8 名年轻女性和 8 名老年女性进行对比探究，发现偏热环境中，老年人相比年轻人流汗更少，但建立热习服过程无显著差异。上述不同地区的人工气候室研究表明，相比年轻人，老年人对温度、湿度的敏感性降低，热调节能力减弱，同时由于新陈代谢活动减弱，核心温度和皮肤温度均低于年轻人。

虽然 Fanger 用 128 名老年人对模型进行验证，没有发现年龄对热舒适有显著影响，但之后仍有很多学者对此表示质疑，并进行了大量的研究。Cena（1986）等在冬季美国和加拿大现场测试发现，老年人的实际热感觉比 PMV 预测值要高 0.5 个标度。Karyono（2000）和 Tsuzuki（2002）在研究轻微活动老年人的舒适需求时，发现老年人的实际热感觉比 PMV 计算得出的值高。纪秀玲（2003）、Schellen（2009）等在17℃～25℃的微气候室实验发现，PMV 模型能够预测老年人热感觉趋势，但实际热感觉比 PMV 低 0.5 个标度。由于老年人的热感觉是在老年人特殊生理和心理影响下，多种因素共同作用的结果，因此 PMV 能否用于预测老年人的热感觉还需要在具体的热环境条件下进行研究验证。

在老年人热适应行为方面，1984 年 1—4 月在美国和加拿大老年人家中进行的热舒适现场调查结果表明，老年人在较低的室内温度下仍感觉舒适，主要采用增加服装热阻的方式来进行热适应。然而，实际上需要更高的室内温度来保证老年人在较低的活动水平下仍不受低温损害。1985—1986 年冬季同样在加拿大进行的热舒适现场调查给出了类似的结论，由于老年人活动水平较低，在低室温下有低体温症的危险。除提高室内温度外，应提倡老年人通过调整活动水平而不仅仅是增减衣物来改善热舒适。美国学者 White-Newsome（2011）对美国 30 名老年人进行的调查研究则着眼于热适应行为方面，认为老年人没有充分利用改善热环境的措施，且对过热对自身健康的危害认识不够。Yang（2016）等对人工冷热源机构养老建筑环境进行调研，分析了老年人服装热阻随季节的变化规律，以及服装热阻随室外温度的变化规律。

国内学者关于老年人的舒适性研究不多。Wong（2009）在夏季对中国香港 19 所老年中心的 384 名 60～97 岁的老年人进行了问卷调查和现场测试，发现 80 岁以上老年人的中性温度与 60～79 岁老年人有区别，并分析了居家室内老年人服装热阻的范围和平均值等数学特征。Hwang（2010）对中国台湾 87 名 60 岁以上的老年人进行了调研，得出老年人冬、夏的中性温度分别为 23.2℃和 25.2℃，舒适温度范围分别为 20.5℃～25.9℃和 23.2℃～27.1℃，并建立了老年人居住建筑的服装热阻与室内操作温度的线性模型。姚新玲（2011）在 2010 年对上海 8 所养老机构 109 名老年人的问卷调查和现场测试结果表明，上海地区老年人 PMV 预测值偏离实际热感觉。但由于样本量偏小，尚不能得出更有统计学意义的结果。安玉松（2015）以上海市某敬老院室外空间为地点，通过现场实测与问卷调查相结合的方法，对老年人室外热舒适进行了调研，并模拟分析了室外热环境。研究表明，PMV 并不适用于室外热舒适预测，SET* 模型预测准确度最高，可接受的 SET* 范围为 15.6℃～29.9℃。王恬（2015）研究发现，老年人综合舒适评价与相对湿度、照度有显著的相关关系，并通过分析环境参数与满意度之间的关系，建立了老年人室内环境满意度的预测评价模型。刘红（2015）对自然通风住宅中老年人适应性热舒适的特殊性进行了探究，在重庆市对 6 家养老机构和 14 个居民小区现场研究发现，在夏季热环境中，老年人的热感觉投票值偏低，不满意率也较低，可接受上限温度值偏高。郭飞（2016）对中国寒冷地区大连市 119 名老年人和 106 名非老年人自然通风住宅热适应模型进行对比研究，发现自然通风条件下老年人更喜欢偏冷的热环境，并发现在春季和秋季，老年人首选的热适应行为是加减衣服，夏季的热适应措施是使房间通风，老年人不喜欢使用空调和取暖设备。

3.2　老年人居住环境调查研究

在老年人居住热环境研究方面，Natsume（1992）和 Kawashima（1993）等在日本全国范围内展开调查，了解到老年人日常活动及夏季常用自然通风的办法提高热舒适，冬季老年人居住建筑存在供暖不足现象，并使用居住热环境指数对结果进行分析。John（2002）通过在爱尔兰全国进行调查研究，分析了燃料短缺与房间供暖不足引起的室内温度过低以及热舒适的关系，调查还发现超过一半的老年住宅冬季供暖不足，室内温度偏低。Hashiguchi（2004）等研究了地板辐射供暖和空调供暖对老年人的影响，得出虽然地板辐射供暖系统和空调系统的差异很小，但地板辐射供暖舒适的百分比明显高于空调系统的结论，并且得出室温在 15℃ 以下时，老年人的血压会升高，提出老年居室冬季有必要开空调或采暖。Yukari（2005）为了确定养老机构的热环境，对日本 12 所养老机构各个季节都进行了现场调查，得出以下结论：不同老年人居室空调供冷采暖的控制和运行各不相同；除了房间的保温性能和气密性，室内热环境主要与采暖设备的运行状态和房间朝向有关；大部分老年人的投票为中性和满意；冬季湿度偏低，冬夏两季室内外湿度差在白天和晚上比在黎明时更大；加湿器的效果取决于房间的气密性、保温性和对加湿设备的控制。Futatsugi（2007）通过测量温度、湿度、能耗等对千野市的一家小型养老院的室内热环境和建筑能耗进行分析。Jiang（2008）为了了解养老机构老年居室热环境现状，选择一所养老机构进行调查研究，测量了冬季室内热湿环境参数，结果表明：生活习惯、人数、空调使用情况对热环境会有影响；相对湿度在 19% ~ 37% 比较干燥，在被调查的很多房间，室内温度很低。为了使老年人更加健康和舒适，建议提高养老机构的热环境条件。Jalonne（2011）对老年城市居民的热适应行为进行评估。Marianne（2011）对荷兰 7 家养老院的光照条件进行了调研，发现被调查的养老机构光照条件普遍较差，建议提高光照水平。中国台湾学者 Chiang（2001）对老年人居住物理环境品质进行定量研究，调查了 12 个台湾地区护理中心，得到 8 项室内物理环境因子的 24 小时连续测定值与老年人心理满意度模型，发现噪声水平和相对湿度是影响老年公寓室内环境的主要因素。葡萄牙学者 Mendes（2013）调研测试了 6 家养老机构的 36 个房间，并计算了对应的 PMV，认为目前养老机构的室内空气品质和热舒适水平都不尽如人意。韩国学者 Yang（2016）调研了 26 家养老院，回收有效问卷 398 份，结果表明，韩国养老院多采用地板辐射供暖，老人偏爱温暖环境，一年四季新陈代谢率无明显差别。

3.3 小　结

从本章对老年人热舒适和热环境研究现状和发展动态的阐述可以总结出：以 PMV 为代表的热平衡模型考虑了室内环境参数、服装热阻和新陈代谢率的影响，并且因服装热阻的冬夏差异而形成了冬夏舒适区的偏移，因新陈代谢率的不同而形成了不同活动水平下舒适温度的差异，在一定程度上可视为行为意义上的某种适应。但是，调节服装和活动水平的行为是如何启动的，与居住者背景相关的期望是怎样形成的，以及不同个体新陈代谢率的差异是如何影响的，在热平衡模型中无法体现，因此出现了现场调查中实际热感觉与热平衡模型 PMV 预测热感觉的差异。

越来越多的研究者开始关注居住者在实际建筑中的热感觉和热舒适，"以建筑为本"的方法也逐渐转变为"以人为本"的方法。以人为本，更多的是满足个体的需求，允许热环境时间和空间的变化，鼓励居住者采取热适应行为调节热舒适。并且，热舒适研究的适应观点将人在建筑环境中的热舒适分为三种不同的过程，即行为调节、生理习服和心理适应或期望，并且承认真实环境中人的热感觉受以往热经历、非热因素和热期望的综合影响。

以人为本，使研究者开始对不同人群的适应性热舒适进行研究；以人为本，使研究者开始关注居住者自身的个体特征和背景因素对热舒适的影响；以人为本，使研究者开始关注居住者的适应机会和适应约束，其中，适应机会指有利的适应条件或适应措施，适应约束指不利的适应条件或适应措施。对老年人适应性热舒适的研究才刚刚起步，在不同国家、不同气候区的研究都比较缺乏。随着全球老龄化的发展，研究者有责任去深入了解和考察老年群体对热环境的需求，从而提高老年人居住热环境质量和老年人的身心健康水平。

Chapter 4　第 4 章
老年人热舒适现场调查方法
The Field Survey Method for
Thermal Comfort of the Older People

4.1　现场调查研究方法

对实际建筑进行现场调查，是研究人与环境交互作用的一种重要的研究方法。与人工气候室条件下的研究相比，现场调查研究可以反映真实环境条件下人对建筑环境的适应感觉、满意、偏好等主观评价及需求。现场调查方法不仅能够获得影响人与环境交互作用的温度、湿度、风速、辐射、照度、噪声等客观环境参数以及服装热阻与活动状况等人体相关参数，还可以获得影响人与环境交互作用的建筑特征、朝向、开关窗户情况、供冷采暖方式、光源情况、噪声情况等信息。更重要的是，实际建筑中，人对建筑环境不是一个被动接受的过程，而是一个主动适应的过程。在这个过程中，居住在实际建筑中的人通过适当的热适应调节方式，来调节自身与建筑环境的关系，现场调查可以对人的热适应行为进行研究。并且，随着便携式生理仪器适用领域的不断扩大，测量人体在真实建筑环境下的生理参数，为现场调查研究注入了新的活力。本书采用现场调查研究的方法，调查机构养老老年人居住建筑环境参数、老年人生理参数以及主观问卷，对老年人与居住建筑环境交互作用进行研究。现场调查研究过程包括预备调研、正式调查和对正式调查中所获得数据的统计分析及挖掘。

现场调查设计是现场调查研究实施的重要环节。现场调查设计的合理性、有效性以及可实施性是实现现场调查研究目的和完成现场调查研究内容的重要保障，可通过预备调研环节，设计比较完善的现场调查方案。

4.1.1　调研样本量设计

1. 调研样本量计算

在现场调查中，考虑到研究成本和研究的可行性，需要科学合理地进行抽样，即从规模很大的目标群体中，选出一部分样本作为研究对象。如果样本观察数目过小，由于样本信息不充分，会导致统计分析结果稳定性差，而且也无助于揭示和掌握客观现象之间的统计关系；反之，如果盲目要求样本观察越多越好，一方面会增加数据搜集成本，另一方面也可能会造成数据信息上的冲突和干扰，不利于获得较全面的研究资料。样本量的影响因素主要有精度要求、时间限制和经费限制。其中，精度要求往往处于首要地位。精度受总体大小、总体变异程度、置信度、绝对误差极限以及有效回答率的影响。对于有限总体，初始样本量可用式（4-1）计算。

$$n_0 = \frac{1}{\frac{1}{N} + \frac{d^2}{z_{\alpha/2}^2 S^2}} = \frac{N z_{\alpha/2}^2 S^2}{N d^2 + z_{\alpha/2}^2 S^2} \qquad (4\text{-}1)$$

式中，n_0 为初始样本量；N 为总体大小；S^2 为总体方差；d 为绝对误差限度（%）；$z_{\alpha/2}$ 为样本均值 $\overline{X}$ 分布（正态）的右边截掉其尾部 $\alpha/2$ 面积的 z- 分布。其中，$1-\alpha$ 为置信水平（confidence level）。

本书中，式（4-1）各变量值的确定方法如下。

1）调研总体大小

总体是指调查研究考察的目标群体（target population）。本书调研的目标群体为上海市居住在养老机构的老年人。由于养老机构实际入住人数的数据较难获得，本书假设上海市养老机构的入住率均为 100%，从而养老机构的床位数就等于居住在养老机构内的老年人数量。根据《2013 年上海市老年人口和老龄事业监测统计信息》，截至 2013 年 12 月 31 日，全市共有养老机构 631 家，其中政府办 317 家，社会办 314 家，床位数共计 108 365 张。因此，设定调研目标群体的总体大小为 108 365 人。上海市养老机构和床位数分布情况如图 4-1 所示。

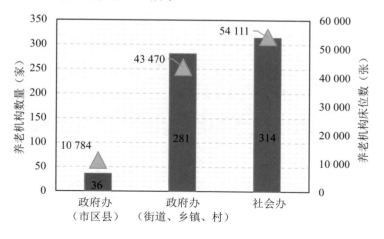

图 4-1　2013 年末上海市养老机构及床位数概况

2）总体方差

总体方差的大小反映了总体的变异程度，计算方法如式（4-2）所示。

$$S^2 = \frac{1}{N-1} NP(1-P) \qquad (4-2)$$

式中，$P(1-P)$ 为成数方差；N 为总体大小。

调查前总体方差是未知的。总体方差确定方法有：

（1）利用先前的调查结果和经验；

（2）利用预调查的结果；

（3）利用同类、相似或有关的二手数据的结果；

（4）利用某些理论上的结论（例如总体比例估计问题中常取 $S^2 = P(1-P) = 0.25$）；

（5）专家判断法；

（6）极限值法，即 $S^2 = P(1-P) = 0.25$。

总体的变异程度是指调查研究的变量或指标随着单个样本特征的不同而不同。当总体变异程度较大时，就需要较大的样本量。如果所研究的变量或指标的实际变异程度大于确定样本量时估计的变异程度，那么调查估计值的实际精度就会低于期望的精度。相反，如果所研究的变量或指标的实际变异程度比所估计的变异程度小，调查所得到的估计值会比预计的更精确。为了确保调查的精度，本书采用极限值法，即假定总体的变异程度为最大，也即取 $S^2 = P(1-P) = 0.25$。

3）置信水平

置信水平 $1-\alpha$ 是样本指标与总体指标的误差不超过一定范围的概率，又称抽样估计的概率保证程度。在实际应用中，通常取 0.90、0.95 和 0.99，对应的 $z_{\alpha/2}$ 取值如表 4-1 所示。本书取置信水平为 0.95 对初始样本量进行计算。

表 4-1　置信水平 $1-\alpha$ 与 $z_{\alpha/2}$ 的对应取值

$1-\alpha$	0.90	0.95	0.99
$z_{\alpha/2}$	1.645	1.96	2.58

4）绝对误差限度

绝对误差限度是对抽样估计的精度要求，即抽样推断在既定的概率水平要求下所允许的与总体参数之间的最大差。在总体大小、总体方差以及置信水平确定的情况下，本书中的初始样本量随绝对误差限度 d 的变化趋势如图 4-2 所示。

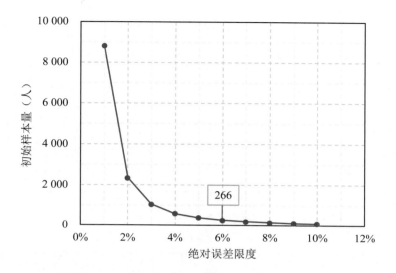

图 4-2 初始样本量 n_0 随绝对误差限度 d 的变化趋势

综合考虑调研可行性以及调研成本，本书取绝对误差限度为 6%，计算得出初始样本量为 266 人。

确定初始样本量后，需要根据有效回答率 r 对初始样本量进行调整，确定样本量 n，如式（4-3）。

$$n = \frac{n_0}{r} \tag{4-3}$$

本书设定有效回答率 r 为 85%，根据式（4-3），计算得出样本量 n 为 313 人。考虑到季节差异，在冬季和夏季分别进行调研，每一个季节的计算样本量均为 313 人。

2. 调研样本量分配

确定样本量 n 后，如果采用简单的随机抽样，会导致某些次级总体的代表性不足。分层随机抽样可以有效地解决这个问题。分层随机样本的使用不仅可以保证每个层级总体的观测样本，还可以提高估算精度。比例分配（proportional allocation）法是一种简单易行且使用广泛的分层样本分配方法，其原理是利用每层的抽样比：

$$\frac{n_1}{N_1} = \frac{n_2}{N_2} = \cdots = \frac{n_l}{N_l} \tag{4-4}$$

式中，N_1 表示第一层的总体元素个数，N_2 表示第二层的总体元素个数，以此类推，N_l 表示第 l 层的总体元素个数。仅对于 $l = 1, \cdots, L$，等式（4-5）成立，其中，L 为层数。

$$n_l = n\frac{N_l}{N} = nW_l \tag{4-5}$$

式中，$N = N_1 + N_2 + \cdots + N_l$，$W_l$ 为抽样比。

根据 2013 年末上海养老机构信息网、上海民政局提供的上海各区养老机构总床位数，本调研将上海 17 个行政区分为三个大区，如图 4-3 所示。第一大区的总床位数在 5 000 张以下（含），也即认为此区老年群体入住养老机构的人数为 5 000 人以下（含）。同理，认为第二大区老年群体入住养老机构的人数为 5 001～10 000 人，第三大区老年群体入住养老机构的人数为 10 000 人以上。结合比例分配法，计算样本量在各层的分配情况，结果如表 4-2 所示。冬季和夏季的样本分配均按表 4-2 的结果进行。

表 4-2　分层随机样本量

层级	行政区名称	次级总体	抽样比	分配样本量（人）	各层级样本量（人）
第一层	静安区	1 049	0.01	3	75
	闸北区	3 282	0.03	10	
	金山区	3 344	0.03	10	
	青浦区	4 184	0.04	12	
	虹口区	4 232	0.04	12	
	松江区	4 990	0.05	14	
	黄浦区	4 995	0.05	14	
第二层	长宁区	5 328	0.05	15	176
	徐汇区	5 666	0.05	16	
	奉贤区	5 737	0.05	17	
	普陀区	5 966	0.06	17	
	崇明区	6 480	0.06	19	
	杨浦区	6 677	0.06	19	
	嘉定区	7 512	0.07	22	
	宝山区	8 484	0.08	25	
	闵行区	9 023	0.08	26	
第三层	浦东新区	21 415	0.20	62	62
总计					313

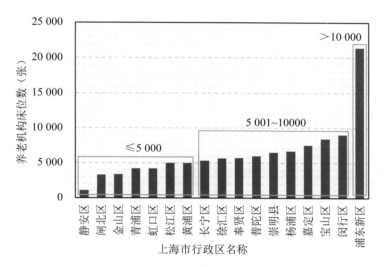

图 4-3　分层抽样层级划分

4.1.2　调研时间和空间的界定

本书调研季节为冬季和夏季。上海市气象意义上的入冬条件为连续 5 日日均气温低于 10℃，其首日为入冬日；入春条件为连续 5 日日平均气温超过 10℃，其首日为入春日；入夏条件为连续 5 日日均气温超过 22℃，其首日为入夏日；入秋条件为连续 5 日日均气温低于 22℃，其首日为入秋日。根据上海市气象局资料，2013—2015 年气象意义上的季节节点如图 4-4 所示。因此，冬季调研时间在 2014 年 1 月至 3 月、2014 年 12 月至 2015 年 1 月；夏季调研时间在 2014 年 6 月至 8 月。

配合老年人作息时间和护理人员工作时间，本次现场调查每日的时段为 8:00—17:00。

图 4-4　2013—2015 年上海市气象意义上的季节节点

本书调研的目的是考察老年人主观感觉及生理参数与老年人居住建筑环境参数之间的关系，同时考察老年人在居住建筑环境下的热适应和热行为。基于此，选择机构养老老年人居住建筑室内、过渡空间以及室外三类空间环境进行调查。室内环境为老年人的卧室或起居室；过渡空间环境为连接室内和室外的公共空间；室外环境为老年人居住建筑外环境。环境参数测量在室内、过渡空间和室外环境中同时进行。问卷调查和生理参数测量在室内环境中进行。随机选取养老机构内单人间、双人间、三人间、四人间及多人间等房型。中国台湾的调研结果表明，老年人空调使用率在 30% 以下。本书预调查也发现，虽然养老机构的空调安装率高达 95% 以上，但 90% 以上的老年人并不使用。本书调研房间均未开启空调，即属于非人工冷热源环境。

4.1.3　环境参数和生理参数

1. 调研环境参数

本书现场调查的环境参数包括室外气象参数、受试者居住建筑所处室外及过渡空间环境参数和受试者居住建筑室内环境参数。

1）室外气象温度

室外气象温度（℃）数据源于中国气象局气象数据中心。通过室外气象温度数据计算室外平均温度。ASHRAE Standard 55-2013 中给出了室外平均温度（prevailing mean outdoor air temperature）的三种计算方法。

（1）连续平均法

连续平均法是指评价日之前不少于连续 7 天、不超过连续 30 天的室外日平均温度的算术平均值，其中室外日平均温度按该天 24 小时室外干球温度全部观测值的简单算术平均值计算。所取观测值的数量不得少于 2 个，若只取 2 个，则须为当日的最低值和最高值。若取 3 个值以上，时间间隔须均匀分布，其中观测值必须取自最新批准的政府或私人气象台或者典型气象年（Typical Meteorological Year，TMY）的气象文件。

（2）指数权重连续平均法

指数权重连续平均法的计算公式如式（4-6）所示。

$$\overline{t_{\text{pma(out)}}} = (1-\alpha)\left[t_{e(d-1)} + \alpha\, t_{e(d-2)} + \alpha^2\, t_{e(d-3)} + \cdots\right] \tag{4-6}$$

式中，α 为系数，其大小反映了室外温度连续平均改变快慢的反应速度，α 越大反应速度越慢，α 越小反应速度越快；$t_{e(d-1)}$ 为特定天前一天的日平均温度，℃；$t_{e(d-2)}$ 为特定天的前 2 天的日平均温度，℃；$t_{e(d-3)}$ 为特定天的前 3 天的日平均温度，℃；……；以此类推。

Nicol 和 Humphreys 通过对 SCATs 项目数据库的数据进行整合分析，建议 α 设为0.8，该建议被欧盟的 EN 15251 所采纳。Morgan 和 de Dear 等对连续平均温度中 α 的不同取值重新进行了分析和对比，指出适宜的取值为 0.6 ~ 0.9，该建议已被 ASHRAE Standard 55-2013 所采纳。中国 GB/T 50785—2012 建议 α 取值 0.8，并采用室外指数权重连续平均温度来对服装热阻随环境参数变化的规律进行研究，结果表明，室外温度对热适应的影响是过去一周内的权重连续平均；欧盟 EN 15251 所倡导的热适应算法（Adaptive Comfort Algorithm）中采用过去 7 天内的指数权重连续平均室外温度为室外温度指标；中国 GB/T50785—2012 采用连续 7 天室外日平均温度的指数加权值，即室外平滑周平均温度作为热适应模型中的室外温度指标。

（3）日历月月平均温度

如果达不到计算方法（1）和计算方法（2）的数据要求，允许采用日历月月平均气温作为室外温度指标。

2）受试者居住建筑所处室外及过渡空间环境参数

室外及过渡空间环境参数包括空气温度（℃）、相对湿度（%）和风速（m/s），数据由两台便携式气象参数测试仪分别同时采集。

3）受试者居住建筑室内环境参数

本书中直接测量的室内环境参数为空气温度 t_a（℃）、相对湿度 RH（%）、黑球温度 t_g（℃）、风速 v_a（m/s）、A 声级 L_A（dB）、照度 E（lx）和 CO_2 浓度 C_{CO_2}（0.001‰），间接获得的室内环境参数有平均辐射温度 $\bar{t_r}$（℃）和操作温度 t_{op}（℃）。

2. 调研生理参数

现场测量的受试老年人生理参数包括：创血压 NIBP（舒张压、收缩压）、血氧饱和度 SpO_2、心率 HR、脉率 PR 和手指皮肤温度 t_s。所有测量均为无创测量。

4.1.4　服装热阻和能量代谢率的确定方法

1. 服装热阻

服装热阻是服装保温性能的一个指标，其单位为 clo，1 clo = 0.155 m²·K/W。1 clo 的定义是一个静坐者在空气温度为 21℃，空气流速不超过 0.05 m/s，相对湿度不超过 50% 的环境中感到舒适所需要的服装的热阻。ASHRAE Standard 55-2013 和 GB/T 50785—2012 给出了代表性全套服装和单件服装的名称和热阻值。

ASHRAE Standard 55-2013 提供了估算服装热阻的三种方法：

（1）如果实际全套服装与标准给出的全套服装一致，直接按标准给出的全套服装热阻值估算。

（2）如果实际全套服装是标准给出的全套服装和单件服装的综合，则根据实际全套服装情况，估算时在所取的全套服装热阻值中加上或减去单件服装热阻值。

（3）实际全套服装热阻值按标准给出的单件服装热阻总和估算。

ASHRAE Standard 55-2013 还提出，如果受试者是坐着，则需要在服装热阻值上加上椅子的热阻值，椅子的热阻值按标准给出的表中数据选取。

ASHRAE Standard 55-2013 同样给出了代表性全套服装和单件服装的名称和热阻值。

本书通过现场观察和问询的方式记录受试老年人在调研时的穿衣情况和椅子类型，并结合 ASHRAE Standard 55-2013 标准，查表确定单件服装和椅子热阻值。表 4-3 列出了冬季和夏季老年人穿着的服装和所坐椅子名称以及服装和椅子对应的热阻数值。

由于按单件服装热阻求和的方式定义全套服装热阻，只是服装衣着热阻为基础热阻，而不是实际的衣着隔热效果。因此，在对单件服装热阻（包括椅子热阻）求和的基础上，用 McCullough 等提出的公式对服装热阻值进行修正，该公式表达式为

$$I_{cl} = 0.676 \times \sum I_{clu} + 0.117 \qquad (4-7)$$

式中，I_{cl} 为全套服装热阻，clo；I_{clu} 为单件服装热阻，clo。

ASHRAE Standard 55-2013 指出，在个体受试者着装明显不同时，不能用全体受试者的平均服装热阻值来代表个体受试者服装热阻情况，并规定为了适应环境，在个体受试者可以自由调节服装的情况下，可以用平均服装热阻来代表受试者的服装热阻情况。因此，本书分别用个体服装热阻值和平均服装热阻值来计算 PMV。

2. 能量代谢率

人体的能量代谢率除了受性别、年龄、环境等因素的影响外，主要取决于人体的活动量或生产劳动强度。能量代谢率的单位为 met，1 met = 58.15 W/m^2。ASHRAE Standard 55-2013 和 ISO 7730:2005 给出了典型活动强度下的能量代谢率数值表，如表 4-4 和表 4-5 所示。

表 4-3　受试老年人服装和椅子对应的热阻

冬季		夏季	
服装和椅子名称	I_{clu} (clo)	服装和椅子名称	I_{clu} (clo)
内裤	0.03	内裤	0.03
长袖内衣	0.10	汗衫	0.04
薄针织衣	0.10	T 恤	0.09
厚针织衣	0.15	短袖衬衫	0.15
长袖衬衫	0.12	长袖衬衫	0.20
毛背心	0.12	轻薄外套	0.25
薄毛衣	0.20	长袖内衣	0.10
厚毛衣	0.35	短袖连衣裙	0.20
绒衣	0.30	短裤	0.06
棉衣	0.35	轻薄长裤	0.15
夹克	0.35	长裤	0.25
羽绒服	0.55	长裤腿内衣	0.10
长裤腿内衣	0.10	半身薄裙	0.09
毛裤	0.25	半身厚裙	0.12
长裤	0.25	袜子	0.02
绒裤	0.30	凉鞋	0.03
羽绒裤	0.40	布鞋	0.02
袜子	0.02	皮鞋	0.04
棉鞋	0.10	金属椅子	0.00
皮鞋	0.04	木质椅子	0.01
金属椅子	0.00	标准办公椅	0.10
木质椅子	0.01	沙发	0.15
标准办公椅	0.10	高级办公椅	0.15
沙发	0.15	床	0.10
高级办公椅	0.15	坐垫	0.10
床	0.15	—	—
坐垫	0.10	—	—

表 4-4　不同活动代谢率（ASHRAE Standard 55-2013）

Activity 活动类型	Metabolic Rate 代谢率		
	Met Units	W/m^2	Btu/(h·ft^2)
Resting 休息			
Sleeping 睡觉	0.7	40	13
Reclining 斜倚	0.8	45	15
Seated, quiet 坐姿，安静	1	60	18
Standing, relaxed 坐姿，放松	1.2	70	22
Walking (on level surface) 平地步行			
0.9 m/s, 3.2 km/h, 2.0 mph	2	115	37
1.2 m/s, 4.3 km/h, 2.7 mph	2.6	150	48
1.8 m/s, 6.5 km/h, 4.2 mph	3.8	220	70
Office Activities 办公室活动			
Reading, seated 阅读，坐姿	1.0	55	18
Writing 书写	1.0	60	18
Typing 打字	1.1	65	20
Filing, seated 整理文件，坐姿	1.2	70	22
Filing, standing 整理文件，站姿	1.4	80	26
Walking about 散步	1.7	100	31
Lifting/packing 举起/包装	2.1	120	39
Driving/Flying 驾驶或飞行			
Automobile 驾驶汽车	1.0~2.0	60~115	18~37
Aircraft, routine 驾驶飞机，常规	1.2	70	22
Aircraft, instrument landing 驾驶飞机，降落	1.8	105	33
Aircraft, combat 驾驶飞机，战斗	2.4	140	44
Heavy vehicle 驾驶重型车辆	3.2	185	59
Miscellaneous Occupational Activities 各种职业活动			
Cooking 烹饪	1.6~2.0	95~115	29~37
House cleaning 清扫房屋	2.0~3.4	115~200	37~63
Seated, heavy limb movement 坐姿，沉重肢体运动	2.2	130	41
Machine work 机械加工	—	—	—

Activity 活动类型	Metabolic Rate 代谢率		
	Met Units	W/m²	Btu/(h · ft²)
sawing (table saw) 锯（台锯）	1.8	105	33
light (electrical industry) 轻型工作（电气工业）	2.0～2.4	115～140	37～44
Heavy 重型工作	4	235	74
Handling 50 kg (100 lb) bags 搬运 50 千克（100 磅）的袋子	4	235	74
Pick and shovel work 镐铲作业	4.0～4.8	235～280	74～88
Miscellaneous Leisure Activities 各种休闲活动			
Dancing, social 跳舞，社交	2.4～4.4	140～255	44～81
Calisthenics/exercise 健美操 / 运动	3.0～4.0	175～235	55～74
Tennis, single 网球，单打	3.6～4.0	210～270	66～74
Basketball 打篮球	5.0～7.6	290～440	90～140
Wrestling, competitive 摔跤，竞技	7.0～8.7	410～505	130～160

表 4-5 不同活动代谢率（ISO 7730:2005）

Activity 活动类型	Metabolic Rate 代谢率	
	W/m²	met
Reclining 斜倚	46	0.8
Seated, relaxed 坐姿，放松	58	1.0
Sedentary activity (office, dwelling, school, laboratory) 坐姿活动（办公室、居住建筑、学校、实验室）	70	1.2
Standing, light activity (shopping, laboratory, light industry) 立姿，轻度活动（购物、实验室工作、轻体力作业）	93	1.6
Standing, medium activity (shop assistant, domestic work, machine work) 立姿，中度活动（商店售货、家务劳动、机械工作）	116	2.0
Walking on level ground 平地步行		
2 km/h	110	1.9
3 km/h	140	2.4
4 km/h	165	2.8
5 km/h	200	3.4

　　然而，表 4-4 和表 4-5 中的数据是依据表 4-6 中健康成年年轻人的特征而获得的，不能直接适用于老年人。事实上，ISO 8996 建议在研究包括儿童、老年人和残疾人在内的特殊人群时，需要对能量代谢率进行修正。

表 4-6　ISO 8996 中健康成年年轻人特征

性　别	年龄（岁）	体重（kg）	身高（m）	体表面积（m²）
男性	30	70	1.75	1.8
女性	30	60	1.70	1.6

　　在对儿童的热舒适研究问题上，研究者已经注意到了年龄对能量代谢率的问题，并进行了相关的分析。但是在老年人的热舒适研究中，几乎没有研究者对老年人的能量代谢率进行修正。相关研究表明，代谢率随着年龄的增长而下降。日本研究者 Tsuzuki 和 Iwata 对表 4-7 中年轻老年人的研究发现，即使通过运动提高代谢，这些老年人的代谢率仍低于 50 W/m²。

表 4-7　日本研究者 Tsuzuki 和 Iwata 研究的年轻老年人特征

性　别	年龄（岁）	体重（kg）	身高（m）	体表面积（m²）
男性	68.8	63.9	1.61	1.63
女性	69.2	56.8	1.48	1.47

　　本书中老年人的身高、体重以及体表面积情况如表 4-8 所示。

表 4-8　本书受试老年人特征

性　别	年龄（岁）	体重（kg）	身高（m）	体表面积（m²）
男性	83.7	63.6	1.66	1.63
女性	83.6	56.2	1.54	1.48

表 4-8 中体表面积由式（4-8）计算得出。

$$SA = 0.015\,925\,(H_t W_t)^{1/2} \qquad (4\text{-}8)$$

式中，SA 为体表面积，m²；H_t 为身高，cm；W_t 为体重，kg。

　　本书中，受试老年人均处于坐姿放松状态接受问卷调查员的访谈，访谈中老年人会在说话的同时有一些肢体动作，因此活动量选为"坐姿活动"（sedentary activity），对应 ISO7730：2005 中的代谢率值"1.2 met"。根据以上讨论，本书选择 0.8 met，1 met 和 1.2 met 分别进行讨论。当取 0.8 met 时，计算所得 PMV 结果中有 19.9% 的数值低于 −3，因此，0.8 met 的代谢率值在上海地区老年人的 PMV 计算中不适用。而 1.2 met 对应的是健康成年年轻人"坐姿活动"的代谢率，故本书最终选择新陈代谢值为 1 met 计算 PMV。

4.1.5　调查问卷设计

本书调研的目的是基于受试者生理参数、主观感觉以及行为反应来考察老年人与建筑环境之间的交互作用。基于此研究目的，目前没有成熟的调查问卷可以使用，故参考 ASHRAE Standard 55-2013 和 GB/T 50785—2012 给出的热舒适和热环境研究调查问卷、国际通用生命质量标准化测量工具 —— 健康状况调查问卷 SF-36 以及北京大学健康老龄与发展研究中心项目问卷，了解调查问卷结构、设计程序和原则，从调研的研究内容和研究目的出发，结合预调研情况，设计了调查问卷，并对问卷的信度和效度进行了检验。

1. 调查问卷设计程序

为了使调查问卷具有科学性和规范性，本书问卷设计的程序如图 4-5 所示。

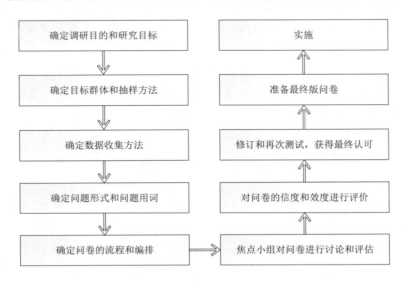

图 4-5　调查问卷设计的程序

2. 调查问卷结构和内容

调查问卷由问卷封面、问卷 I 和问卷 II 三部分组成，问卷样本见附录 A。问卷封面内容包括问卷编号、同济大学和本项目标志、调查问卷标题、受试者姓名、出生年月、住址及联系方式、访问时间及调查日天气情况、调查员和审核员签名。问卷 I 为现场调查物理参数记录表，包括老年人居住建筑概况、老年人居住建筑室内环境参数以及老年人各项生理参数平均值。问卷 II 为受试老年人现场访谈量表，包括四个分量表。

1）基本信息

基本信息包括年龄、性别、身高、体重、籍贯、在上海的生活时间、在调研机构的生活时间、文化程度、退休前职业等，同时记录受试老年人的衣着和座椅。由于冬季和夏季穿衣情况的不同，记录受试老年人衣着和座椅的题项分冬季和夏季两种情况。附录 A.1 ~ 附录 A.5 为冬季问卷。夏季问卷受试老年人衣着和座椅题项如表 4-9 所示。

表 4-9　夏季问卷受试老年人衣着和座椅题项

D10. 您此刻的穿着是：	上装：汗衫□　背心□　T 恤□　短袖衬衫□　长袖衬衫□ POLO 衫□　轻薄外套□　短袖连衣裙□　其他□，请注明
	下装：短裤□　轻薄长裤□　长裤□　半身薄裙□ 半身厚裙□　其他□，请注明
	鞋袜：短袜□　拖鞋□　凉鞋□　布鞋□　皮鞋□　运动鞋□ 其他□，请注明
D11. 您此刻坐在什么地方？	金属椅子□　木质椅子□　标准办公椅□　沙发□ 高级办公椅□　床上□　坐垫□　凉席□　其他□，请注明

2）健康状况

半年内健康状况自述，所患疾病及疾病对日常生活的影响自述，药物服用情况和季节对身体不适感的影响。

3）生活方式

包括抽烟、喝酒、体育锻炼、睡眠、室内外活动时间和日常参加的活动情况。

4）室内环境主观感觉和反应

（1）受试老年人对调研时居住建筑的室内环境温度、湿度、风速、光、声音、空气质量的感觉、满意度和期望。其中冷热感觉采用 ASHRAE 七点标度（-3 太冷了，-2 有点冷，-1 凉快，0 不冷不热，1 暖和，2 有点热，3 太热了），湿感觉采用五点标度（-2 非常潮湿，-1 潮湿，0 适中，1 干燥，2 非常干燥），风速从小到大、光从暗到亮、声音从嘈杂到安静、空气质量从有异味到清新均采用 1 ~ 5 的五点标度。综合舒适感觉，采用五点标度（1 不可忍受，2 很不舒适，3 不舒适，4 稍不舒适，5 舒适）。对环境的满意投票采用两点标度（0 不满意，1 满意）。对环境期望投票采用三点标度（–1 降低，0 不变，1 升高）。老年人主观感觉调查辅助卡片见附录 B.1 和附录 B.2。

（2）老年人的热适应行为记录和热适应行为意愿投票。根据冬季和夏季老年人热适应行为的不同，调查问卷中此题项分为冬季和夏季两种情况。附录 A.1~ 附录 A.5 为冬季问卷，夏季问卷受试老年人热适应行为题项如表 4-10 所示。

表 4-10　夏季问卷受试老年人热适应行为题项

G8. 您会做以下哪些事让自己感觉更舒适？（多选）	减 / 加衣服□　　开 / 关窗户□　　开 / 关空调□ 喝热 / 冷饮□　　开 / 关风扇□　　晒太阳□ 做运动□　　离开房间□

4.1.6　现场调查方法及测量仪器

1. 室外及过渡空间环境参数测量方法及测量仪器

室外及过渡空间环境参数由两台便携式气象参数测量仪分别同时测量，数据按 1 次 / 分钟连续采集。室内环境调查开始前，先放置好室外和过渡空间气象参数测量仪，测量仪器开始采集数据后，再进行室内环境调查。

对于室外环境，本次现场调查假定室外环境为均匀环境。因此，综合考虑受调研机构建筑分布、朝向、结构等因素，设定室外环境测点后，放置气象参数测量仪。对于只有单栋建筑的养老机构，室外测点选一个，在此养老机构调查期间，测点位置不变；对于有多栋建筑或相连建筑群的养老机构，室外测点按所调研单栋建筑的改变而移动，在同一栋建筑室内环境调查过程中，该栋建筑室外测点位置不变。

对于过渡空间环境，考虑到建筑物朝向、楼层、空间大小对过渡空间环境参数的影响，在现场环境参数测量中，放置在过渡空间的气象参数测量仪的楼层和位置，也即过渡空间环境参数的测点位置随着测试房间的楼层和位置的改变而改变。对于面积较大的过渡空间，例如长外廊，测量时将其等分为若干区域，并假定每一个区域内的环境为均匀环境，在对每个区域所对应的受试者居住房间室内环境调查时，移动气象参数测量仪，即测点位置移至该区域。

室外及过渡空间环境测量仪器参数如表 4-11 所示。

表 4-11　室外及过渡空间环境测量仪器参数

测量参数	测量范围	测量精度	分辨率
空气温度	-30℃~70℃	±0.2℃	0.1℃
空气湿度	0%~100%	±3%	0.1%
风速	16 方位（360°）	±0.5%	0.1 m/s

2. 室内环境调查方法及参数测量仪器

现场室内调查流程分为 3 个环节。第一，在受试前受试老年人已在预测试房间内静坐至少 15 min。第二，3 组调查员在征得受试老年人同意后进入房间，询问受试者的基本信息，包括年龄、健康状况、半小时内的就餐和服药情况，向符合样本条件要求的老年人说明调研内容和调研目的，并请愿意接受调研的老年人签署知情同意书。第三，3 组调查员中的 1 组人员对房间内的 1 名受试老年人进行问卷调查，首先向老年人解释问卷内容，然后以访谈的形式完成问卷；第 2 组调查员进行环境参数测量；第 3 组调查员准备生理参数测量仪，对于 2 人及 2 人以上房间，对房间内的另外 1 名老年人进行生理参数测量。如图 4-6 所示为室内环境调研现场照片。

1）室内环境参数测量方法及测量仪器

室内热环境参数空气温度 t_a（℃）、相对湿度 RH（%）、黑球温度 t_g（℃）、风速 v_a（m/s）的测量方法依据《民用建筑室内热湿环境评价标准》（GB 50785—

图 4-6　室内环境调研现场照片

2012）和 ASHRAE Standard 55-2013；室内声环境参数 A 声级 L_A（dB）的测量方法依据《民用建筑隔声设计规范》（GB 50118—2010）；室内光环境参数照度 E（lx）的测量方法参照《照明测量方法》（GB/T 5700—2008）中的中心布点法；室内二氧化碳浓度 C_{CO_2}（0.001‰）的测量方法参照《室内空气质量标准》（GB/T 18883—2002）和《室内环境空气质量监测技术规范》（HJ/T 167—2004）。根据以上标准制定的测点选择方法如表 4-12 所示。每项参数每个测点取 3 次读数，测量时间不小于 3 min，且不大于 15 min。调研使用的室内环境参数测量仪器名称及精度如表 4-13 所示。

2）老年人生理参数测量方法及测量仪器

本书中选用 UBK MEC-1000 便携式多参数监护仪对无创血压 NIBP、血氧饱和度 SpO_2、心率 HR、脉率 PR 和手指皮肤温度 t_s 进行测量。测量方法依据监护仪的操作手册。UBK MEC-1000 便携式多参数监护仪有 4 个接口，分别对应心电电缆、血氧饱和度探

表 4-12　室内环境测试的测点选择方法

测试参数	测点个数	测点位置	测点高度
空气温度 相对湿度 空气流速 黑球温度	室内面积不足 16 m²，测试中央 1 点；16 m² 以上但不足 30 m² 测 2 点（房间对角线三等分，其二个等分点作为测点）；30 m² 以上但不足 60 m² 测 3 点（居室对角线四等分，其三个等分点作为测点）；60 m² 以上测 5 点（两个对角线上梅花设点）	选择室内人员的工作区域或座位处，并优先选择窗户附近、门进出口处、风口下和内墙角处等不利的地点；测量位置距墙的水平距离应大于 0.5 m	测量 2 个高度： 距离地面 0.6 m（坐姿）； 距离地面 1.1 m（站姿）
A 声级	室内面积不足 30 m²，测试中央 1 点；30 m² 以上但不足 100 m² 测 3 点（测点均匀分布在房间长度方向的中心线上；房间平面为正方形时，测点均匀分布在与窗面积最大的墙面平行的中心线上）	测点分布应均匀且具代表性，分布在人的活动区域内。距房间内各反射面的距离应大于等于 1.0 m；各测点之间的距离应大于等于 1.5 m；测点距房间内噪声源的距离应大于等于 1.5 m	测量 1 个高度： 距离地面 1.5 m
照度	将测量房间划分成 2×2 矩形网格，在矩形网格中心点测量	测点间距 1 m	测量 1 个高度： 距离地面 0.75 m
CO₂ 浓度	室内面积不足 50 m²，测 3 点（居室对角线四等分，其三个等分点作为测点）；50 m² 以上测 5 点（两个对角线上梅花设点）	应避开通风口，离墙壁距离应大于 0.5 m，离窗户距离应大于 1 m	测量 1 个高度： 根据当时人员情况，坐姿取距离地面 0.6 m；站姿取距离地面 1.1 m

表 4-13　室内环境参数测试仪

测量参数	测量仪器	仪器精度	ISO 7726 和 ASHRAE Standard 55-2013 标准精度要求
空气温度	HM34 温湿度手持表	±0.3℃	最低要求：±0.5℃ 理想精度：±0.2℃
相对湿度	HM34 温湿度手持表	±2% RH	±5% RH
黑球温度	TM-200 黑球温度计	±0.2℃	最低要求：±2℃ 理想精度：±0.2℃
空气流速	QDF-3 型热球式电风速计	±0.05 m/s	最低要求：±0.05±5% m/s 最高要求：±0.07±2% m/s
A 声级	TES-1350A 声级计	±2 dB	—
照度	ZDS-10F-3D 照度计	相对示值误差绝对值≤±4%	—
CO_2 浓度	Testo 535 CO_2 测量仪	±0.05‰	—

头、血压袖套和温度探头。开机后，将所需的传感器连接到受试老年人参数测量部位，其中温度探头安置在受试老年人右手中指指尖位置。所有生理信号正常接收后，将无创血压测量设定为 1 min 测量一次后开始进行生理参数测量，整个过程持续 10 min 左右，也即每位受试者每项生理参数采集 10 组数据。生理参数测量开始后，调查员不再与受试老年人交谈，也确保老年人之间不再交谈，使生理参数测量时受试老年人处于平静状态。考虑到药物和进食对生理参数的影响，调查开始前半小时内服药或吃饭的老年人视为不满足样本要求的老年人，不进行调查。UBK MEC-1000 便携式多参数监护仪的测量参数和精度如表 4-14 所示。

4.1.7　伦理审查和知情同意书

伦理审查，是指为规范涉及人的生物医学研究和相关技术的应用，保护人的生命和健康，维护人的尊严，尊重和保护人类受试者的合法权益而进行的必要审查程序。本书研究内容包含对人体基本生理参数的测量，因此在研究开始前向所属同济大学医学与生命科学伦理委员会申请了伦理审查，得到同意后进行调查研究。同时，本书的研究内容遵守赫尔辛基宣言，参与调研的每一位受试老年人都签署了知情同意书，其中少部分不能自己签署的老年人（例如眼花或手抖的老年人）在得到本人同意后，由护理人员或工作人员代为签署。

表 4-14　UBK MEC-1000 便携式多参数监护仪的测量参数及精度

生理参数	测量范围（成人）	分辨率	精度
心率（搏 / 分钟）	15 BPM ~ 300 BPM	1 BPM	± 1 BPM 或 ± 1%，取大者
血氧饱和度	0% ~ 100%	1%	70% ~ 100%：± 2%（成人） 0 ~ 69%：不予定义
脉率（搏 / 分钟）	20 BPM ~ 254 BPM	1 BPM	± 3 BPM
无创血压（mmHg）	收缩压 40 mmHg ~ 270 mmHg 舒张压 10 mmHg ~ 210 mmHg 平均动脉压 20 mmHg ~ 230 mmHg	1 mmHg	最大平均误差：± 5 mmHg 最大标准偏差：± 8 mmHg
温度（℃）	0℃ ~ 50℃	0.1℃	± 0.1℃

4.2　数据可靠性和统计分析方法

4.2.1　数据预处理

将现场调查获得的原始数据资料录入和整理形成数据文件。本书在专业统计软件 SPSS 21 中录入调查问卷数据，建立电子数据文件。在获得原始电子数据文件的基础上，对其进行无效个案、重复个案、异常个案、缺失个案的分析和处理，以及问卷数据信息的转换和补充。在生理参数和环境参数数据原始文件中，根据研究需要，对数据个案进行均值化处理，最终形成用于本书统计分析的数据文件。统计分析工作在 SPSS 21 平台上完成。

4.2.2　数据可靠性

现场调查包含若干环节，由于主、客观因素的影响，社会调查的诸多环节都容易产生偏倚和误差。为了保障调查结果的真实性、准确性和可靠性，从以下四个方面对本书的数据可靠性进行论述。

1. 调研方案的设计和评估

本书通过小组讨论和专家评估相结合的方式，设计现场调查方案，并通过预调研对方案进行修正和改进，最终获得适合老年人热舒适研究和居住建筑物理环境测试的科学有效的调研方案。

2. 调查问卷的信度和效度检验

调研正式开始前,对 160 名老人进行了预调研,并对问卷的有效性和可靠性进行检验。在进行信度和效度检验时,为了避免不同考察内容导致的问卷内部不一致性,需要根据问卷量表内容进行分量表检验。问卷 I 和问卷 II 的基本信息分量表属于客观记录部分,不做信度和效度检验。采用克朗巴赫 α(cronbach's alpha)系数法对问卷 II 的健康状况、生活方式、主观感觉分量表信度进行检验,结果发现,问卷各量表的克朗巴赫 α 均高于 0.6,问卷通过信度检验。采用因子分析法对问卷 II 的健康状况、生活方式、主观感觉分量表的效度进行检验,结果显示问卷各量表方差累积贡献率均超过 50%,因子载荷绝对值全部大于 0.4,问卷通过效度检验。

1)信度检验

信度(reliability)代表量表的一致性和稳定性,是量表可靠性的一个重要检验指标。在实际应用中,信度可分为内在信度和外在信度。内在信度主要检验问卷中的分量表(或总量表)是否测量的是同一个概念,也就是这些问题之间的内在一致性,最常用的内在信度系数为克朗巴赫 α 系数。外在信度主要检验不同时间测量时量表结果的一致性,最常用指标为重测信度(test-retest reliability),它要求对同一样本在不同时间进行重复测定,在实际调查中较难实现。另外,被调查者的情况可能随时间发生变化,从而两次测量的差异就不再单纯反映信度高低。因此,信度检验主要采用内部一致性信度,最常用分析方法是采用克朗巴赫 α 系数法,α 系数取值在 0 ~ 1,越接近 1,说明量表内部一致性越好。如果系数大于 0.8,表示内部一致性极好,信度系数在 0.6 ~ 0.8 表示较好,而信度系数低于 0.6 表示内部一致性较差。本书调查问卷量表的信度检验结果如表 4-15 所示,由表 4-15 可以看出,调研设计的问卷通过信度检验。

表 4-15　问卷量表信度检验结果

量表	克朗巴赫 α	题项数量	检验结果
健康状况量表	0.780	6	通过
生活方式量表	0.752	17	通过
主观感觉量表	0.795	21	通过

2)效度检验

效度(validity)即有效性,它是指测量工具或手段能够准确测出所需测量的事物的程度。最常用的效度检验方法为因子分析法。因子分析要求样本量为变量数的 5 ~ 10 倍。本书问卷健康状况量表的因子共有 6 个，分别是：健康状况、是否患病、疾病对日常生活的影响程度、每天是否需要按时服药、30 分钟内是否服药和季节不适。生活方式量表的因子共有 17 个，分别是：过去是否抽烟、现在是否抽烟、过去是否喝酒、现在是否喝酒、每天在室内时间、每天在室外时间、是否锻炼、每天锻炼时间、每天睡眠时间、睡眠是否规律、种花养宠物、做家务、看电视听广播、下棋或打牌、社团活动、阅读书报和上网。主观感觉量表的因子共有 21 个，分别是：温度感觉、温度满意、温度期望、湿度感觉、湿度满意、湿度期望、风速感觉、风速满意、风速期望、声音感觉、声音满意、声音期望、光感觉、光满意、光期望、空气质量感觉、空气质量满意、空气质量期望、综合舒适感觉、综合舒适满意和综合舒适期望。因此，160 个预调研样本量，满足因子分析的适用条件。

用因子分析法进行效度检验的过程如下：

（1）KMO（Kaiser-Meyer-Olkin）检验。KOM 检验是用于比较变量间简单相关系数和偏相关系数的指标，取值在 0 ~ 1。KOM 统计量越接近 1，因子分析的效果越好。实际分析中，KMO 统计量在 0.7 以上时，因子分析的效果比较好；当 KOM 统计量在 0.5 以下时，因子分析法不适用。

（2）Bartlett 球形检验。该检验主要用于检验数据的分布，以及各个变量间的独立情况。当检验统计量的显著性 $P < 0.05$ 时，拒绝各变量间的独立假设，即变量间具有较强的相关性，适合做因子分析。

（3）用主成分分析法抽取特征值大于 1 的因子，用最大方差旋转法进行因子旋转，方差累积贡献率需超过 50%。

（4）对因子载荷绝对值进行分析，因子载荷绝对值需全部大于 0.4。

本书调查问卷量表的效度检验结果如表 4-16 ~ 表 4-21 所示。由表 4-16 ~ 表 4-21 可以看出，本书调查问卷通过效度检验。

3. 调查实施的质量控制

为了真实、完整、高效地获得现场调查数据，本书从三个方面对现场调查的实施进行质量控制：

（1）环境和生理参数测量培训。通过讨论预测量的方式，使调查员详细了解现场环境和生理参数的测量方法，熟练掌握现场调查仪器的操作方法和注意事项；熟练掌握现场调查统一的数据记录方法。

（2）问卷调查培训。首先向调查员介绍本书的目的、意义、研究方法、研究对象以及研究步骤等，通过与调查员讨论研究问卷和模拟访谈，使调查员熟练掌握受试者选择依据、与老年人谈话方式、问卷问题询问方法以及记录方法。

（3）现场调查完整环节的模拟训练。使每一名调查员都能熟练掌握现场调查每个环节的调查方法和注意事项，熟悉每个环节的调查内容和技巧。

表 4-16　健康状况量表的 KMO 检验和 Bartlett 球形检验

取样足够度的 KMO 度量 （Kaiser-Meyer-Olkin Measure of Sampling Adequacy.）		0.727
Bartlett 球形度检验 （Bartlett's Test of Sphericity）	近似卡方（Approx. Chi-Square）	661.250
	自由度 df	15
	显著性水平 P（Sig.）	0.000

表 4-17　健康状况量表的因子载荷矩阵和方差贡献率

观察变量	因子及成分	
	1	2
每天是否需要按时服药	0.902	
是否患病	0.893	
健康状况	0.890	
疾病对日常生活的影响程度	0.820	
季节不适	0.605	
30 分钟内是否服药		0.966
方差解释比例	57.37%	17.90%
总方差解释比例	75.27%	

表 4-18　生活方式量表的 KMO 检验和 Bartlett 球形检验

取样足够度的 KMO 度量 （Kaiser-Meyer-Olkin Measure of Sampling Adequacy.）		0.516
Bartlett 球形度检验 （Bartlett's Test of Sphericity）	近似卡方（Approx. Chi-Square）	1 621.732
	自由度 df	136
	显著性水平 P（Sig.）	0.000

表 4-19 生活方式量表的因子载荷矩阵和方差贡献率

观察变量	因子及成分						
	1	2	3	4	5	6	7
过去是否抽烟	0.795						
过去是否喝酒	0.766						
现在是否喝酒	0.765						
现在是否抽烟	0.762						
每天在室内时间		−0.963					
每天在室外时间		0.962					
是否锻炼			0.848				
每天锻炼时间			0.833				
每天睡眠时间				0.892			
睡眠是否规律				0.845			
种花养宠物					0.763		
做家务					0.658		
看电视听广播					0.498		
下棋或打牌						0.820	
社团活动						0.693	
阅读书报							0.747
上网							0.733
方差解释比例	14.75%	12.11%	10.16%	9.70%	8.80%	7.94%	7.92%
总方差解释比例	71.38%						

表 4-20 主观感觉量表的 KMO 检验和 Bartlett 球形检验

取样足够度的 KMO 度量 （Kaiser-Meyer-Olkin Measure of Sampling Adequacy.）		0.687
Bartlett 球形度检验 （Bartlett's Test of Sphericity）	近似卡方（Approx. Chi-Square）	1 894.046
	自由度 df	210
	显著性水平 P（Sig.）	0.000

表 4-21 主观感觉量表的因子载荷矩阵和方差贡献率

观察变量	因子及成分							
	1	2	3	4	5	6	7	8
综合舒适满意	0.916							
综合舒适期望	−0.880							
综合舒适感觉	0.875							
空气质量期望		−0.884						
空气质量满意		0.876						
空气质量感觉		0.812						
声音满意			0.924					
声音期望			0.865					
声音感觉			0.852					
光期望				−0.898				
光感觉				0.876				
光满意				0.831				
冷热感觉					0.932			
温度期望					−0.896			
温度满意					0.585			
湿度期望						0.819		
湿度感觉						0.817		
湿度满意						0.708		
风速感觉							0.888	
风速期望							−0.835	
风速满意								0.952
方差解释比例	13.22%	11.97%	11.70%	11.30%	9.91%	9.41%	7.35%	5.73%
总方差解释比例	80.59%							

4. 调查数据质量的评估

在调查数据质量评估方面，国外在 20 世纪初就展开了相关研究。从时间上来看，大致可分为三个阶段：20 世纪初至 40 年代，主要研究统计数据的准确性和样本的代表性；50 年代初至 70 年代，主要通过构建统计调查误差模型对数据质量进行研究；

70 年代末至今，对如何建立有效的数据质量评估体系等的研究全面展开并日趋完善。数据质量的概念有广义与狭义之分。广义的统计数据质量即综合性的数据质量的概念，它包括准确性、完整性、及时性和可比性四个方面含义，狭义的数据质量则专门指数据的准确性。常用的数据质量评估方法有逻辑关系评估、相关指数评估、统计诊断评估、计量模型分析评估和统计分布检验评估。

逻辑关系评估是利用统计指标之间相互联系、相互依赖的内在逻辑关系，通过科学的评估方法来衡量统计指标数值是否存在违背客观规律的现象，进而识别指标数据是否失真。其步骤是：选择经过检验的、较为可靠的、与待评估数据之间存在特定逻辑关系的数据，然后检验待评估数据与选择的可靠数据之间是否符合其客观逻辑关系。

在保证数据完整性、及时性和可比性的同时，通过文献调研和理论分析，本书选择在客观测量的环境参数数据与老年人的主观投票数据之间建立逻辑关系，检验结果显示本书调研数据通过逻辑关系的评估。

4.2.3 统计分析方法

本书中对数据的统计分析方法主要有以下几种。

1. 假设检验

根据老年人基本特征调研数据的分布情况，本书用假设检验的方法，检验同一特征变量在性别之间、不同年龄段之间以及不同生理参数情况之间是否具有显著差异。

调研数据属性有 3 种类型，分别是：①连续变量；②有序分类变量；③无序分类变量。在独立变量个数上，一共有 2 个分类：① 2 个独立样本：如性别（男和女）、生理参数情况（正常和非正常）；② 3 个独立样本：如年龄段（70～79 岁，80～89 岁，90 岁以上）。在 2 个或 3 个独立样本连续变量的检验上，本书采用 t 检验或单因素方差分析法；在 2 个独立样本有序分类变量的检验上，本书采用独立样本 Mann-Whitney U 非参数检验（双侧）方法；在 3 个独立样本有序分类变量的检验上，本书采用独立样本 Kruskal-Wallis H 非参数检验（双侧）方法；在 2 个或 3 个独立样本无序分类变量的检验上，本书采用卡方检验（双侧）方法。3 种检验方法的检验结果均由显著性水平 P 来体现，当 $P < 0.05$ 时，认为不同变量之间具有显著差异。所有的检验过程均在统计软件 SPSS 21 平台上进行。

（1）t 检验

t 检验由 W.S.Gosset 在 1908 年提出，是用 t 分布理论来推论差异发生的概率，从而比较两个平均数的差异是否显著。在 SPSS 21 中可以做单样本 t 检验、独立样本 t 检验和配对样本 t 检验的分析。在应用 t 检验进行两样本均值的比较时，需要数据满足 3 个条件：①独立性（independence），即各观察值之间是相互独立的，不能相互影响；②正态性（normality），即各样本均来自正态分布的总体；③方差齐次（homoscedascity），即各样本所在的总体方差相等。这 3 个条件中，独立性和方差齐次对检验的结果影响较大。对于数据分布的正态性，t 检验具有一定的耐受力，稍偏离正态的数据也会有较稳健的检验结果。如果数据分布偏离正态很远，均值就不能很好地代表数据的集中趋势，t 检验就不再适用。

（2）单因素方差分析

单因素方差分析也称作一维方差分析。它检验由单一因素影响下的多个不同水平之间或多组之间的连续性观察值的比较。方差分析是基于变异分解的思想进行的。在方差分析中，用离均差平方和（Sum of Squares of Deviation from Mean）代表总的变异程度，总变异可以分解为组间变异和组内变异，再利用 F 分布做出有关的判断。离均差平方和是统计离散趋势的重要指标之一，指计算每个观察值与平均数的差，将其平方后相加。总体变异程度越大，离均差平方和就越大，方差也就越大。

单因素方差分析的应用条件同样有 3 个：①独立性；②正态性；③方差齐次。这 3 个条件中，独立性对检验的结果影响较大；正态性条件不满足时，检验结果不会受到太大的影响；方差齐次要求中，只要最大 / 最小方差之比小于 3，检验结果都是稳定的。

（3）Mann-Whitney U 检验

Mann-Whitney U 检验常用于两个独立样本的非参数检验。非参数检验具有 3 个优势：①稳健性，即放宽了对总体分布的约束条件，其推断方法与总体分布无关；②多数据类型适用性，即对数据的测量尺度和类型无约束；③多样本类型适用性，即适用于小样本、无分布样本、数据污染样本以及混杂样本等。Mann-Whitney U 检验是与独立样本 t 检验相对应的一种非参数检验方法，当正态性、方差齐次等不能达到 t 检验的要求时，可以使用该检验，对目标总体和理论总体之间，或各样本所在总体之间的分布位置和分布形状进行比较。其假设基础是：若两个样本有差异，则他们的中心位置将不同。

（4）Kruskal-Wallis H 检验

Kruskal-Wallis H 检验是两独立样本 Mann-Whitney U 在多个独立样本下的推广，用于检验多个总体的分布是否存在显著差异。

（5）卡方检验

卡方检验主要用于无序分类变量的统计推断，该检验的基本思想是：①假设 H_0 成立；②计算卡方值（χ^2），即观察值与理论值之间的偏离程度；③根据 χ^2 分布及自由度确定在 H_0 假设成立的情况下，获得当前统计量的概率 P。如果 P 值很小，说明观察值和理论值之间的偏离程度较大，应当拒绝无效假设，表示比较组之间有统计学上的显著差异，反之差异不存在。卡方检验的样本量要求是：对于卡方检验中的每一个单元格，要求其最小期望频数均大于 1，且至少有 4/5 的单元格期望频数大于 5。

2. 相关分析

相关分析是通过定量的指标来描述事物之间的强弱、直接或间接的联系。本书采用 Spearman 秩相关系数 r（spearman's rank correlation coefficient）来考察变量之间的关系。Spearman 秩相关系数 r 是一个非参数的度量两个变量之间统计相关性的指标，其数值介于 $-1 \sim 1$，其绝对值的大小反映变量之间相关程度的大小；系数的符号表示两个变量 X 和 Y 之间相关的方向，正号表示 Y 随着 X 的增加而增加，负号表示 Y 随着 X 的增加而减小。

3. 交叉表分析

当问题涉及多个变量时，不仅要了解单个变量的分布特征，还要分析多个变量不同取值下的分布，掌握多变量的联合分布特征，进而分析变量之间的相互影响和关系。采用单纯的频数分析方法显然不能满足要求。因此需要借助交叉分组下的频数分析，即交叉表分析。交叉表分析的主要任务有两个：

（1）根据样本数据产生二维或多维交叉列联表。交叉列联表是 2 个或 2 个以上变量交叉分组后形成的频数分布表。

（2）在交叉列联表的基础上，分析两变量之间是否具有独立性或一定的相关性。

4. **Logistic** 回归分析及建模

二元 Logistic 回归用来处理因变量为 0/1 的问题，也就是预测结果属于 0 或者 1 的二值分类问题。本次研究的因变量"热满意"和"开关窗户"属于二值分类变量，即"不满意"或"满意"，"开"或"关"。因此，选择 Logistic 回归方法对冬季和夏季老年人热满意的影响因素进行分析。包含 m 个二元 Logistic 回归模型的表达式为

$$P = \frac{\exp(\beta_0 + \beta_1 x_1 + \cdots + \beta_m x_m)}{1 + \exp(\beta_0 + \beta_1 x_1 + \cdots + \beta_m x_m)} \tag{4-9}$$

$$1 - P = \frac{1}{1 + \exp(\beta_0 + \beta_1 x_1 + \cdots + \beta_m x_m)} \tag{4-10}$$

式（4-9）和式（4-10）中，x_i（$i=1, 2, \cdots, m$）为热满意的影响因素，可以是连续变量，也可以是分类变量或虚拟变量；β_0为常数项；β_i（$i=1, 2, \cdots, m$）为回归系数。

5. 简单线性回归和多元线性回归

如果将两个事物的取值分别定义为变量 x 和变量 y，则可以用回归方程 $y=a+bx$ 来描述两者关系。变量 x 称为自变量（dependent variable），变量 y 称为因变量（independent variable），一般来讲应该有理由认为是 x 的变化导致 y 发生变化的，这个回归方程就是简单线性方程的基本结构。该方程的含义可以从其等式右边的组来理解，即每个预测值都可以分解为两部分：

常量（constant）：x 等于零时回归直线在 Y 轴上的截距（intercept），即 x 取 0 时，y 的平均估计量。

回归部分。它刻画了因变量 y 的取值中，由因变量 y 与自变量 x 的线性关系所决定的部分，即可以由 x 直接估计的部分。b 称为回归系数（coefficient of regression），又称为回归线的斜率（slope）。

如果同时考虑多个因素对同一结果的影响，此时，因变量只有一个，也称反应变量或响应变量（response variable），自变量也称解释变量（explanatory variable），有多个，因变量 y 与自变量 x_1，x_2，$\cdots$，x_k 的线性回归模型为

$$y = \beta_0 + \beta_1 x_1 + \beta_2 x_2 + \cdots + \beta_k x_k + \varepsilon \tag{4-11}$$

式中，β_0，β_1，$\cdots$，β_k 是 $k+1$ 个未知参数，β_0 称为回归常数，β_1，$\cdots$，β_k 称为回归系数；y 为响应变量；x_1，x_2，$\cdots$，x_k 是 k 个解释变量。

4.3　小　结

本章首先介绍了本书老年人适应性热舒适现场调查研究的方案设计。包括基于老年人生理、心理和行为习惯，结合交叉学科理论知识以及预调研获取的数据和文字信息，计算调研样本量、界定调研对象和时间空间、确定调研环境参数和生理参数、设计调查问卷、明确调查方法和流程、制定有效措施控制现场调查质量，并申请通过伦理审查。其次对本书现场调查获得的数据的可靠性进行了论述，介绍了研究中主要用到的数据统计分析方法。

Chapter 5　第 5 章

老年人居住养老设施建筑特征与建筑环境参数
Architectural Features of Elderly Facilities
and Building Environment Parameters

通过预调研并走访上海市 23 家养老机构，选取 17 家养老机构进行调研，详细信息如表 5-1 所示。选取调研养老机构时综合考虑了养老机构接受试的意愿、主办单位性质、规模、地理位置、建筑形态、建筑面积、收费水平等，力求调查结果能够比较全面地反映上海市养老设施整体状况。

表 5-1　本书所调研的养老设施概况

机构代号	所属行政区	主办单位性质	调查时床位数（张）	建筑面积（m²）	建筑形态	调查时间
X	浦东新区	社会办	426	16 800	多栋 2 层建筑	2014 年 1 月
						2014 年 6 月
S	嘉定区	政府办	120	2 822	单栋 2 层建筑	2014 年 1 月
G	嘉定区	政府办	—	—	多栋 1 层建筑	2014 年 3 月
Y	普陀区	社会办	120	1 500	单栋 3 层建筑	2014 年 3 月
						2014 年 6 月
L	普陀区	政府办	140	2 820	多栋建筑	2014 年 3 月
J	静安区	社会办	140	3 860	单栋 5 层建筑	2014 年 3 月
T	普陀区	政府办	240	3 700	多栋建筑	2014 年 7 月
I	普陀区	政府办	125	3 500	单栋 5 层建筑	2014 年 7 月
H	嘉定区	政府办	260	7 160	多栋 3 层建筑	2014 年 7 月
						2015 年 1 月
K	嘉定区	社会办	199	—	多栋 2 层建筑	2014 年 7 月
						2015 年 1 月
A	虹口区	社会办	462	14 000	单栋 17 层，裙房 2 层	2014 年 7 月
N	金山区	社会办	212	—	有连廊的 2 层建筑群	2014 年 8 月

续　表

机构代号	所属行政区	主办单位性质	调查时床位数（张）	建筑面积（m²）	建筑形态	调查时间
B	浦东新区	社会办	75	—	单栋 5 层建筑	2014 年 8 月
						2014 年 12 月
E	宝山区	社会办	130	3 500	多栋建筑	2014 年 8 月
U	松江区	政府办	200	4 670	多栋建筑	2015 年 1 月
O	松江区	政府办	190	4 750	多栋 2 层建筑	2015 年 1 月
D	嘉定区	政府办	270	—	多栋建筑	2015 年 1 月

5.1　老年人居住养老设施建筑信息

本书所调研的养老机构老年人居住卧室面积最小为 5.44 m²，最大为 52.25 m²，平均面积为 18.53 m²。房间类型和房间面积分布情况如图 5-1 和图 5-2 所示。表 5-2 为现行标准对养老机构卧室使用面积的规定。根据《老年人居住建筑设计规范》（GB/T 50340—2016）的规定，本书所调研的养老机构中有 6 间单人间、44 间双人间的使用面积不符合设计规定，分别占总调研房间数的 0.8% 和 6.5%；根据《养老设施建筑设计规范》（GB 50867—2013）的规定，本书所调研的养老机构中有 21 间单人间、82 间双人间、135 间三人以上房间面积不符合设计规定，分别占总调研房间数的 3.1%、12.2% 和 20.1%。

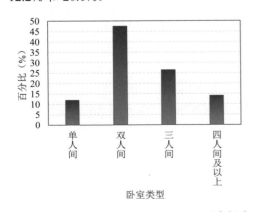
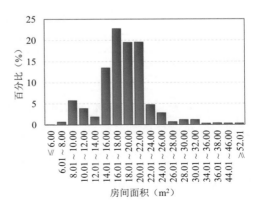

图 5-1　调研房间类型和房间面积分布情况

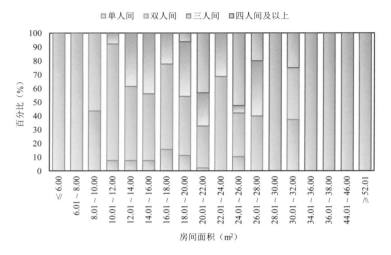

图 5-2　房间面积与居住人数

表 5-2　现行标准对养老机构卧室使用面积的规定

标准名称	对卧室使用面积的规定
老年人居住建筑设计规范 （GB/T 50340—2016）	双人卧室不应小于 12 m²，单人卧室不应小于 8 m²
养老设施建筑设计规范 （GB 50867—2013）	老年养护院和养老院的卧室使用面积不应小于 6.00 m²/ 床，且单人间卧室使用面积不宜小于 10.00 m²，双人间卧室使用面积不宜小于 16.00 m²
上海市养老设施建筑设计标准 （DGJ 08-82—2000）	卧室每床位的净面积指标不得低于 7.0 m²（一级）、6.0 m²（二级）、5.0 m²（三级）；单人卧室的净面积不得低于 8 m²
老年人建筑设计规范 （JGJ 122-99）	老年住宅、老年公寓、家庭型老人院的起居室使用面积不宜小于 14 m²，卧室使用面积不宜小于 10 m²；老人院、老人疗养室、老人病房等合居型居室，每室不宜超过 3 人，每人使用面积不应小于 6 m²

　　本书所调研的老年人居住房间的楼层、窗户朝向和门朝向情况如表 5-3 所示。由表 5-3 可以看出，超过 90% 的房间分布在 3 楼及 3 楼以下，且南向窗户所占比例最大。调研房间的窗户开启状态如表 5-4 所示。表 5-4 中门开启状态"其他"是指：虽然门为开启状态，但门上装有门帘，门帘的材质有棉、竹和纱等，门内空间不直接与门外空间相通。由表 5-4 可以看出，夏季窗户开启的房间比例远远大于冬季窗户开启的房间比例，且夏季有高达 90% 的老年人房间窗户处于开启状态。

表 5-3　调研房间楼层及窗户朝向

参　数	楼　层				窗户朝向				门朝向			
	1 楼	2 楼	3 楼	其他	东	南	西	北	东	南	西	北
百分比	33.8%	43.3%	14.7%	8.2%	9.2%	77.5%	7.4%	33.9%	7.7%	55.1%	10.1%	31.7%

表 5-4　调研房间的门和窗户开启情况

季　节	门开启情况			窗户开启情况	
	开启	关闭	其他	开启	关闭
冬季	68.1%	24.3%	7.6%	31.9%	68.1%
夏季	99.1%	0.9%	0%	92.1%	7.9%

本书所调研的老年人居住房间的空调安装率为 97.2%，且均为壁挂空调。冬季和夏季调研时，空调均未开启。因此，调研环境为非人工冷热源热湿环境，即未使用人工冷热源，只通过自然调节或机械通风进行热湿环境调节的环境。

5.2　老年人居住养老设施建筑室内环境参数

本书调研的室内环境参数概况如表 5-5 所示。按调研时间分布的室内热环境参数如图 5-3 和图 5-4 所示。图 5-3 和图 5-4 中每个月份下的参数值为当月所有调研日的均值。图 5-5 ～图 5-8 为调研期间室内热环境参数空气温度、操作温度、相对湿度和风速的分布频率。

在我国制定的热环境设计和评价标准中，《公共建筑节能设计标准》（GB 50189—2005）和《民用建筑供暖通风与空气调节设计规范》（GB 50736—2012）均对人工冷热源环境给出了设计参数，并且针对采暖和空调有不同的规定。

《公共建筑节能设计标准》（GB 50189—2005）针对不同建筑类型不同用途的房间给出了集中采暖系统室内计算温度，范围为 5℃ ～26℃。人员常逗留的区域如办公室、大厅、客房等的集中采暖系统室内计算温度多为 16℃、18℃或 20℃。空气调节系统室内计算参数如表 5-6 所示。

表 5-5　室内环境参数概况

季节	统计量	室内空气温度 t_a（℃）	黑球温度 t_g（℃）	平均辐射温度 $\bar{t_r}$（℃）	操作温度 t_{op}（℃）	室内相对湿度 RH（%）	室内风速 v_a（m/s）	A 声级 L_A（dB）	照度 E（lx）	CO₂ 浓度 C_{CO_2}（0.001‰）
冬季	最小值	6.4	6.2	6.2	6.3	20.6	0	35.5	12.2	324.1
	最大值	19.9	19.8	20.7	19.8	75.6	0.31	79.0	1 792.3	1 354.2
	平均值	12.8	13.3	13.5	13.1	49.8	0.05	54.4	286.8	545.0
	标准偏差	2.3	2.4	2.5	2.4	11.0	0.05	7.7	332.4	163.0
夏季	最小值	25.3	25.7	25.8	25.6	40.3	0.01	40.2	23.2	256.3
	最大值	32.5	32.5	33.5	32.3	83.2	1.06	76.4	1 251.8	1 004.3
	平均值	29.2	29.7	30.0	29.5	65.3	0.20	57.1	230.3	374.4
	标准偏差	1.6	1.6	1.8	1.6	8.8	0.17	5.7	180.7	90.8

图 5-3　室内空气温度和操作温度分布频率

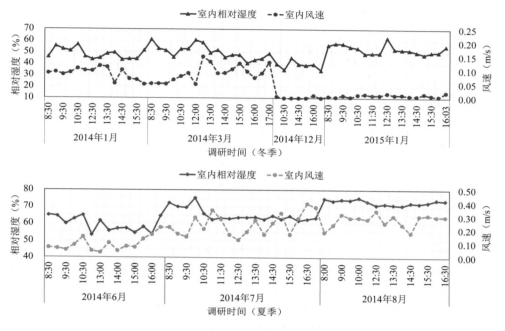

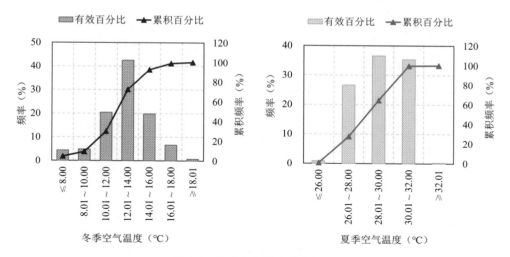

图 5-4　室内相对湿度和风速分布频率

图 5-5　室内空气温度分布频率

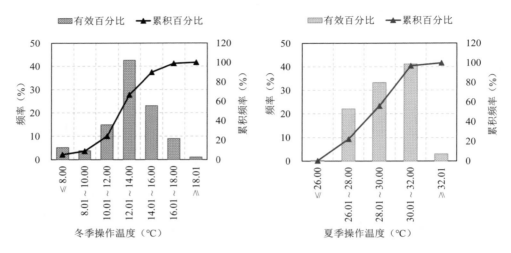

图 5-6　室内操作温度分布频率

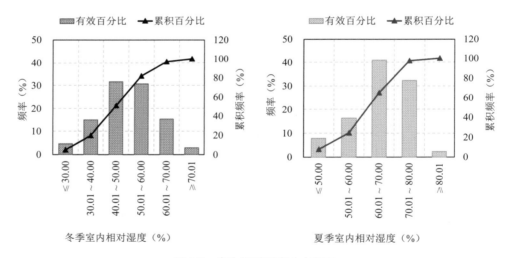

图 5-7　室内相对湿度分布频率

表 5-6　《公共建筑节能设计标准》中的空气调节系统室内计算参数

季节	温度（一般房间）（℃）	温度（大堂、过厅）（℃）	风速（m/s）	相对湿度
冬季	20	18	0.1～0.2	30%～60%
夏季	25	室内外温差≤10	0.15～0.30	40%～65%

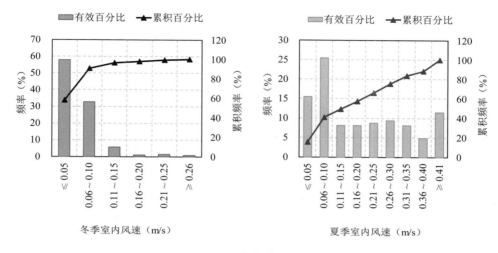

图 5-8　室内风速分布频率

《民用建筑供暖通风与空气调节设计规范》（GB 50736—2012）中供暖室内设计温度针对不同气候地区进行了区分，规定严寒和寒冷地区主要房间应采用 18℃～24℃，夏热冬冷地区主要房间宜采用 16℃～22℃。舒适性空调室内设计参数也针对人员长期逗留区域和人员短期逗留区域进行了区分，具体设计参数如表 5-7 所示。热舒适等级 I 级对应 -0.5≤PMV≤0.5，即 PPD≤10%，热舒适等级 II 级对应 -1≤PMV≤-0.5 及 0.5<PMV≤1，即 PPD≤27%。

表 5-7　《民用建筑供暖通风与空气调节设计规范》中的舒适性空调室内设计参数

区域	工况	热舒适等级	温度（℃）	风速（m/s）	相对湿度
人员长期逗留	供热	I 级	22～24	≤0.20	≥30%
		II 级	18～22	≤0.20	—
	供冷	I 级	24～26	≤0.25	40%～60%
		II 级	26～28	≤0.30	≤70%
人员短期逗留	供热	—	比长期逗留区域降低 1℃～2℃	≤0.30	—
	供冷	—	比长期逗留区域提高 1℃～2℃	≤0.50	—

表 5-8 列出了国内现行老年人居住建筑相关标准《老年人居住建筑设计规范》（GB/T 50340—2016）和《养老设施建筑设计规范》（GB 50867—2013）的采暖和舒适性空调室内设计参数。

表 5-8　现行老年人居住建筑相关标准中的采暖和舒适性空调室内设计参数

规范名称		采暖设计温度	舒适性空调室内设计参数			
			类别	温度（℃）	相对湿度	风速（m/s）
国家级标准	《老年人居住建筑设计规范》（GB/T 50340—2016）	卧室、起居室（厅）≥ 18℃	供热工况	22 ~ 24	—	≤ 0.2
			供冷工况	26 ~ 28	≤ 70%	≤ 0.25
国家级规范	《养老设施建筑设计规范》（GB 50867—2013）	居住住房计算温度 20℃	—			

由图 5-5 ~ 图 5-8 可以看出，在冬季，本书中有 9.4% 的室内空气温度和 9.1% 的操作温度低于人体对冷环境适应的下临界温度 10℃；有 99.1% 的室内空气温度和 98.8% 的操作温度低于老年人居住建筑卧室采暖设计最低温度 18℃；有 97.7% 的室内风速 v_a ≤ 0.2 m/s，满足供热工况下老年人居住建筑舒适性室内设计风速要求。在夏季，调研中有 72.4% 的室内空气温度和 77.5% 的操作温度高于老年人居住建筑室内供冷工况设计温度上限 28℃；有 34.8% 的室内相对湿度大于老年人居住建筑室内供冷工况设计湿度上限 70%；有 66.1% 的室内风速 v_a ≤ 0.25 m/s，满足供热工况下老年人居住建筑舒适性室内设计风速要求。

图 5-9 和图 5-10 为室内照度、A 声级和 CO_2 浓度按调研时间分布图，同样，图 5-9 和图 5-10 中每个月份下的参数值为当月所有调研日的均值。

图 5-11 为调研期间室内声环境参数 A 声级的分布频率。表 5-9 为《老年人居住建筑设计规范》（GB/T 50340—2016）中对噪声的规定。依据此噪声级的规定，在冬季，本书中有 99.1% 的 A 声级大于老年人居住建筑卧室允许噪声级的推荐值 40 dB，并且仅有 14.3% 的 A 声级满足低限值 45 dB 的要求；在夏季，本书中 100% 的 A 声级大于老年人居住建筑卧室允许噪声级的推荐值 40 dB，而且仅有 1.8% 的 A 声级不大于 45 dB。

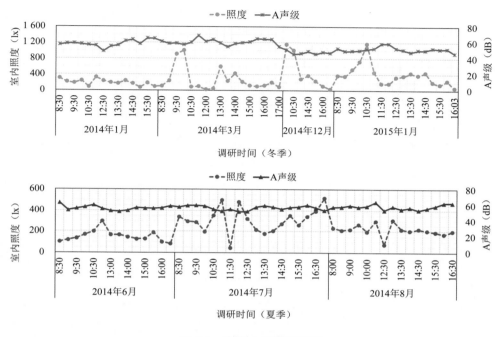

图 5-9　室内 A 声级和照度

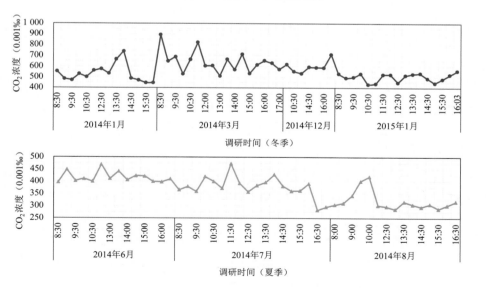

图 5-10　室内 CO_2 浓度

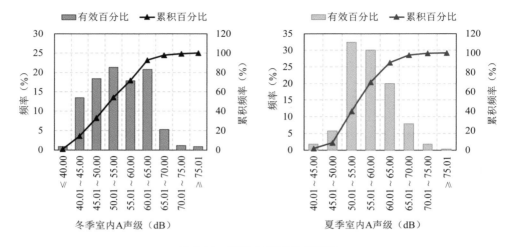

图 5-11   室内 A 声级分布频率

表 5-9   《老年人居住建筑设计规范》（GB/T 50340—2016）中的噪声规定

规范名称		房间名称	允许噪声级（A 声级，dB）	
			昼间	夜间
国家级 标准	《老年人居住建筑设计规范》 （GB/T 50340—2016）	卧室	不大于 45	不大于 37
		起居室	不大于 45	

　　图 5-12 为调研期间室内光环境参数照度的分布频率。《建筑采光设计标准》（GB 50033—2013）和《建筑照明设计标准》（GB 50034—2013）是分别针对自然采光和人工照明的设计标准。在《建筑采光设计标准》（GB 50033—2013）中规定，住宅建筑的卧室、起居室（厅）的采光不应低于采光等级 IV 级的采光标准值，室内天然光照度不应低于 300 lx。上海市属 IV 类光气候区，则采光等级为 IV 级的侧面采光系数标准值为 2%，室内天然光照度标准值为 300 lx；顶部采光系数标准值为 1%，室内天然采光照度标准值为 150 lx。在《建筑照明设计标准》（GB 50034—2013）中对住宅建筑照明标准值要求如表 5-10 所示。

　　表 5-11 为《老年人居住建筑设计规范》（GB/T 50340—2016）中的照明标准值。依据《老年人居住建筑设计规范》（GB/T 50340—2016）中对照明标准值的规定，在冬季，本书中有 32.8% 的照度低于老年人居住建筑卧室一般活动情况下照度的标准值 100 lx，有 58.5% 的照度低于老年人居住建筑卧室阅读情况下照度的标准值 200 lx；在

夏季，本书中有 18.8% 的照度低于老年人居住建筑卧室一般活动情况下照度的标准值 100 lx，有 56.7% 的照度低于老年人居住建筑卧室阅读情况下照度的标准值 200 lx。

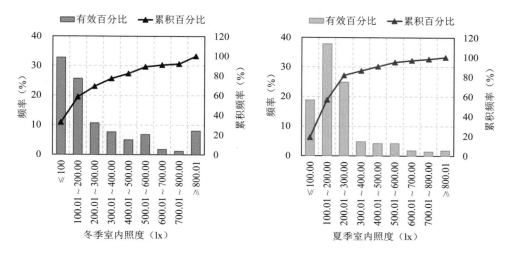

图 5-12　室内照度分布频率

表 5-10　住宅建筑照明标准值

房间类型	人员活动	参考平面	照度标准值（lx）	显色指数 Ra
起居室	一般活动	0.75 水平面	100	80
起居室	书写、阅读	0.75 水平面	300	80
卧室	一般活动	0.75 水平面	75	80
卧室	床头、阅读	0.75 水平面	150	80

表 5-11　《老年人居住建筑设计规范》（GB/T 50340—2016）中的照明标准值

规范名称		房　间		参考平面	照度标准值（lx）
国家级标准	《老年人居住建筑设计规范》（GB/T 50340—2016）	起居室	一般活动	0.75 m 水平面	150
		起居室	书写、阅读	0.75 m 水平面	300
		卧室	一般活动	0.75 m 水平面	100
		卧室	床头、阅读	0.75 m 水平面	200

图 5-13 为调研期间室内 CO_2 浓度的分布频率。按《室内空气质量标准》（GB/T 18883—2002）的要求，CO_2 浓度应不大于 1‰。本书中，冬季和夏季分别仅有 2.9% 的 CO_2 浓度和 0.3% 的 CO_2 浓度大于 1‰。

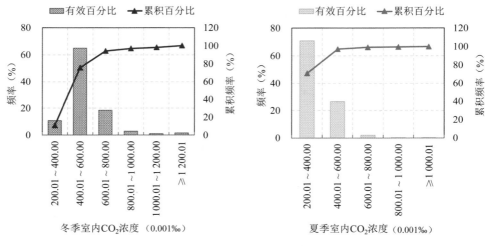

图 5-13　室内 CO_2 浓度分布频率

5.3　老年人居住养老设施建筑室外和过渡空间环境参数

过渡空间作为连接室外和室内环境的缓存区域，可以实现不同空间的转换并对环境起到一定的调节作用。在已有的对过渡空间热环境的研究中，过渡空间的定义和形式有所不同，但达成共识的是过渡空间可以认为是人们短暂停留的空间，其环境参数与相邻房间有明显的变化。

在本书调研的 42 幢建筑中，共有 4 种类型的过渡空间，分别为：TypeI—半开放式外廊；TypeII—全开放式外廊；TypeIII—内廊；TypeIV—入口及门厅，如图 5-14 所示。图 5-14 中 OS（Outdoor Space）表示室外空间；IS（Indoor Space）表示室内空间；TS（Transition Space）表示过渡空间。图 5-15 为 4 种过渡空间的部分现场照片。

本书所调研的室外和过渡空间环境参数概况如表 5-12 所示。按调研时间分布的过渡空间和室外热环境参数如图 5-16 ~ 图 5-18 所示。图 5-16 ~ 图 5-18 中每个月份下的参数值为当月所有调研日的均值。室外和过渡空间环境参数温度、相对湿度和风速的分布频率如图 5-19 ~ 图 5-24 所示。

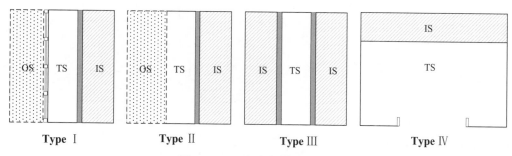

图 5-14　四种过渡空间示意图

图 5-15　四种过渡空间

表 5-12　室外和过渡空间环境参数概况

季节和统计量		室　外			过渡空间		
		室外空气温度 $t_{a,out}$（℃）	室外相对湿度 RH_{out}（%）	室外风速 $v_{a,out}$（m/s）	过渡空间空气温度 $t_{a,tran}$（℃）	过渡空间相对湿度 RH_{tran}（%）	过渡空间风速 $v_{a,tian}$（m/s）
冬季	最小值	2.7	24.5	0	3.1	22.0	0
	最大值	21.0	90.2	3.42	27.8	90.6	0.88
	平均值	10.2	53.2	0.70	12.1	49.5	0.08
	标准偏差	4.7	16.3	0.79	4.6	14.6	0.16
夏季	最小值	25.4	40.1	0	24.0	37.8	0
	最大值	35.3	82.3	1.65	36.2	86.4	4.04
	平均值	30.1	59.8	0.11	29.7	61.1	0.63
	标准偏差	1.8	9.5	0.23	2.5	11.0	0.69

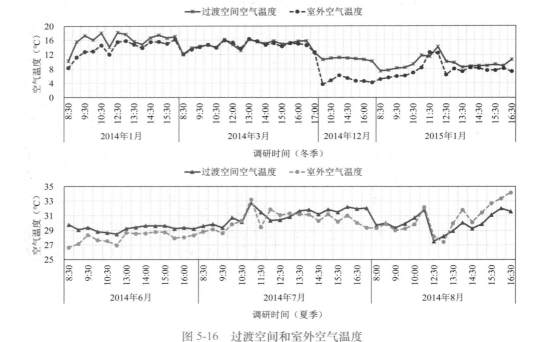

图 5-16　过渡空间和室外空气温度

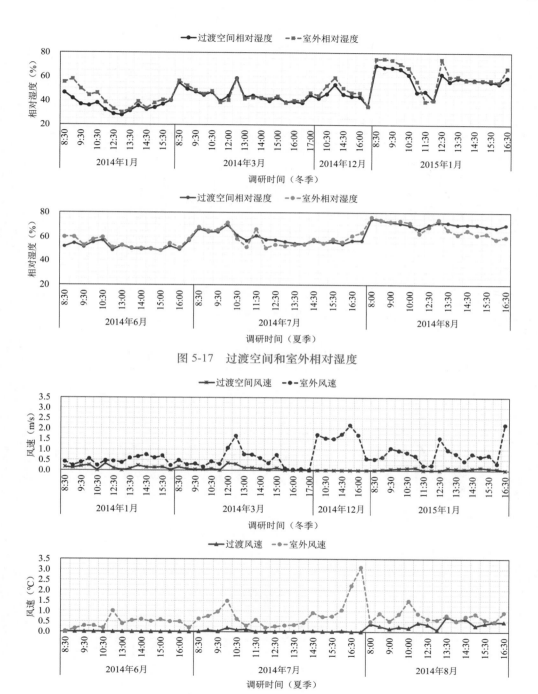

图 5-17　过渡空间和室外相对湿度

图 5-18　过渡空间和室外风速

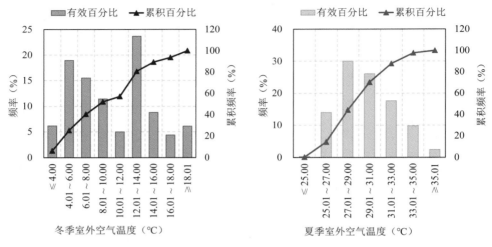

图 5-19　室外空气温度分布频率

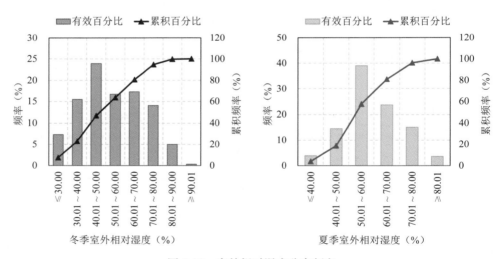

图 5-20　室外相对湿度分布频率

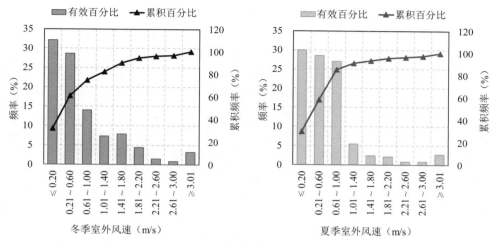

图 5-21　室外风速分布频率

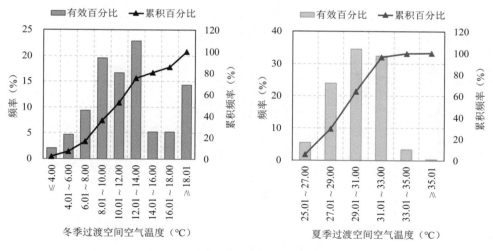

图 5-22　过渡空间空气温度分布频率

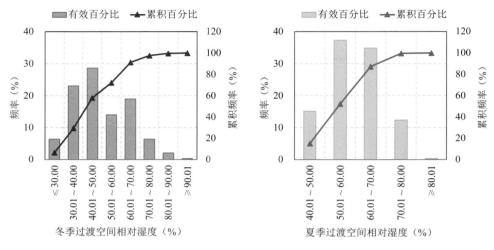

图 5-23   过渡空间相对湿度分布频率

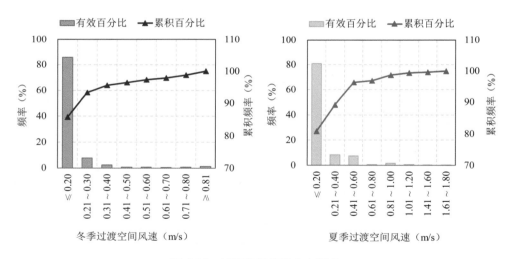

图 5-24   过渡空间风速分布频率

5.4　小　结

本章对所调研的养老设施建筑信息以及建筑环境参数做了统计，从统计结果可以获得以下信息：

（1）老年人居住房间面积存在不满足设计规定的情况。本书调研的养老机构中有 21 间单人间、82 间双人间、135 间三人及以上房间不符合设计规定，分别占总调研房间的 3.1%、12.2% 和 20.1%。

（2）老年人居住房间以低楼层为主。超过 90% 的老年人居住房间分布在 3 楼及 3 楼以下，且南向窗户所占比例最大。

（3）空调安装率高，使用频率低。老年人居住房间的空调安装率为 97.2%，且均为壁挂空调。冬季和夏季调研时，空调均未开启。

（4）老年人居住建筑室内冬季温度不理想。有 9.4% 的室内空气温度和 9.1% 的操作温度低于人体对冷环境适应的下临界温度 10℃；有 99.1% 的室内空气温度和 98.8% 的操作温度低于老年人居住建筑卧室采暖设计最低温度 18℃。

（5）老年人居住建筑室内声环境良好。在冬季，有 99.1% 的 A 声级大于老年人居住建筑卧室允许噪声级的推荐值 40 dB；在夏季，本书中 100% 的 A 声级大于老年人居住建筑卧室允许噪声级的推荐值 40 dB。

（6）老年人居住建筑室内光环境有待改善。在冬季，有 32.8% 的照度低于老年人居住建筑卧室一般活动情况下照度的标准值 100 lx，有 58.5% 的照度低于老年人居住建筑卧室阅读情况下照度的标准值 200 lx；在夏季，有 18.8% 的照度低于老年人居住建筑卧室一般活动情况下照度的标准值 100 lx，有 56.7% 的照度低于老年人居住建筑卧室阅读情况下照度的标准值 200 lx。

Chapter 6　第 6 章

老年人样本特征与环境参数的关联性

The Relationship between Environment Parameters
and Individual Factors of the Older People

本次现场调查共获得冬季有效样本量 342 个，夏季有效样本量 330 个。有效样本量分布情况如表 6-1 所示。冬季和夏季的有效样本量及分层分配数量均符合前文 4.1.1 节中所述样本设计要求。

表 6-1　调研有效样本量分布

季　节	行政区名称	有效样本量（个）
冬季	嘉定区	138
	普陀区	40
	静安区	23
	松江区	62
	浦东新区	79
夏季	嘉定区	57
	宝山区	24
	虹口区	25
	普陀区	100
	金山区	54
	浦东新区	70

6.1　老年人样本特征

根据问卷设计的题项，从六个方面对受试老年人的基本特征进行统计学描述。这六个方面分别是：

（1）个人基本信息（basic characteristics）：性别、年龄、籍贯、受教育程度、职业背景、身高、体重。

（2）健康状况（health condition）：患病情况、每天是否需要按时服药、健康程度自我评价、所患疾病对日常生活的影响程度、身体的季节不适感。

（3）生活习惯（living habits）：锻炼情况、睡眠情况。

（4）环境适应性（acclimatization）：在上海的生活时间（T_{local}）、在调研地的生活时间（$T_{facility}$）、每天在室内的时间（T_{indoor}）、每天在室外的时间（$T_{outdoor}$）。

（5）着装情况（clothing）：用服装热阻统计分析，总热阻包含接受调研时老年人所坐的椅子对应的热阻。

（6）生理参数（physiological parameter）：心率、手指皮温、血氧饱和度、收缩压、平均动脉压、舒张压。

6.1.1　个人基本信息

如图 6-1、表 6-2 和图 6-2 所示为受试老年人冬季和夏季的个人基本信息。老年人籍贯以上海为主，占总调研人数的 78.7%（冬季占 82.2%，夏季占 75.2%），籍贯为苏浙沪地区的老年人占总调研人数的 95.4%（冬季占 96.2%，夏季占 94.5%）。未上过学的老年人占总调研人数的 42.6%。职业背景方面，工人所占比例最高，其次是农、林、牧、渔、副业，两种职业背景的老年人占总调研人数的比例超过 60%。受试老人的平均年龄为 83.6 岁，80～89 岁老年人占总调研人数的比例最大，其中冬季占61.9%，夏季占 60.9%。上海市《社会养老服务体系建设规划（2011—2015）实施情况报告》中指出，入住养老机构的老年人平均年龄为 85.2 岁。调研数据的统计结果与此报告数据近似相等。入住养老机构的女性老年人比例大于男性老年人，其中女性比例为 65.3%，男性比例为 34.7%。

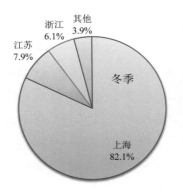

图 6-1　受试老年人籍贯

表6-2　老年人个人基本信息

季　节	统计变量		计　数	百分比	最小值	最大值	平均值	标准偏差	中位数
冬季	年龄（岁）	70~74	45	13.2%	70	96	82.5	5.7	83
		75~79	51	14.9%					
		80~84	113	33.0%					
		85~89	99	28.9%					
		≥90	34	10.0%					
	性别	男	126	36.8%	—	—	—	—	—
		女	216	63.2%	—	—	—	—	—
	身高（cm）		158	46.2%	140	180	159.1	8.6	158
	体重（kg）		158	46.2%	37	95	59.6	11.2	60
夏季	年龄（岁）	70~74	18	5.5%	70	97	84.8	5.7	85
		75~79	39	11.8%					
		80~84	94	28.5%					
		85~89	107	32.4%					
		≥90	72	21.8%					
	性别	男	107	32.4%	—	—	—	—	—
		女	223	67.6%	—	—	—	—	—
	身高（cm）		60	18.2%	140	182	160.4	9.4	160
	体重（kg）		60	18.2%	38.0	92.5	59.1	11.3	60.0

6.1.2　健康状况

按照 ICD-10 疾病和健康问题的国际统计分类方法，统计受试老年人的患病情况，如表6-3所示。其中，患有脉管系统疾病（高血压、心脏病等心脑血管疾病）的人数最多，高血压患病率达到 57.3%。所有受试老年人的病症都是可控的，符合样本选择条件。80% 以上的受试老年人每天按时服药来控制病状，统计结果如图6-3所示。用卡方检验分析差异性，结果显示不同性别、不同年龄段以及不同季节老年人在每天是否按时服药上都没有显著性差异，双侧检验显著性 $P > 0.05$。

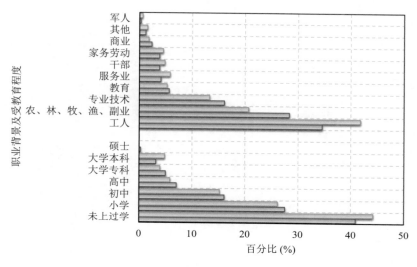

图 6-2　受试老年人职业背景和受教育程度

表 6-3　受试老年人患病情况统计

受试老年人患病情况	冬　季	夏　季
未患疾病	4.7%	7.9%
血液及造血器官疾病	1.5%	0.3%
内分泌、营养和代谢疾病	15.5%	20.6%
精神和行为障碍	0.3%	0.3%
神经系统疾病	0.6%	1.2%
眼和附器疾病	23.7%	22.7%
耳和乳突疾病	5.0%	7.0%
脉管系统疾病	78.9%	72.4%
呼吸系统疾病	16.1%	8.5%
消化系统疾病	7.3%	10.0%
皮肤和皮下组织疾病	0.3%	0.9%
肌肉骨骼系统和结缔组织疾病	22.5%	17.0%
泌尿、生殖系统疾病	4.1%	3.9%

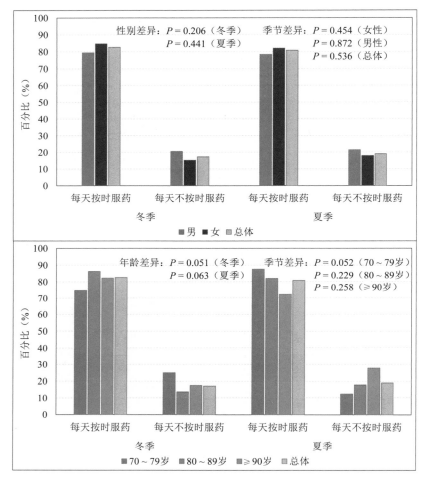

图 6-3　不同性别和不同年龄段老年人每天服药情况

图 6-4 为不同性别和不同年龄段老年人健康程度自我评价的统计结果。由图 6-4 可以看出，老年人夏季的健康自我评价程度虽然高于冬季，但卡方检验结果显示不同季节老年人健康程度自我评价的双侧显著性水平 $P > 0.05$，说明无统计学上的显著差异。比较不同性别和不同年龄段老年人的健康程度自我评价，卡方检验结果表明，不同性别之间、不同季节的男性之间以及不同季节的女性之间均没有统计学上的显著差异。但女性老年人对健康程度的自我评价为"好"和"非常好"的比例（冬季 43%，夏季 48.9%）大于男性老年人（冬季 38.9%，夏季 47.6%）。在年龄类别上，不同年龄段老年人之间的健康程度自我评价具有统计学上的显著差异，卡方检验双侧显著性

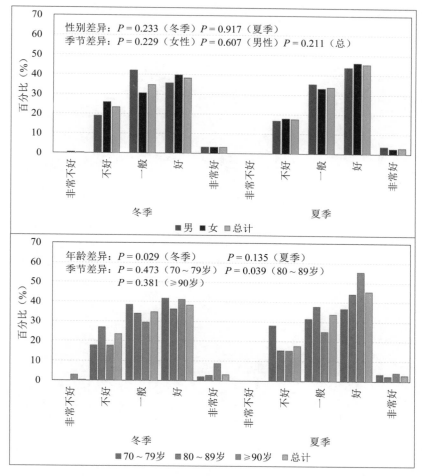

图 6-4 不同性别和不同年龄段老年人健康程度自我评价

水平 $P < 0.05$，其中健康程度自我评价最高的为 90 岁以上的老年人，冬季和夏季分别有 50.0% 和 59.8% 的 90 岁以上老年人投票为"好"和"非常好"。

图 6-5 为受试老年人所患疾病对日常生活影响程度的统计结果和卡方检验结果。由图 6-5 可以看出，所患疾病对日常生活影响程度在性别和季节类别上不存在统计学上的显著差异。在年龄类别上，夏季调查结果存在统计学上的显著差异，卡方检验双侧显著性水平 $P < 0.05$。在夏季情况下，随着年龄的增长，疾病对老年人日常生活的影响程度逐渐减弱。在每个年龄段上，夏季投票为"没有影响"的老年人比例均大于冬季投票为"没有影响"的老年人比例。

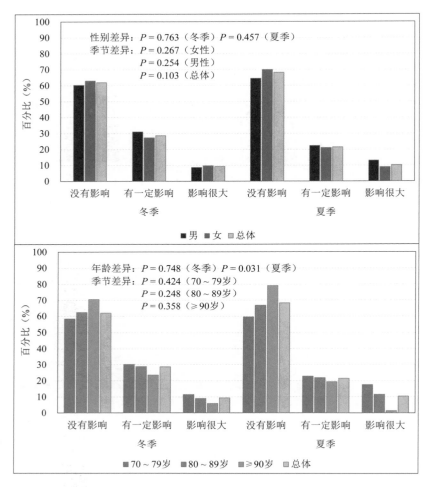

图 6-5　不同性别和不同年龄段老年人所患疾病对日常生活影响程度

　　表 6-4 和表 6-5 为受试老年人身体季节不适感统计结果。卡方检验结果显示，男性老年人、女性老年人、80 岁以上老年人以及总体老年人在季节类别上均存在统计学上的显著差异。由表 6-4 和表 6-5 可以看出，在性别类别上，投票为冬季身体最不舒适的女性老年人比例在冬季和夏季均大于男性老年人，投票为夏季最不舒适的女性老年人比例在冬季和夏季均小于男性老年人。在年龄类别上，冬季调研期间，投票为春季、夏季和秋季的老年人比例均随着年龄的增大而减小，而投票为冬季最不舒适的老年人比例随着年龄的增大而增大。在夏季调研期间，投票为春季、夏季和冬季的老年人比例均随着年龄的增大而减小。

表 6-4　受试老年人性别与季节不适感交叉表

季节	性别	无	春季	春夏之间	夏季	夏秋之间	秋季	秋冬之间	冬季	冬春之间	全年
冬季	男性	43.7%	5.6%	0.0%	5.6%	0.0%	0.0%	0.0%	35.7%	2.4%	7.1%
	女性	37.5%	2.8%	1.9%	4.2%	0.9%	0.9%	0.5%	38.0%	1.9%	11.6%
	总体	39.8%	3.8%	1.2%	4.7%	0.6%	0.6%	0.3%	37.1%	2.0%	9.9%
夏季	男性	45.8%	0.9%	3.7%	16.8%	0.0%	0.0%	0.9%	15.0%	1.9%	15.0%
	女性	49.3%	1.8%	4.0%	8.5%	0.4%	0.9%	0.0%	17.0%	0.0%	17.9%
	总体	48.2%	1.5%	3.9%	11.2%	0.3%	0.6%	0.3%	16.4%	0.6%	17.0%

卡方检验
性别差异（冬季）：$P = 0.372$
性别差异（夏季）：$P = 0.151$
季节差异（男性）：$P = 0.000$
季节差异（女性）：$P = 0.000$
季节差异（总体）：$P = 0.000$

表 6-5　受试老年人年龄与季节不适感交叉表

季节	年龄	无	春季	春夏之间	夏季	夏秋之间	秋季	秋冬之间	冬季	冬春之间	全年
冬季	70～79 岁	39.6%	5.2%	2.1%	5.2%	2.1%	1.0%	0.0%	32.3%	2.1%	10.4%
	80～89 岁	38.7%	3.8%	0.9%	4.7%	0.0%	0.5%	0.5%	37.7%	2.4%	10.8%
	≥90 岁	47.1%	0.0%	0.0%	2.9%	0.0%	0.0%	0.0%	47.1%	0.0%	2.9%
	总计	39.8%	3.8%	1.2%	4.7%	0.6%	0.6%	0.3%	37.1%	2.0%	9.9%
夏季	70～79 岁	36.8%	3.5%	3.5%	15.8%	0.0%	0.0%	1.8%	19.3%	3.5%	15.8%
	80～89 岁	46.3%	1.5%	4.5%	11.9%	0.5%	1.0%	0.0%	16.9%	0.0%	17.4%
	≥90 岁	62.5%	0.0%	2.8%	5.6%	0.0%	0.0%	0.0%	12.5%	0.0%	16.7%
	总计	48.2%	1.5%	3.9%	11.2%	0.3%	0.6%	0.3%	16.4%	0.6%	17.0%

卡方检验
年龄差异（冬季）：$P = 0.710$
年龄差异（夏季）：$P = 0.063$
季节差异（70～79 岁）：$P = 0.201$
季节差异（80～89 岁）：$P = 0.000$
季节差异（≥90 岁）：$P = 0.000$

总体分析可以发现，在冬季和夏季调研期间，分别有近40%和超过45%的老年人无季节不适感，在本书受试老年人中的比例最高。除了"无季节不适感"的投票选项，在冬季和夏季调研期间，冬季感觉不适的老年人比例均最高，其次是夏季。在冬季调研期间，投票为春季身体最不舒适的老年人比例大于夏季调研期间投票为春季的老年人比例，秋季身体最不舒适的投票比例在冬季和夏季调研期间相等。相关学者的研究表明：在冬季，老年人脑出血的发病率较高，血压比夏季血压明显升高；老年人的血脂冬季升高、夏季降低、春秋居中。因此，老年人冬季和夏季较不适的原因可能是季节变化对老年人的生理产生了影响，所以，在冬季和夏季，应该合理调节老年人的住宅小气候，防止寒冷和炎热给老年人健康带来的潜在危害。

6.1.3 生活习惯

锻炼和睡眠情况是反映老年人健康生活质量的重要标志。适度锻炼和睡眠可以保持机体身心健康，有效促进身体的新陈代谢，改善机体系统功能。

图6-6为本书中不同性别老年人在冬季和夏季的锻炼情况。由统计结果可以看出，夏季规律锻炼的男性老年人和女性老年人比例均大于冬季。在性别类别上，男性老年人和女性老年人是否规律锻炼和每天的锻炼时间在冬季和夏季均不存在统计学上的显著差异。在季节类别上，女性老年人在是否规律锻炼和每天锻炼时间上均存在统计学上的显著差异，双侧检验显著性水平 $P < 0.05$。

图6-7为本书中不同年龄段老年人在冬季和夏季的锻炼情况。由统计结果可以看出，三个年龄段老年人夏季规律锻炼的比例均大于冬季。在冬季，规律锻炼的老年人比例随着年龄的增长而降低，70～79岁老年人的比例最大，80～89岁和90岁以上老年人的比例近似相等；在夏季，三个年龄段老年人规律锻炼的比例近似相等。在年龄类别上，三个年龄段老年人是否规律锻炼和每天的锻炼时间在冬季和夏季均不存在统计学上的显著差异。在季节类别上，80～90岁的老年人在是否规律锻炼上存在统计学上的显著差异，双侧检验显著性水平 $P < 0.05$。

季节变化会对人类身体活动产生影响，一些研究表明，人们夏季身体活动量高于冬季。本书调研结果也表明，夏季规律锻炼的老年人比例大于冬季规律锻炼的老年人比例。

目前心脑血管疾病已经成为影响老年人健康的重要因素之一。良好的运动习惯，规律、适量的身体活动可以有效降低冬季心率、血压增高幅度，并使运动高血压反应

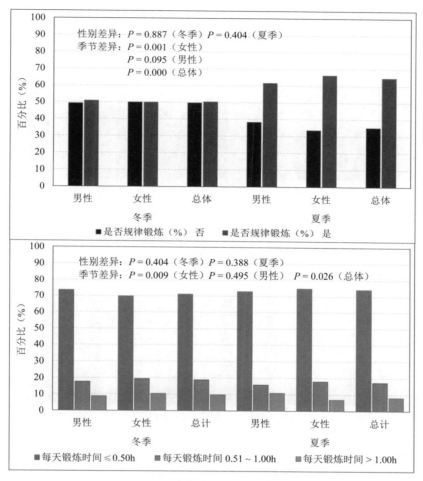

图 6-6　不同性别老年人在冬季和夏季的锻炼情况

者的血压正常化，预防和减缓心脑血管疾病。规律锻炼习惯对老年人身体形态、血脂和心肺功能具有较明显的改善作用。Schooling（2006）对 56 167 名 65 岁以上中国老年人的调查发现，每天身体活动大于半小时的老年人死亡风险下降 19%。本书调研结果显示，上海地区养老机构老年人每天规律锻炼的比例较低，且每天锻炼时间较短，锻炼时间在半小时以内的老年人占了总调研人数的 70% 以上。机构养老工作人员需要引导老年人积极进行规律锻炼，提高老年人的身心健康水平。在建筑和设施的设计和规划方面，需要给老年人提供适合的锻炼场地和锻炼设施，促使老年人方便有效地参加锻炼活动。

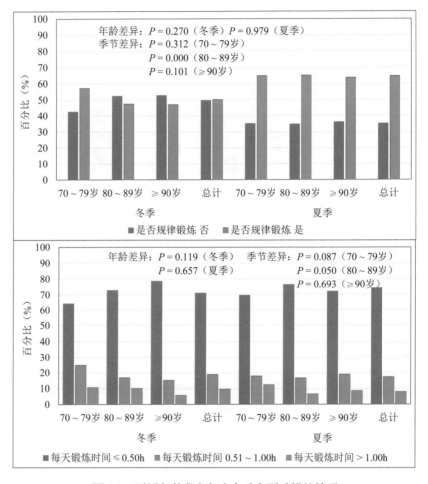

图 6-7   不同年龄段老年人冬季和夏季锻炼情况

图 6-8 为本书中不同性别老年人在冬季和夏季的睡眠情况统计结果和卡方检验结果。由图 6-8 可以看出，在性别类别上，在冬季和夏季，睡眠规律的男性老年人比例均大于女性老年人，且男性老年人每天的睡眠时间均大于女性老年人，超过 60% 的男性老年人每天的睡眠时间大于 9 小时。在夏季，是否规律睡眠和每天睡眠时间均存在统计学上的显著差异。有 13.9% 和 21.4% 的女性老年人在冬季和夏季每天的睡眠不足。在季节类别上，冬季和夏季均存在统计学上的显著差异。冬季睡眠规律的老年人比例大于夏季睡眠规律的老年人比例，且冬季睡眠时间比夏季睡眠时间长。有 50% 以上的老年人每天的睡眠过多，时间在 9 小时以上。

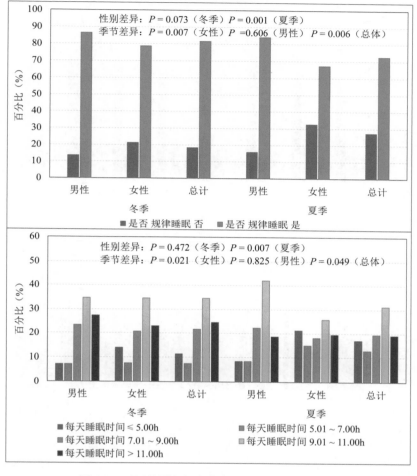

图 6-8　不同性别老年人在冬季和夏季的睡眠情况

　　图 6-9 为本书中不同年龄段老年人在冬季和夏季的睡眠情况。在年龄类别上，虽然睡眠规律的老年人比例在冬季和夏季均随着年龄的增加而增加，并且在冬季老年人的睡眠时间随着年龄的增大而减小，在夏季老年人的睡眠时间随着年龄的增大而增加，但卡方检验结果显示，各年龄段老年人是否规律睡眠以及每天睡眠时间均不存在统计学上的显著差异，双侧检验显著性水平 $P > 0.05$。在季节类别上，只有 70 ～ 79 岁的老年人在是否规律睡眠上存在冬季和夏季的显著差异，表现为夏季规律睡眠的比例低于冬季规律睡眠的比例。

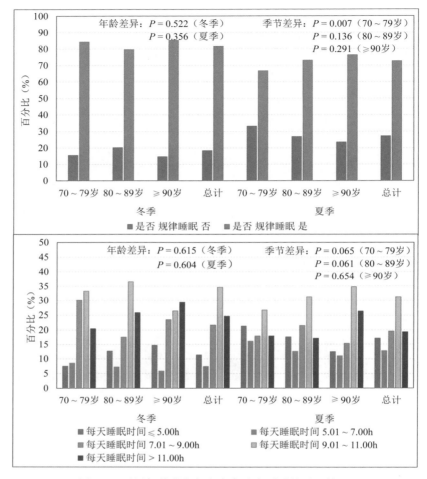

图 6-9　不同年龄段老年人在冬季和夏季的睡眠情况

睡眠时间是睡眠质量的一个重要评价指标，也与健康息息相关。睡眠时间不足或过多，都会对老年人的健康造成危害。例如，我国老年人睡眠时间过少和睡眠时间过多均与脑卒中患病存在关联。睡眠时间不足是老年高血压患者发生脑卒中的独立危险因素。因此，需要根据老年人的生理和心理需求，为其创造健康的睡眠环境和室外活动空间。养老机构的管理人员和护理人员需要对老年人开展睡眠知识的健康教育，通过开展活动调节老年人睡眠时间。

6.1.4 环境适应性

适应的机制是维持人体内环境稳定的反馈控制系统。在人与环境的交互作用中，环境的刺激信息通过各种途径传导至人体，从而人体通过生理、心理和行为调节，来平衡对环境的不适感。适应是一种和许多因素有关的复杂现象，在这些有关因素中，时间因素很重要。因此本书从四个时间因素来考察老年人对环境的适应性，分别是：在上海的生活时间（T_{local}）、在调研地的生活时间（$T_{facility}$）、每天在室内的时间（T_{indoor}）和每天在室外的时间（$T_{outdoor}$）。

表 6-6 为受试老年人环境适应性调研数据统计结果。可以看出，受试老年人在上海生活的平均时间为 77.2 年，其中 94% 以上的老年人在上海生活时间超过 20 年，可以认为受试老年人已经适应了上海夏热冬冷的气候条件。王贵生等（2013）在对老年人机构养老生活适应与阶段性研究中指出，机构养老适应主要包括机构环境心理适应、机构管理适应、机构居住环境适应和基本需求适应四个维度，并发现，老年人入住养老机构的时间越长，适应状况越好。因此，在养老机构，即本书中所指的调研地居住时间是考察老年人适应性的重要方面。章丽英等（2013）研究指出，老年人入住社会福利院后的生活适应过程包括混乱期、熟悉适应期和稳定期 3 个阶段，其中，混乱期为入住第 1 天至第 1 个月，熟悉适应期为入住后第 15 天至第 3 个月，稳定期为入住后第 3 个月至第 6 个月。

调研结果表明，受试老年人在调研地的生活时间平均值为 2.3 年，其中 80% 以上

表 6-6 受试老年人环境适应性调研数据统计结果

季节	统计变量	最小值	最大值	平均值	标准偏差	中位数
冬季	T_{local}（y）	1.00	96.0	77.78	13.89	81.0
	$T_{facility}$（y）	0.01	17.0	2.36	2.32	2.0
	T_{indoor}（h）	2.00	24.0	21.18	2.92	22.0
	$T_{outdoor}$（h）	0	12.0	2.73	2.68	2.0
夏季	T_{local}（y）	0.08	97.0	76.54	18.79	82.0
	$T_{facility}$（y）	0.01	17.0	2.29	2.65	1.2
	T_{indoor}（h）	10.00	24.0	21.92	2.41	23.0
	$T_{outdoor}$（h）	0	14.0	2.08	2.41	1.0

的老年人在调研地的生活时间超过 3 个月，由此，我们认为本书中的受试老年人对养老机构的适应状况较好；在每天的 24 小时中，老年人有 88% 以上的时间留在室内。关于老年人每天在室内和室外时间的调查，国外也有学者得出了一些结论，例如，意大利研究者 Simoni（2003）发现，在冬季和夏季，65 岁以上的老年人每天分别有 83% 和 72% 的时间留在室内。葡萄牙研究者 Almeida-Silva（2014）对里斯本和洛里什的 10 家老年人护理中心进行调研，发现老年人每天有 95% 以上的时间留在室内。根据本书调研结果，有 97% 以上的老年人每天留在室内的时间超过 15 个小时，因此，对老年人居住建筑室内健康舒适环境的研究非常重要。表 6-7 ~ 表 6-14 为受试老年人环境适应性分性别和分时间的统计结果。

表 6-7　受试老年人性别与在上海生活的时间交叉表

季 节	性 别	在上海生活的时间				
		$\leqslant$ 20.00 y	20.01 ~ 40.00 y	40.01 ~ 60.00 y	60.01 ~ 80.00 y	> 80.01 y
冬季	男性	3.2%	0.0%	4.0%	41.3%	51.6%
	女性	1.9%	0.9%	3.7%	38.9%	54.6%
	总计	2.3%	0.6%	3.8%	39.8%	53.5%
夏季	男性	5.6%	1.9%	6.5%	31.8%	54.2%
	女性	4.0%	2.2%	5.4%	28.3%	60.1%
	总计	4.5%	2.1%	5.8%	29.4%	58.2%

表 6-8　受试老年人年龄与在上海生活的时间交叉表

季 节	年 龄	在上海生活的时间				
		$\leqslant$ 20.00 y	20.01 ~ 40.00 y	40.01 ~ 60.00 y	60.01 ~ 80.00 y	> 80.01 y
冬季	70 ~ 79 岁	4.2%	2.1%	6.3%	87.5%	0.0%
	80 ~ 89 岁	1.4%	0.0%	3.3%	21.7%	73.6%
	$\geqslant$ 90 岁	2.9%	0.0%	0.0%	17.6%	79.4%
	总计	2.3%	0.6%	3.8%	39.8%	53.5%
夏季	70 ~ 79 岁	8.8%	3.5%	8.8%	78.9%	0.0%
	80 ~ 89 岁	4.5%	1.5%	6.5%	16.9%	70.6%
	$\geqslant$ 90 岁	1.4%	2.8%	1.4%	25.0%	69.4%
	总计	4.5%	2.1%	5.8%	29.4%	58.2%

表 6-9　受试老年人性别与在调研地的生活时间交叉表

季 节	性 别	在调研地的生活时间				
		≤ 1.00 y	1.01～3.00 y	3.01～5.00 y	5.01～7.00 y	> 7.01 y
冬季	男性	40.5%	34.1%	15.1%	6.3%	4.0%
	女性	42.5%	33.5%	16.0%	5.7%	2.3%
	总计	41.7%	33.7%	15.7%	5.9%	3.0%
夏季	男性	46.2%	33.0%	12.3%	2.8%	5.6%
	女性	47.7%	27.9%	12.2%	5.0%	7.3%
	总计	47.3%	29.6%	12.2%	4.3%	6.7%

表 6-10　受试老年人年龄与在调研地的生活时间交叉表

季 节	年 龄	在调研地的生活时间				
		≤ 1.00 y	1.01～3.00 y	3.01～5.00 y	5.01～7.00 y	> 7.01 y
冬季	70～79 岁	39.1%	46.7%	10.9%	1.1%	2.2%
	80～89 岁	46.7%	28.3%	16.0%	5.2%	3.7%
	≥ 90 岁	17.6%	32.4%	26.5%	23.5%	0.0%
	总计	41.7%	33.7%	15.7%	5.9%	3.0%
夏季	70～79 岁	49.1%	33.3%	7.0%	3.5%	7.0%
	80～89 岁	52.8%	30.2%	10.6%	3.0%	3.5%
	≥ 90 岁	30.6%	25.0%	20.8%	8.3%	15.3%
	总计	47.3%	29.6%	12.2%	4.3%	6.7%

表 6-11　受试老年人性别与每天在室内的时间交叉表

季 节	性 别	每天在室内的时间			
		≤ 10.00 h	10.01～15.00 h	15.01～20.00 h	> 20.01 h
冬季	男性	0.0%	8.0%	25.6%	66.4%
	女性	0.5%	3.3%	20.9%	75.3%
	总计	0.3%	5.0%	22.6%	72.1%
夏季	男性	0.9%	0.9%	16.0%	82.1%
	女性	0.0%	2.3%	16.8%	80.9%
	总计	0.3%	1.8%	16.6%	81.3%

表 6-12　受试老年人年龄与每天在室内的时间交叉表

季　节	年　龄	每天在室内的时间			
		≤ 10.00 h	10.01 ~ 15.00 h	15.01 ~ 20.00 h	> 20.01 h
冬季	70 ~ 79 岁	1.1%	4.2%	37.9%	56.8%
	80 ~ 89 岁	0.0%	6.2%	17.1%	76.8%
	≥ 90 岁	0.0%	0.0%	14.7%	85.3%
	总计	0.3%	5.0%	22.6%	72.1%
夏季	70 ~ 79 岁	0.0%	0.0%	12.5%	87.5%
	80 ~ 89 岁	1.0%	1.5%	18.0%	79.5%
	≥ 90 岁	0.0%	4.2%	15.5%	80.3%
	总计	0.3%	1.8%	16.6%	81.3%

表 6-13　受试老年人性别与每天在室外的时间交叉表

季　节	性　别	每天在室外的时间				
		≤ 2.00 h	2.01 ~ 4.00 h	4.01 ~ 6.00 h	6.01 ~ 8.00 h	> 8.01h
冬季	男性	52.0%	19.2%	15.2%	7.2%	6.4%
	女性	62.8%	18.6%	8.8%	6.5%	3.3%
	总计	58.8%	18.8%	11.2%	6.8%	4.4%
夏季	男性	72.6%	10.4%	11.3%	3.8%	1.9%
	女性	71.8%	12.3%	7.7%	5.9%	2.3%
	总计	72.1%	11.7%	8.9%	5.2%	2.1%

6.2　老年人的服装热阻

　　服装作为人体的保护层对人体与环境的热湿交换有着重要的影响。人体－服装－环境作为一个有机整体共同对人体的热舒适发生作用。衣服增减一直是在不同气候条件下实现舒适的一种经济而有效的方法。ISO 7730 : 2005 中也指出，在温暖（寒冷）环境中，由于人体的热适应行为，服装热阻将成为影响人体热舒适的首要因素。服装

表 6-14　受试老年人年龄与每天在室外的时间交叉表

季　节	年　龄	每天在室外的时间				
		≤ 2.00 h	2.01 ~ 4.00 h	4.01 ~ 6.00 h	6.01 ~ 8.00 h	> 8.01h
冬季	70 ~ 79 岁	43.2%	22.1%	18.9%	11.6%	4.2%
	80 ~ 89 岁	63.0%	19.0%	8.5%	4.3%	5.2%
	≥ 90 岁	76.5%	8.8%	5.9%	8.8%	0.0%
	总计	58.8%	18.8%	11.2%	6.8%	4.4%
夏季	70 ~ 79 岁	80.7%	7.0%	8.8%	3.5%	0.0%
	80 ~ 89 岁	69.7%	13.1%	9.6%	5.6%	2.0%
	≥ 90 岁	71.8%	11.3%	7.0%	5.6%	4.2%
	总计	72.1%	11.7%	8.9%	5.2%	2.1%

热阻作为热舒适研究中的重要因素，不仅与环境因素有关，还与性别、年龄有密切关系。Lu（2015）认为不满足人体需要的服装热阻将会导致核心温度的降低和诱发低体温症。荷兰学者 Schellen（2009）的研究表明，相比年轻人，老年人皮肤温度和核心温度更低，服装对老年人有重要的保护作用。

6.2.1　老年人服装热阻概况

如图 6-10 和表 6-15 所示为冬季和夏季受试老年人的个体服装热阻和全体服装热阻概况。由表 6-15 可以看出，冬季受试老年人的服装热阻均值高于 ASHRAE 55 定义舒适区时的服装热阻（1 clo），夏季老年人服装热阻均值低于 ASHRAE 55 定义舒适区时的服装热阻（0.5 clo）。

表 6-15　冬季和夏季受试老年人服装热阻概况

季　节	最小值（clo）	最大值（clo）	平均值（clo）	标准偏差（clo）	中位数（clo）
冬季	0.75	2.34	1.39	0.22	1.36
夏季	0.22	0.76	0.45	0.09	0.45

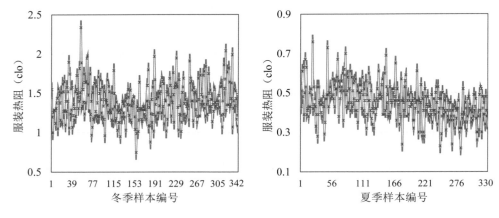

图 6-10　冬季和夏季受试老年人个体服装热阻

6.2.2　不同性别老年人的服装热阻

受试男性和女性老年人的服装热阻概况如表 6-16 所示。从表 6-16 可以看出，冬季和夏季女性老年人服装热阻最小值、最大值均高于男性服装热阻最小值、最大值；冬季和夏季女性老年人服装热阻均值和男性老年人服装热阻均值近似相等，且冬季均值均高于 ASHRAE 55 定义舒适区时的服装热阻（1 clo），夏季男性老年人和女性老年人的服装热阻均值均近似低于 ASHRAE 55 定义舒适区的服装热阻（0.5 clo）。

表 6-16　受试男性和女性老年人服装热阻概况

季　节	性　别	最小值 (clo)	最大值 (clo)	平均值 (clo)	标准偏差（clo）	中位数 (clo)
冬季	男性	0.75	1.99	1.38	0.23	1.38
	女性	0.88	2.34	1.39	0.22	1.36
夏季	男性	0.22	0.70	0.44	0.10	0.43
	女性	0.24	0.76	0.45	0.08	0.45

图 6-11 为冬季和夏季受试男性和女性老年人服装热阻的分布情况。从图 6-11 可以看出，在冬季，分别有 96.8% 的男性老年人和 98.6% 的女性老年人服装热阻大于 1 clo；在夏季，分别有 26.2% 的男性老年人和 24.7% 的女性老年人服装热阻大于 0.5 clo。

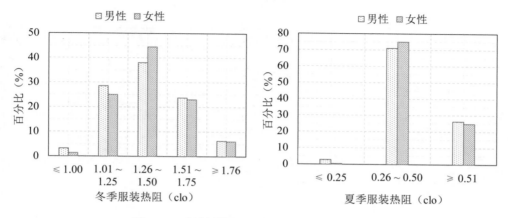

图 6-11 受试男性和女性老年人服装热阻分布

表 6-17 为冬季和夏季不同性别老年人服装热阻检验结果。冬季和夏季检验量显著性水平均为 $P > 0.05$，说明不同性别老年人在服装热阻上没有显著差异。

表 6-17 不同性别受试老年人服装热阻假设检验结果

季 节	检验变量（类型）	分组变量	检验方法	显著性水平 P	检验结果
冬季	服装热阻（连续变量）	性别	Mann-Whitney U（双侧）	0.877	不同性别老年人在服装热阻上没有显著差异
夏季	服装热阻（连续变量）	性别	Mann-Whitney U（双侧）	0.135	不同性别老年人在服装热阻上没有显著差异

6.2.3 不同年龄段老年人的服装热阻

按 10 岁一个年龄段，对受试老年人按年龄段进行分组。各年龄段老年人的服装热阻概况如表 6-18 所示。由表 6-18 可以看出，90 岁以上的受试老年人服装热阻均值在冬季和夏季均最大。不同年龄段受试老年人服装热阻的分布情况如图 6-12 所示。可以看出，在冬季，100% 的 90 岁以上的受试老年人服装热阻大于 1 clo；70 ~ 79 岁和 80 ~ 89 岁的受试老年人服装热阻在 1clo 以上的比例达到了 96.9% 和 98.2%。在夏季，70 ~ 79 岁、80 ~ 89 岁和 90 岁以上的受试老年人服装热阻大于 0.5 clo 的比例分别为 28.1%、22.4% 和 30.6%。

表 6-18　不同年龄段受试老年人服装热阻概况

季　节	年龄段	最小值 (clo)	最大值 (clo)	平均值 (clo)	标准偏差 (clo)	中位数 (clo)
冬季	70 ~ 79 岁	0.75	1.98	1.33	0.21	1.29
	80 ~ 89 岁	0.88	2.34	1.41	0.22	1.39
	≥ 90 岁	1.08	1.89	1.44	0.20	1.41
夏季	70 ~ 79 岁	0.22	0.69	0.45	0.10	0.45
	80 ~ 89 岁	0.23	0.65	0.44	0.08	0.44
	≥ 90 岁	0.30	0.76	0.47	0.10	0.46

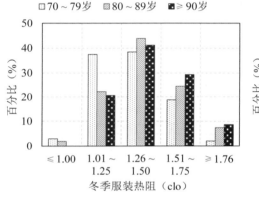 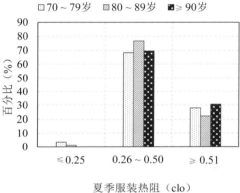

图 6-12　不同年龄段受试老年人服装热阻分布

为了进一步考察服装热阻与年龄的关系。按 5 岁一个阶段，对老年人的年龄进行分段，求出每个年龄段的平均服装热阻，并对年龄和服装热阻的关系进行线性拟合，如图 6-13 所示。由图 6-13 可以看出，冬季受试老年人的服装热阻与年龄正相关，服装热阻随着年龄的增加而增大，线性回归方程显著性水平 $P < 0.05$；夏季受试老年人的服装热阻也随着年龄的增加而增大，但线性回归方程显著性水平 $P > 0.05$。

Yun（2014）的研究指出，儿童由于活动量和代谢速度均大于成年人，因此儿童比成年人着装量少。由此可以推测出老年人服装热阻随着年龄增加的原因是因为年龄越长的老年人活动量越小，新陈代谢越慢，从而着装量也增加。

表 6-19 为冬季和夏季不同年龄段受试老年人服装热阻检验结果。冬季检验量显著性水平 $P < 0.05$，说明不同年龄段老年人在服装热阻上有显著差异。检验结果表明，冬季老年人服装热阻受年龄段因素的影响较大。

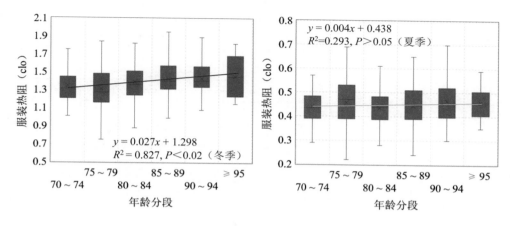

图 6-13　老年人服装热阻与年龄关系

表 6-19　不同年龄段老年人服装热阻假设检验结果

季 节	检验变量 （类型）	分组变量	检验方法	显著性水平 P	检验结果
冬季	服装热阻 （连续变量）	年龄 10 岁分段	Kruskal-Wallis （双侧）	0.003	不同年龄段老年人在服装热阻上 有显著差异
	服装热阻 （连续变量）	年龄 5 岁分段	Kruskal-Wallis （双侧）	0.010	不同年龄段老年人在服装热阻上 有显著差异
夏季	服装热阻 （连续变量）	年龄 10 岁分段	Kruskal-Wallis （双侧）	0.325	不同年龄段老年人在服装热阻上 没有显著差异
	服装热阻 （连续变量）	年龄 5 岁分段	Kruskal-Wallis （双侧）	0.629	不同年龄段老年人在服装热阻上 没有显著差异

6.2.4　不同生理参数老年人的服装热阻

生理参数正常和非正常老年人的服装热阻概况如表 6-20 所示。从表 6-20 可以看出，冬季和夏季生理参数正常和生理参数非正常老年人的服装热阻均值相等。

图 6-14 为冬季和夏季男性和女性老年人服装热阻的分布情况。从图 6-14 可以看出，在冬季，分别有 98.1% 生理参数正常的老年人和 97.8% 生理参数非正常的老年人服装热阻大于 1 clo；在夏季，分别有 20.6% 生理参数正常的老年人和 26.5% 生理参数非正常的老年人服装热阻大于 0.5 clo。

表6-20　生理参数正常和非正常老年人服装热阻概况

季　节	生理参数状态	最小值 (clo)	最大值 (clo)	平均值 (clo)	标准偏差 (clo)	中位数 (clo)
冬季	正常	0.95	1.91	1.39	0.21	1.38
	非正常	0.75	2.34	1.39	0.23	1.36
夏季	正常	0.23	0.76	0.45	0.09	0.44
	非正常	0.22	0.73	0.45	0.09	0.45

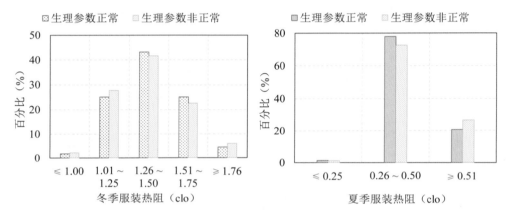

图 6-14　生理参数正常和非正常老年人服装热阻分布

表6-21为冬季和夏季生理参数正常和非正常老年人服装热阻检验结果。冬季和夏季检验量显著性水平均为 $P > 0.05$，说明生理参数正常和非正常的老年人在服装热阻上没有显著差异。

表6-21　生理参数正常与非正常老年人服装热阻假设检验结果

季节	检验变量（类型）	分组变量	检验方法	显著性水平 P	检验结果
冬季	服装热阻（连续变量）	生理参数状态	Mann-Whitney U（双侧）	0.538	生理参数正常与非正常老年人在服装热阻上没有显著差异
夏季	服装热阻（连续变量）	生理参数状态	Mann-Whitney U（双侧）	0.524	生理参数正常与非正常老年人在服装热阻上没有显著差异

6.3　老年人的生理参数

6.3.1　受试老年人生理参数概况和假设检验

受试老年人的生理参数概况如表 6-22 ～ 表 6-24 所示。表 6-25 为不同季节受试老年人生理参数假设检验的结果，结果表明，冬季和夏季老年人的手指皮温、血氧饱和度、收缩压、平均动脉压和舒张压均有显著差异，季节是影响老年人生理参数的一个因素。冬季和夏季不同性别老年人生理参数的检验结果如表 6-26 所示。可以看出，在冬季和夏季，不同性别老年人的收缩压和平均动脉压均有显著差异，并且，不同性别老年人的血氧饱和度在冬季也有显著差异。检验结果表明，在冬季，性别是影响老年人收缩压、平均动脉压和血氧饱和度数值的因素；在夏季，性别是影响老年人收缩压和平均动脉压数值的因素。冬季和夏季不同年龄段老年人生理参数的假设检验结果如表 6-27 所示。检验结果表明，在冬季和夏季，不同年龄段老年人的心率、手指皮温、收缩压、平均动脉压和舒张压均没有显著差异；在夏季，不同年龄段老年人的血氧饱和度有显著差异，说明年龄是影响老年人夏季血氧饱和度的一个因素。

表 6-22　受试老年人生理参数概况

季　节	统计量	心　率（BPM）	手指皮温（℃）	血氧饱和度（%）	收缩压（mmHg）	平均动脉压（mmHg）	舒张压（mmHg）
冬季	最小值	38	11.2	63	84	55	38
	最大值	139	35.2	100	253	152	123
	平均值	74	22.0	97	149	100	76
	标准偏差	12	5.0	3	25	15	11
夏季	最小值	45	26.6	91	77	58	44
	最大值	107	37.0	100	212	135	102
	平均值	73	33.2	97	134	93	70
	标准偏差	11	1.5	1	21	13	11

表 6-23　不同性别受试老年人生理参数概况

季节	性别	统计量	心　率（BPM）	手指皮温（℃）	血氧饱和度（%）	收缩压（mmHg）	平均动脉压（mmHg）	舒张压（mmHg）
冬季	男性	最小值	38	13.2	63	84	55	38
		最大值	121	32.8	100	230	137	112
		平均值	74	21.4	97	141	96	75
		标准偏差	13	4.8	5	23	14	11
	女性	最小值	47	11.2	90	105	66	48
		最大值	139	35.2	100	253	152	123
		平均值	75	22.4	97	154	102	76
		标准偏差	11	5.1	2	25	15	11
夏季	男性	最小值	45	26.6	91	77	59	44
		最大值	97	35.5	100	190	122	94
		平均值	72	33.1	97	130	89	68
		标准偏差	11	1.6	2	20	12	10
	女性	最小值	46	27.3	92	88	58	46
		最大值	107	37.0	100	212	135	102
		平均值	73	33.3	97	136	95	70
		标准偏差	11	1.5	1	21	13	11

表 6-24　不同年龄段受试老年人生理参数概况

季节	年龄段	统计量	心　率（BPM）	手指皮温（℃）	血氧饱和度（%）	收缩压（mmHg）	平均动脉压（mmHg）	舒张压（mmHg）
冬季	70~79岁	最小值	50	11.2	67	84	55	38
		最大值	107	32.8	100	253	150	104
		平均值	74	22.2	97	147	100	77
		标准偏差	11	5.3	3	28	16	12
	80~89岁	最小值	38	12.2	81	104	73	48
		最大值	139	35.2	100	241	152	123
		平均值	74	22.2	97	151	101	76
		标准偏差	13	5.0	2	24	14	11

续　表

季节	年龄段	统计量	心 率 （BPM）	手指皮温 （℃）	血氧饱和度 （%）	收缩压 （mmHg）	平均动脉压 （mmHg）	舒张压 （mmHg）
冬季	≥90 岁	最小值	48	13.2	63	113	66	48
		最大值	98	29.6	99	223	123	96
		平均值	74	20.4	97	146	96	72
		标准偏差	12	4.4	6	22	13	12
夏季	70~79 岁	最小值	55	26.6	91	92	68	50
		最大值	107	35.5	100	212	131	94
		平均值	74	33.2	97	133	93	71
		标准偏差	12	1.4	2	22	13	10
	80~89 岁	最小值	45	28.7	92	92	63	45
		最大值	97	37.0	100	207	135	102
		平均值	72	33.3	97	135	94	70
		标准偏差	11	1.5	1	21	13	11
	≥90 岁	最小值	46	27.3	93	77	58	44
		最大值	97	35.2	100	182	120	94
		平均值	72	33.0	97	133	90	67
		标准偏差	11	1.6	2	21	14	11

表 6-25　不同季节老年人生理参数假设检验结果

分组 变量	检验 方法	检验变量 （类型）	显著性 水平 P	检验结果
季节	Mann-Whitney U （双侧）	心率（连续变量）	0.202	不同季节老年人在心率上没有显著差异
		手指皮温（连续变量）	0.000	不同季节老年人在手指皮温上有显著差异
		血氧饱和度（连续变量）	0.000	不同季节老年人在血氧饱和度上有显著差异
		收缩压（连续变量）	0.000	不同季节老年人在收缩压上有显著差异
		平均动脉压（连续变量）	0.000	不同季节老年人在平均动脉压上有显著差异
		舒张压（连续变量）	0.000	不同季节老年人在舒张压上有显著差异

表 6-26　不同性别老年人生理参数假设检验结果

季节	分组变量	检验方法	检验变量（类型）	显著性水平 P	检验结果
冬季	性别	Mann-Whitney U（双侧）	心率（连续变量）	0.472	不同性别老年人在心率上没有显著差异
			手指皮温（连续变量）	0.083	不同性别老年人在手指皮温上没有显著差异
			血氧饱和度（连续变量）	0.023	不同性别老年人在血氧饱和度上有显著差异
			收缩压（连续变量）	0.000	不同性别老年人在收缩压上有显著差异
			平均动脉压（连续变量）	0.000	不同性别老年人在平均动脉压上有显著差异
			舒张压（连续变量）	0.771	不同性别老年人在舒张压上没有显著差异
夏季	性别	Mann-Whitney U（双侧）	心率（连续变量）	0.330	不同性别老年人在心率上没有显著差异
			手指皮温（连续变量）	0.581	不同性别老年人在手指皮温上没有显著差异
			血氧饱和度（连续变量）	0.770	不同性别老年人在血氧饱和度上没有显著差异
			收缩压（连续变量）	0.028	不同性别老年人在收缩压上有显著差异
			平均动脉压（连续变量）	0.002	不同性别老年人在平均动脉压上有显著差异
			舒张压（连续变量）	0.141	不同性别老年人在舒张压上没有显著差异

表 6-27　不同年龄段老年人生理参数假设检验结果

季节	分组变量	检验方法	检验变量（类型）	显著性水平 P	检验结果
冬季	年龄段	Kruskal-Wallis（双侧）	心率（连续变量）	0.861	不同年龄段老年人在心率上没有显著差异
			手指皮温（连续变量）	0.159	不同年龄段老年人在手指皮温上没有显著差异
			血氧饱和度（连续变量）	0.075	不同年龄段老年人在血氧饱和度上没有显著差异
			收缩压（连续变量）	0.313	不同年龄段老年人在收缩压上没有显著差异

续　表

季节	分组变量	检验方法	检验变量（类型）	显著性水平 P	检验结果
冬季	年龄段	Kruskal-Wallis（双侧）	平均动脉压（连续变量）	0.238	不同年龄段老年人在平均动脉压上没有显著差异
			舒张压（连续变量）	0.146	不同年龄段老年人在舒张压上没有显著差异
夏季	年龄段	Kruskal-Wallis（双侧）	心率（连续变量）	0.733	不同年龄段老年人在心率上没有显著差异
			手指皮温（连续变量）	0.227	不同年龄段老年人在手指皮温上没有显著差异
			血氧饱和度（连续变量）	0.028	不同年龄段老年人在血氧饱和度上有显著差异
			收缩压（连续变量）	0.919	不同年龄段老年人在收缩压上没有显著差异
			平均动脉压（连续变量）	0.218	不同年龄段老年人在平均动脉压上没有显著差异
			舒张压（连续变量）	0.122	不同年龄段老年人在舒张压上没有显著差异

6.3.2　老年人的生理健康状态

表 6-28、表 6-29 和表 6-30 分别列出了心率、血氧饱和度和血压的判断标准。调研期间老年人生理参数健康状态概况如表 6-31 所示。

表 6-28　心率状态的判断标准

状态判定		心率（次 / 分钟）
正常状态	心跳正常	60 ≤心率≤ 100
非正常状态	心跳过缓	心率＜ 60
	心跳过速	心率＞ 100

表 6-29　血氧饱和度状态的判断标准

状态判定		血氧饱和度（%）
正常状态	血氧正常	血氧饱和度≥ 94
非正常状态	低血氧症	血氧饱和度＜ 90
	供氧不足	血氧饱和度＜ 94

表 6-30　血压状态的判断标准

状态判定		收缩压（mmHg）		舒张压（mmHg）
正常状态	正常血压	＜ 120	和	＜ 80
	正常高值	120 ~ 139	和 / 或	80 ~ 89
非正常状态	高血压	≥ 140	和 / 或	≥ 90
	1 级高血压（轻度）	140 ~ 159	和 / 或	90 ~ 99
	2 级高血压（中度）	160 ~ 179	和 / 或	100 ~ 109
	3 级高血压（重度）	≥ 180	和 / 或	≥ 110
	单纯收缩期高血压	≥ 140	和	＜ 90
	低血压	＜ 90	和	＜ 60

表 6-31　受试老年人的生理健康状态

健康状态		冬 季	夏 季	总 计
心跳健康	心跳正常	89.5%	88.2%	88.8%
心跳非健康	心跳过缓	8.5%	11.5%	10.0%
	心跳过速	2.0%	0.3%	1.2%
血氧健康	血氧正常	95.9%	95.2%	95.5%
血氧非健康	低血氧症	1.2%	0.0%	0.6%
	供氧不足	2.9%	4.8%	3.9%
血压健康	正常血压	7.6%	24.2%	15.8%
	正常高值	30.7%	37.6%	34.1%
血压非健康	1 级高血压	31.9%	27.0%	29.5%
	2 级高血压	18.7%	7.9%	13.4%
	3 级高血压	10.8%	2.7%	6.8%
	低血压	0.3%	0.6%	0.4%

　　根据表 6-28 ~ 表 6-31 的判断标准，将受试老年人分为生理参数正常和生理参数非正常两组。其中生理参数正常指现场调查时心率、血氧饱和度和血压均正常的老年人。冬季和夏季老年人按生理参数分组结果如图 6-15 ~ 图 6-17 所示。

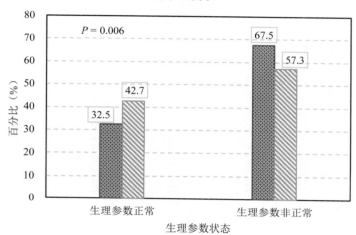

图 6-15　冬季和夏季老年人生理参数状态

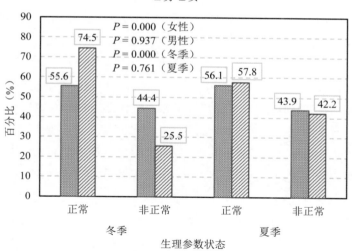

图 6-16　不同性别老年人生理参数状态

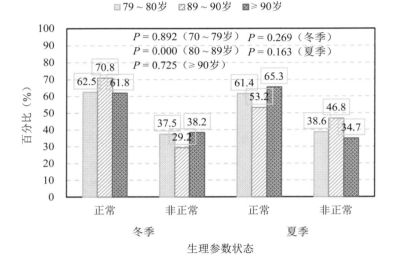

图 6-17　不同年龄段老年人生理参数状态

　　图 6-15 为冬季和夏季老年人生理参数状态的统计结果和卡方检验结果。由图 6-16 可以看出，冬季和夏季老年人生理参数正常与非正常存在统计学上的显著差异，卡方检验双侧显著性水平 $P < 0.05$，老年人夏季生理参数正常的比例高于冬季生理参数正常的比例。这与老年人夏季的健康自我评价程度高于冬季的结果相一致，说明从客观生理参数和老年人主观自评两方面讲，夏季老年人的健康程度均高于冬季。

　　图 6-16 为不同性别老年人生理参数状态的统计结果和卡方检验结果。由图 6-17 可以看出，在季节类别上，女性老年人的生理参数正常与否在季节上存在统计学上的显著差异，而男性老年人的差异不显著，表现为冬季生理参数正常的女性老年人比例高于夏季生理参数正常的女性老年人，而生理参数正常的男性老年人比例在冬季和夏季近似相等。在性别类别上，冬季生理参数正常的老年人存在性别上的显著差异，而夏季差异不显著，表现为在冬季，生理参数正常的女性老年人比例高于男性老年人比例，而在夏季，生理参数正常的男性老年人和女性老年人的比例近似相等。这与女性老年人对健康程度的自我评价为"好"和"非常好"的比例（冬季 43.0%，夏季 48.9%）大于男性老年人（冬季 38.9%，夏季 47.6%）的结果也相符合。

　　图 6-17 为不同年龄段老年人生理参数状态的统计结果和卡方检验结果。由图 6-18 可以看出，在季节类别上，80~89 岁老年人的生理参数状态在季节上存在统计学上

的显著差异，表现为冬季生理参数正常的比例大于夏季生理参数正常的比例，且冬季
80~ 89 岁年龄段老年人生理参数正常的比例最大，夏季 90 岁以上年龄段老年人生理
参数正常的比例最大。在年龄类别上，不同年龄段老年人的生理参数状态在冬季和夏
季均不存在统计学上的显著差异。这与不同年龄段老年人健康程度自我评价的统计结
果也近似一致。

6.4　老年人服装热阻与环境参数的关联性分析

6.4.1　老年人服装热阻与环境参数的相关性分析

用 Spearman 秩相关系数双侧检验考察受试老年人服装热阻与环境参数之间的相
关关系。在冬季，全体老年人的服装热阻与室内空气温度、室内黑球温度、室内平均
辐射温度、室内操作温度、过渡空间空气温度、过渡空间风速以及室外空气温度在 0.01
水平上负相关，即随着这些参数值的增加，服装热阻值减小；与室外风速正相关，即
随着室外风速的增加，服装热阻值增加。在夏季，全体老年人的服装热阻与除了 A 声
级和照度外的所有环境参数均相关，其中，与 CO_2 浓度正相关，与其他环境参数负相
关。不同性别、不同年龄段以及不同生理状态老年人的服装热阻与环境参数相关性的
分析结果如表 6-32 ~ 表 6-34 所示。表中所列数值为 Spearman 秩相关系数 r，其大小
反映了老年人服装热阻与环境参数相关程度的大小；系数的符号表示了老年人服装热
阻与环境参数相关的方向，正号表示老年人服装热阻值随着环境参数数值的增加而增
加，负号表示老年人服装热阻值随着环境参数数值的增加而减小。从表 6-32 ~ 表 6-34
可以看出，老年人服装热阻与环境参数的相关性存在性别差异、年龄差异、生理参数
状态差异以及季节差异。

表 6-32　不同性别老年人服装热阻与环境参数相关性分析

环境参数	服装热阻					
	冬　季			夏　季		
	男性	女性	全体	男性	女性	全体
室内空气温度	−0.214*	−0.154*	−0.175**	−0.324**	−0.265**	−0.281**
室内相对湿度	0.130	0.062	0.087	−0.183	−0.212**	−0.201**
室内风速	0.113	−0.152*	−0.049	−0.247*	−0.209**	−0.220**
室内黑球温度	−0.197*	−0.145*	−0.163**	−0.335**	−0.274**	−0.294**
室内平均辐射温度	−0.186*	−0.136*	−0.151**	−0.324**	−0.288**	−0.306**
室内操作温度	−0.210*	−0.152*	−0.172**	−0.339**	−0.269**	−0.290**
A 声级	−0.037	−0.092	−0.072	−0.076	−0.103	−0.086
照度	0.043	−0.016	0.005	−0.088	−0.085	−0.078
CO_2 浓度	−0.037	−0.024	−0.026	0.408**	0.295**	0.346**
过渡空间空气温度	−0.089	−0.231**	−0.178**	−0.212*	−0.069	−0.110*
过渡空间相对湿度	0.025	0.136*	0.098	−0.256**	−0.332**	−0.307**
过渡空间风速	0.184*	0.146*	0.158**	−0.360**	−0.404**	−0.389**
室外空气温度	−0.029	−0.208**	−0.142**	−0.254**	−0.164*	−0.179**
室外相对湿度	0.042	0.125	0.096	−0.132	−0.191**	−0.181**
室外风速	0.047	0.168*	0.123*	−0.282**	−0.182**	−0.238**

注：* 表示在 0.05 水平（双侧）上显著相关；** 表示在 0.01 水平（双侧）上显著相关。

表 6-33　不同年龄段老年人服装热阻与环境参数相关性分析

环境参数	服装热阻					
	冬　季			夏　季		
	70～79 岁	80～89 岁	≥90 岁	70～79 岁	80～89 岁	≥90 岁
室内空气温度	−0.123	−0.178**	−0.356*	−0.374**	−0.197**	−0.413**
室内相对湿度	0.035	0.127	0.205	−0.392**	−0.157**	−0.218
室内风速	−0.051	−0.039	0.183	−0.351**	−0.162*	−0.251*
室内黑球温度	−0.145	−0.164*	−0.252	−0.381**	−0.213**	−0.410**
室内平均辐射温度	−0.152	−0.142*	−0.214	−0.400**	−0.226**	−0.412**
室内操作温度	−0.151	−0.171*	−0.281	−0.381**	−0.208**	−0.411**
A 声级	0.055	−0.092	−0.189	−0.115	−0.125	0.084
照度	−0.070	−0.053	0.295	−0.037	−0.048	−0.206

续　表

环境参数	服装热阻					
	冬　季			夏　季		
	70～79 岁	80～89 岁	≥ 90 岁	70～79 岁	80～89 岁	≥ 90 岁
CO_2 浓度	0.138	− 0.103	0.240	0.414**	0.368**	0.206
过渡空间空气温度	− 0.139	− 0.155*	− 0.320	− 0.242	− 0.020	− 0.193
过渡空间相对湿度	0.028	0.098	0.155	− 0.456**	− 0.277**	− 0.317**
过渡空间风速	0.098	0.189**	0.311	− 0.565**	− 0.331**	− 0.399**
室外空气温度	− 0.121	− 0.129	0.017	− 0.331*	− 0.073	− 0.338**
室外相对湿度	0.011	0.100	0.148	− 0.239	− 0.219**	− 0.012
室外风速	0.090	0.135*	0.185	− 0.244	− 0.216**	− 0.283*

注：* 表示在 0.05 水平（双侧）上显著相关；** 表示在 0.01 水平（双侧）上显著相关。

表 6-34　不同生理参数状态老年人服装热阻与环境参数相关性分析

环境参数	服装热阻			
	冬　季		夏　季	
	生理参数正常	生理参数非正常	生理参数正常	生理参数非正常
室内空气温度	− 0.203*	− 0.156*	− 0.224**	− 0.322**
室内相对湿度	− 0.002	0.115	− 0.166*	− 0.226**
室内风速	0.033	− 0.087	− 0.169*	− 0.275**
室内黑球温度	− 0.241*	− 0.117	− 0.258**	− 0.314**
室内平均辐射温度	− 0.256**	− 0.092	− 0.281**	− 0.321**
室内操作温度	− 0.249**	− 0.131*	− 0.246**	− 0.317**
A 声级	− 0.091	− 0.060	− 0.101	− 0.074
照度	0.039	− 0.006	− 0.091	− 0.073
CO_2 浓度	− 0.027	− 0.033	0.322**	0.360**
过渡空间空气温度	− 0.110	− 0.204**	− 0.100	− 0.124
过渡空间相对湿度	0.029	0.121	− 0.241**	− 0.347**
过渡空间风速	0.163	0.142*	− 0.344**	− 0.415**
室外空气温度	− 0.106	− 0.160*	− 0.077	− 0.255**
室外相对湿度	0.024	0.124	− 0.216*	− 0.150*
室外风速	0.010	0.161*	− 0.246**	− 0.224**

注：* 表示在 0.05 水平（双侧）上显著相关；** 表示在 0.01 水平（双侧）上显著相关。

6.4.2 老年人服装热阻与环境温度的回归分析

1.不同性别老年人服装热阻与环境温度的回归分析

对操作温度、室内空气温度、过渡空间空气温度以及室外空气温度做步长为1℃的 BIN 处理，求出 BIN 平均服装热阻，绘制冬季和夏季不同性别老年人服装热阻与操作温度、室内空气温度、过渡空间空气温度、室外空气温度的关系散点图并进行回归分析，如图6-18~图6-21所示。

由图6-18可以看出，在冬季，男性老年人的服装热阻与操作温度负相关，随着操作温度的增加，服装热阻逐渐降低，而女性服装热阻在10℃~15℃的温度区间内基本保持不变，表明女性老年人冬季服装热阻调节作用不明显；在夏季，男性老年人和女性老年人的服装热阻与操作温度均负相关，在26℃~28℃温度区间，男性老年人和女性老年人的服装热阻近似相等，在29℃~32℃的温度区间，男性老年人服装热阻随操作温度升高的降低值大于女性老年人服装热阻随操作温度升高的降低值，且男性老年人服装热阻与操作温度回归方程的斜率大于女性老年人，说明男性老年人对室内操作温度的变化更敏感。不同性别老年人服装热阻随室内空气温度的变化规律与其服装热阻随操作温度的变化规律类似，如图6-19所示。

图6-20（a）为夏季男性和女性老年人服装热阻与室外空气的关系，可以看出，随着室外温度的升高，男性老年人和女性老年人的服装热阻均降低，且男性老年人的

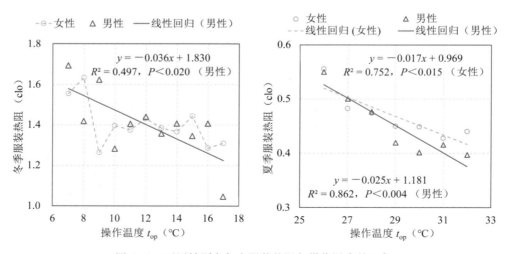

图6-18 不同性别老年人服装热阻与操作温度的回归

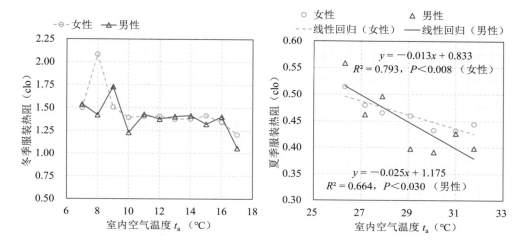

图 6-19　不同性别老年人服装热阻与室内空气温度的回归

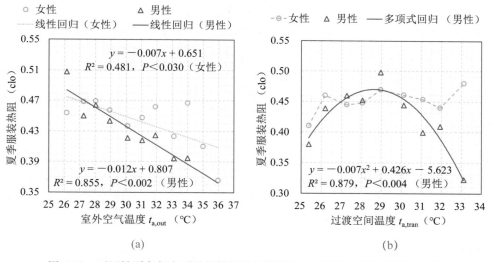

(a)　　　　　　　　　　　　　　　(b)

图 6-20　不同性别老年人夏季服装热阻与室外空气（过渡空间）温度的回归

服装热阻降低值大于女性老年人服装热阻的降低值。男性老年人服装热阻与室外回归方程的斜率大于女性老年人，说明男性老年人对室外温度的变化更敏感。Yun（2014）在对儿童的研究中得出相反的结论，即女性儿童对室外温度的变化敏感度大于男性儿童。这说明，随着年龄的增长，对室外温度变化的敏感度存在性别差异。

图 6.20（b）为夏季男性和女性老年人服装热阻与过渡空间温度的关系，可以看出，女性老年人的服装热阻随着过渡空间温度的升高，基本保持不变，说明夏季女性老年人的服装热阻不受过渡空间温度的影响。男性老年人的服装热阻随着过渡空间温度的升高呈开口向下的抛物线形状，在 26℃～29℃的温度区间内，男性老年人的服装热阻随着过渡空间温度的升高而升高，在 30℃～33℃的温度区间内，男性老年人的服装热阻随着过渡空间温度的升高而降低。刘红等（2015）对夏热冬冷地区重庆、武汉、南京 3 个城市的非采暖空调住宅建筑进行热环境现场测试和热感觉问卷调查。通过分析人们对室内热环境的评价，得到 3 个城市 80％居民可接受的夏季室内温度的上限值分别为 28.9℃，29.0℃ 和 29.6℃。连接室内和室外的过渡空间，是老年人走出室内进入的第一个空间。当过渡空间温度小于或等于可接受的夏季室内温度上限值时，男性老年人通过增加衣服调节热舒适；反之，减少衣服。这个结果再一次说明了男性老年人对温度变化的敏感度大于女性老年人。

2. 不同年龄段老年人服装热阻与环境温度的回归分析

同样的，对操作温度、室内空气温度、过渡空间空气温度以及室外空气温度做步长为 1℃ 的 BIN 处理，求出 BIN 平均服装热阻，绘制冬季和夏季不同年龄段老年人服装热阻与操作温度、室内空气温度、过渡空间空气温度、室外空气温度的关系散点图并进行回归分析，如图 6-21～图 6-24 所示。可以看出，在冬季，各年龄段老年人的服装热阻均随着温度的升高而降低，且在每个温度条件下，服装热阻均随着年龄的增加而增大。

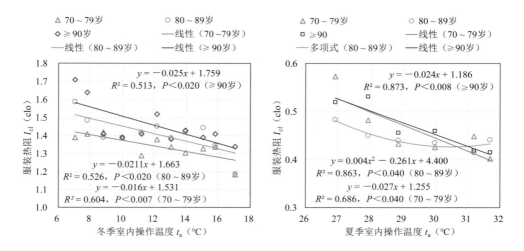

图 6-21　不同年龄段老年人服装热阻与操作温度的回归

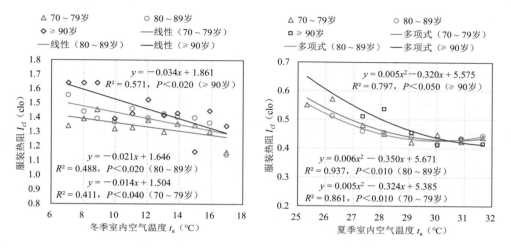

图 6-22　不同年龄段老年人服装热阻与室内空气温度的回归

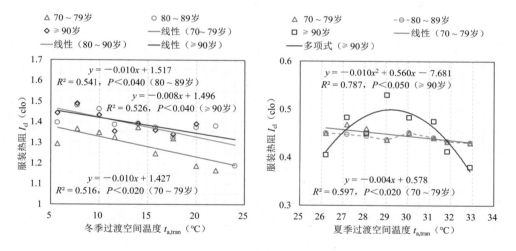

图 6-23　不同年龄段老年人服装热阻与过渡空间温度的回归

6.4.3　老年人服装热阻的多元线性回归模型

对影响老年人服装热阻的室内空气温度、相对湿度、风速和年龄进行多元线性回归，用逐步回归法建立考虑年龄因素的冬季和夏季老年人服装热阻与室内环境参数的多元线性回归模型。建模结果如表 6-35 ~ 表 6-38 所示。冬季和夏季模型均通过显著性检验，即 $P < 0.05$。

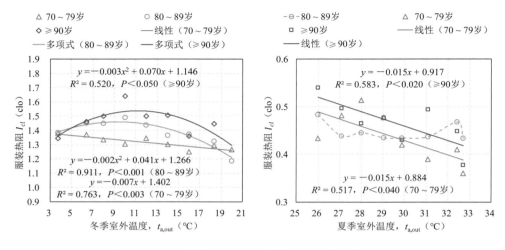

图 6-24 不同年龄段老年人服装热阻与室外温度的回归

表 6-35 冬季模型整体分析（ANOVA，单因素方差分析）^{a}

分　析	平方和	自由度 df	均　方	检验统计量 F	显著性水平 P
回　归	1.462	2	0.731	16.185	0.000^b
残　差	15.308	339	0.045		
总　计	16.769	341			

注：a－因变量：服装热阻；b－预测变量（常量）：年龄、室内空气温度。

表 6-36 冬季老年人服装热阻的多元线性回归模型

模　型	非标准化系数		标准系数	检验统计量 t	显著性水平 P
	B	标准误差	Beta		
常　量	1.165	0.176		6.614	0.000
室内空气温度	−0.024	0.005	−0.249	−4.789	0.000
年　龄	0.006	0.002	0.166	3.202	0.001

冬季和夏季老年人服装热回归方程的表达式如式（6-1）和式（6-2）所示。

冬季：$I_{cl} = 1.165 - 0.024 t_a + 0.006 \text{Age}$，$P < 0.002$　　　　　　　　（6-1）

夏季：$I_{cl} = 1.028 - 0.002 RH - 0.016 t_a$，$P < 0.001$　　　　　　　　（6-2）

表 6-37　夏季模型整体分析（ANOVA，单因素方差分析）[a]

分　析	平方和	自由度 df	均　方	检验统计量 F	显著性水平 P
回　归	0.277	2	0.138	21.020	0.000[b]
残　差	2.152	327	0.007		
总　计	2.428	329			

注：a－因变量：服装热阻；b－预测变量（常量）：室内相对湿度、室内空气温度。

表 6-38　夏季老年人服装热阻的多元线性回归模型

模　型	非标准化系数		标准系数	检验统计量 t	显著性水平 P
	B	标准误差	Beta		
常　量	1.028	0.090		11.389	0.000
室内空气温度	−0.016	0.003	−0.295	−5.650	0.000
室内相对湿度	−0.002	0.001	−0.188	−3.598	0.000

　　由式（6-1）和式（6-2）可以看出，在冬季，当室内空气温度不变时，老年人年龄每增加 1 岁，服装热阻值增加 0.006 clo，当老年人年龄不变时，室内空气温度每升高 1℃，服装热阻减小 0.024 clo；在夏季，当室内空气温度不变时，室内相对湿度每增加 1%，服装热阻减小 0.002 clo，当室内相对湿度不变时，室内空气温度每增加 1℃，服装热阻减小 0.016 clo。结果表明，虽然冬季老年人的服装热阻受室内空气温度和年龄的影响，夏季老年人的服装热阻受室内相对湿度和空气温度的影响，但影响度都非常小。

　　标准化系数因为已去除单位的影响，因此可以对自变量的解释力进行比较。标准化系数的绝对值越大，表示自变量对因变量的影响越大。标准化系数的正负号表示自变量对因变量影响的方向。因而，由表 6-36 中数据可以看出，在冬季，室内空气温度对老年人服装热阻的影响大于年龄的影响；随着空气温度的升高，老年人的服装热阻降低，随着老年人年龄的增加，服装热阻增加。由表 6-38 中数据可以看出，在夏季，室内空气温度对老年人服装热阻的影响大于室内相对湿度的影响；室内空气温度和室内相对湿度对服装热阻的影响均为负向影响。

6.5　老年人生理参数与环境参数的关联性分析

6.5.1　老年人生理参数与环境参数的相关性分析

同样，用 Spearman 秩相关系数双侧检验考察老年人生理参数与环境参数之间的相关关系，结果表明老年人生理参数与环境参数的相关性同样存在性别差异、年龄差异、生理参数状态差异以及季节差异。对全体受试老年人的分析结果如表 6-39 和表 6-40 所示。

表 6-39　冬季老年人生理参数与环境参数相关性分析

环境参数	冬　季					
	心率	手指皮温	血氧饱和度	收缩压	平均动脉压	舒张压
室内空气温度	0.048	0.319**	−0.157**	−0.058	−0.051	−0.046
室内相对湿度	−0.058	0.058	0.111*	−0.121*	−0.224**	−0.224**
室内风速	−0.099	−0.018	0.041	0.000	0.011	−0.027
室内黑球温度	0.055	0.330**	−0.132*	−0.039	−0.049	−0.061
室内平均辐射温度	0.056	0.324**	−0.122*	−0.033	−0.047	−0.056
室内操作温度	0.056	0.328**	−0.141**	−0.043	−0.048	−0.057
A 声级	0.012	0.067	0.060	0.004	0.043	0.019
照度	0.020	0.113*	−0.105	−0.076	−0.059	−0.021
CO_2 浓度	0.031	0.061	0.010	−0.046	−0.025	0.052
过渡空间空气温度	−0.018	0.177**	−0.029	−0.003	−0.003	−0.034
过渡空间相对湿度	−0.013	−0.063	0.084	−0.089	−0.152**	−0.112*
过渡空间风速	0.011	−0.160**	0.038	−0.106	−0.076	−0.039
室外空气温度	−0.054	0.122*	0.009	−0.036	−0.037	−0.039
室外相对湿度	−0.042	−0.038	0.064	−0.060	−0.144**	−0.156**
室外风速	0.134*	−0.059	−0.051	−0.047	0.004	−0.004

注：* 表示在 0.05 水平（双侧）上显著相关；** 表示在 0.01 水平（双侧）上显著相关。

表 6-39　夏季老年人生理参数与环境参数相关性分析

环境参数	夏　季					
	心率	手指皮温	血氧饱和度	收缩压	平均动脉压	舒张压
室内空气温度	0.149**	0.392**	−0.008	−0.072	−0.025	0.001
室内相对湿度	−0.002	−0.279**	0.008	−0.121*	−0.158**	−0.096
室内风速	0.142**	−0.025	0.089	−0.061	−0.042	0.032
室内黑球温度	0.148**	0.371	0.014	−0.082	−0.044	−0.006
室内平均辐射温度	0.153**	0.314**	0.032	−0.085	−0.052	−0.001
室内操作温度	0.150**	0.379**	0.007	−0.083	−0.041	−0.008
A 声级	0.027	−0.041	0.023	0.017	0.014	0.031
照度	0.107	0.188**	0.035	−0.142**	−0.094	−0.038
CO_2 浓度	−0.091	−0.020	0.052	0.045	−0.005	−0.021
过渡空间空气温度	0.094	0.373**	−0.013	−0.040	0.014	0.036
过渡空间相对湿度	0.028	−0.263**	0.031	−0.091	−0.130*	−0.072
过渡空间风速	0.017	−0.074	0.013	−0.029	−0.015	0.002
室外空气温度	0.177**	0.333**	0.010	−0.053	0.002	0.035
室外相对湿度	−0.074	−0.289**	0.002	−0.054	−0.097	−0.070
室外风速	0.059	0.132*	−0.002	−0.033	0.008	−0.012

注：* 表示在 0.05 水平（双侧）上显著相关；** 表示在 0.01 水平（双侧）上显著相关。

6.5.2　老年人生理参数与环境参数的回归分析

以受试老年人生理参数（心率、手指皮温、血氧饱和度、收缩压、舒张压）为因变量，以室内环境参数（操作温度、相对湿度、空气流速、A 声级、照度、CO_2 浓度）为自变量，采用逐步回归法进行多元线性回归分析，探究生理参数与各室内环境参数的关系。分析结果如表 6-41 所示。与生理参数检出显著线性相关关系的均为热环境参数，即操作温度与相对湿度，表明热环境对老年人生理参数影响较为显著。

分别以 1℃操作温度步长、5% 相对湿度步长对各生理参数进行 BIN 处理，再次进行线性回归分析，结果如表 6-42 所示。认为 R^2 达到 0.6 以上时，该回归方程是可信的，如图 6-25 所示。从回归方程可以算出，操作温度每上升 1℃，手指皮温上升 0.68℃，血氧饱和度下降 0.05%，收缩压下降 0.91 mmHg，舒张压下降 0.39 mmHg。相对湿度每上升 5%，舒张压下降 1.02 mmHg。

与过往研究中针对 25～45 岁人群的拟合曲线"手指皮温 = 1.029 t_a + 5.401 7"相比，本书中拟合曲线的斜率（回归系数）更小，即老年人手指皮温对环境温度变化更为迟钝。这与老年人血管收缩反应弱、外周血液循环差的情况相符。

血氧饱和度随操作温度变化的幅度很小。在操作温度 5℃～35℃范围内，血氧饱和度从 96.4% 变化到 98.0%，变化值很小，且均在健康范围内，缺乏实际应用的意义。

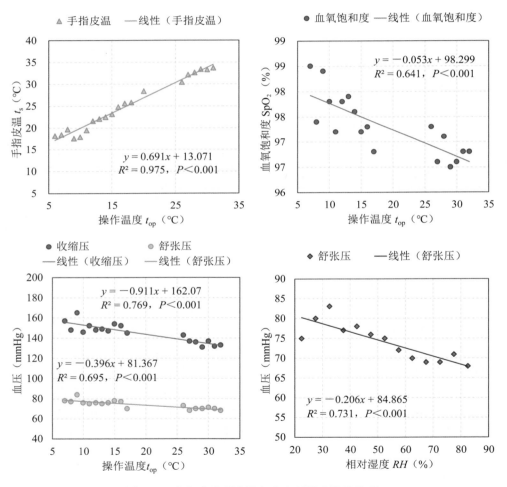

图 6-25　老年人生理参数与室内环境参数的关系

表 6-41 生理参数与室内环境参数的多元线性回归分析结果

因变量	自变量	标准 β 值	检验统计量 t	显著性水平 P
心率	相对湿度	−0.097	−2.499	< 0.01
手指皮温	操作温度	0.854	42.321	< 0.01
血氧饱和度	操作温度	−0.296	−7.960	< 0.01
收缩压	操作温度	−0.232	−5.027	< 0.01
	相对湿度	−0.124	−2.675	< 0.01
舒张压	相对湿度	−0.195	−4.207	< 0.01
	操作温度	−0.153	−3.293	< 0.01

表 6-42 BIN 处理后的生理参数与室内环境参数线性回归结果

因变量	自变量	常量	回归系数	决定系数 R^2	检验统计量 F	显著性水平 P
心率	相对湿度	83.192	−0.169	0.532	12.523	< 0.01
手指皮温	操作温度	13.203	0.681	0.976	788.248	< 0.01
血氧饱和度	操作温度	98.299	−0.053	0.641	28.552	< 0.01
收缩压	操作温度	162.069	−0.911	0.769	53.260	< 0.01
	相对湿度	112.596	−0.344	0.573	14.768	< 0.01
舒张压	操作温度	81.367	−0.396	0.676	36.398	< 0.01
	相对湿度	81.865	−0.205	0.731	27.858	< 0.01

　　曾有学者专门研究高血压病患者与室内温度和湿度的相关关系，发现收缩压和舒张压均与室温有负相关关系。将本书中的受试老年人分为明确告知自己患有高血压和未患高血压两批，再次进行多元线性回归分析，结果如表 6-43 所示。未患高血压老年人血压仅与相对湿度有关，患有高血压老年人血压仅与操作温度有关，且得到的标准 β 值和 |t| 值均大于表 6-43 中的标准 β 值和 |t| 值。可以认为，前文对全部受试老年人生理参数与室内环境参数的分析中，血压与相对湿度和操作温度的相关关系分别来自未患高血压老年人和患有高血压老年人。

　　分别以 1℃ 操作温度步长对未患高血压老年人和患有高血压老年人血压进行BIN 处理，再次进行线性回归分析，结果如表 6-44 和图 6-26 所示。从回归方程可知，相对湿度每下降 5%，未患高血压老年人的收缩压上升 2.4 mmHg，舒张压上升2.0 mmHg。操作温度每降低 1℃，患有高血压老年人的收缩压上升 1.1 mmHg，舒张压上升 0.4 mmHg。Barnett（2007）对来自 16 个国家 25 个不同地域的 115 434 例年龄在 35 ~ 64 岁的随机样本的研究发现，室内温度降低 1℃，收缩压升高 0.31 mmHg。本书中受试老年人均为 70 岁以上，收缩压对温度的变化更为敏感，表明老年人高血压患者对温度的变化更为敏感，在低温环境内更为危险。当操作温度下降到 25.9℃时，患有高血压老年人的收缩压就升高到了高血压判断下限 140 mmHg。卡方检验结果也表明，冬季老年人血压健康状态显著差于夏季（$P < 0.01$）。

表 6-42　患有高血压和未患高血压老人血压与室内环境参数的多元线性回归结果

患病情况	因变量	自变量	标准 β 值	检验统计量 t	显著性水平 P
未患高血压	收缩压	相对湿度	−0.288	−5.072	< 0.01
	舒张压		−0.306	−5.409	< 0.01
患有高血压	收缩压	操作温度	−0.352	−7.307	< 0.01
	舒张压		−0.330	−6.781	< 0.01

表 6-43　BIN 处理后的血压与室内环境参数的线性回归结果

患病情况	因变量	自变量	常量	回归系数	决定系数 R^2	检验统计量 F	显著性水平 P
未患高血压	收缩压	相对湿度	165.462	−0.470	0.730	29.778	< 0.01
	舒张压	相对湿度	92.654	−0.407	0.651	20.553	< 0.01
患有高血压	收缩压	操作温度	167.557	−1.063	0.791	60.449	< 0.01
	舒张压	操作温度	83.096	−0.444	0.666	31.968	< 0.01

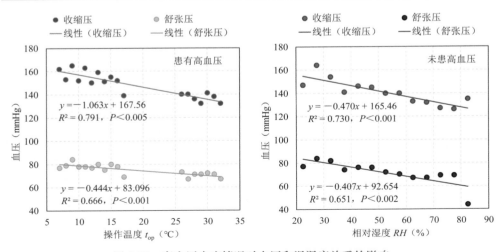

图 6-26　高血压患病情况对血压和温湿度关系的影响

6.6 小 结

本章采用数据描述、假设检验、相关性分析以及回归分析的方法，对老年人样本特征以及样本特征与环境参数的关联性进行了描述和分析。主要结果如下：

（1）本次现场调查共获得冬季有效样本量 342 个，夏季有效样本量 330 个。受试老年人的平均年龄为 83.6 岁，80～89 岁老年人占总调研人数的比例最大，其中冬季占 61.9%，夏季占 60.9%。入住养老机构的女性老年人比例大于男性老年人，其中女性比例为 65.3%，男性比例为 34.7%。籍贯以上海为主，占总调研人数的 78.7%（冬季占 82.2%，夏季占 75.2%），籍贯为苏浙沪地区的老年人占总调研人数的 95.4%（冬季占 96.2%，夏季占 94.5%）。

（2）从性别上看，受试女性老年人健康状况好于男性老年人，男性老年人比女性老年人睡眠时间长。从季节上看，夏季老年人身体状况较好，有规律锻炼的老年人比例较大，冬季睡眠规律的老年人较多。本书中，有 97% 以上的老年人每天留在室内的时间超过 15 个小时。

（3）老年人生理参数受季节、年龄和性别的影响。冬季和夏季老年人的手指皮温、血氧饱和度、收缩压、平均动脉压和舒张压均有显著差异；在冬季，不同性别老年人在血氧饱和度、收缩压和平均动脉压上均有显著差异；在夏季，不同性别老年人在收缩压和平均动脉压上有显著差异，不同年龄段老年人在血氧饱和度上有显著差异。老年人夏季生理参数正常的比例高于冬季生理参数正常的比例；在冬季，生理参数正常的女性老年人比例高于男性老年人比例，且 80～89 岁年龄段老年人生理参数正常的比例最大；在夏季，生理参数正常的女性老年人比例和男性老年人比例近似相等，且 80～89 岁年龄段老年人生理参数正常的比例最小。

（4）本书所调研的老年人冬季服装热阻最小值为 0.75 clo，最大值为 2.34 clo，均值为 1.39 clo；夏季服装热阻最小值为 0.22 clo，最大值为 0.76 clo，均值为 0.45 clo。在冬季，分别有 96.8% 的男性老年人和 98.6% 的女性老年人服装热阻大于 1 clo；在夏季，分别有 26.2% 的男性老年人和 24.7% 的女性老年人服装热阻大于 0.5 clo；在冬季和夏季，男性和女性、生理参数正常和非正常老年人的服装热阻均没有显著差异。在冬季，不同年龄段老年人的服装热阻有显著差异，老年人的服装热阻与年龄正相关，服装热阻随着年龄的增加而增大。

（5）老年人服装热阻与环境参数的相关关系以及生理参数与环境参数的相关关系存在性别差异、年龄差异、生理参数状态差异和季节差异。男性老年人对室外温度的变化更敏感。

（6）老年人部分生理参数与室内温湿度有显著的相关关系。老年人手指皮温对温度变化的响应不如青年人敏感。随着操作温度的下降，患有高血压的老年人收缩压和舒张压均会升高。

Chapter 7　第 7 章

老年人对建筑物理环境的主观感觉

The Subjective Sensation of the Older People on Architectural Physical Environment

生命系统是一个开放的系统，不断地和外界环境交换着物质和信息，维持内环境的稳态，使各器官系统协调活动来进行各种生命活动。感觉是人脑对直接作用于感觉器官的客观事物的个别属性的反应。人对客观事物的认识是从感觉开始的。当要认识某种事物时，其温度、湿度、气味、颜色、硬度、声音等个别属性作用于人的感觉器官，感觉器官把事物的这些个别属性反映到大脑中，从而产生触觉、味觉、听觉等。除了外部刺激，内部刺激如饥饿和疼痛也会刺激感觉器官，从而产生相应的感觉。

7.1　老年人的主观感觉概况

本书对老年人主观感觉的考察包括感觉、满意、期望三部分。受试老年人对室内热环境、声环境、光环境物理要素的主观感觉概况如图 7-1 和图 7-2 以及表 7-1 和表 7-2 所示。由图 7-1 可以看出，冬季和夏季分别有 62% 和 57% 的老年人热感觉投票为不冷不热。如果将热感觉投票为 [−1, 1] 的区间定义为热舒适区间，本书中冬季有超过 84% 的老年人，夏季有超过 85% 的老年人热感觉投票在热舒适区间。受试老年人冬季的热满意投票百分比大于夏季。如图 7-2 所示为受试老年人对居住室内环境的综合舒适感觉、满意和期望投票情况。由图 7-2 可以看出，冬季投票为舒适和满意的老年人比例均大于夏季。

由表 7-1 和表 7-2 可以看出：在冬季和夏季，湿度投票为适中的老年人比例近似相等。对湿度投票为满意的冬季老年人比例大于夏季，且无论在冬季还是夏季，期望湿度降低的老年人比例均大于期望湿度升高的老年人比例。在冬季和夏季，风速投票为无风和微风的老年人比例之和超过或近似达到 90%。对风速投票为满意的冬季老年人比例同样大于夏季，且无论在冬季还是夏季，期望风速升高的老年人比例均大于期望风速降低的老年人比例。对声音和光满意的老年人比例在冬季和夏季近似相等，并且对声音满意的老年人比例大于对光满意的老年人比例。夏季对空气质量满意的老年人比例高于冬季。

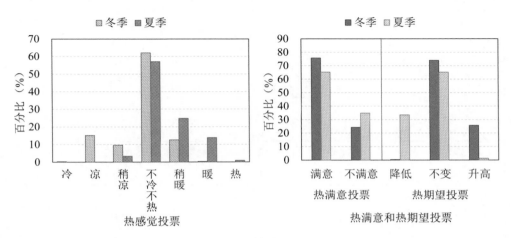

图 7-1　老年人热感觉、热满意和热期望投票

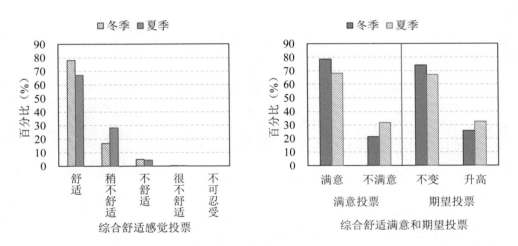

图 7-2　老年人综合舒适感觉、满意和期望投票

表 7-1　老年人对室内环境要素的主观感觉调查概况

环境要素	季　节	主观感觉投票（%）				
湿度		非常潮湿	潮湿	适中	干燥	非常干燥
	冬季	0.6	9.9	78.4	10.2	0.3
	夏季	0	17.0	77.6	4.5	0
风速		无风	微风	稍大风	大风	很大风
	冬季	77.4	21.4	1.2	0	0
	夏季	40.0	48.5	10.9	0.6	0
声音		非常嘈杂	嘈杂	稍微嘈杂	安静	非常安静
	冬季	0.3	3.0	15.1	70.3	11.3
	夏季	0	3.3	22.4	62.7	11.5
光		非常暗	暗	较暗	明亮	非常亮
	冬季	0.3	3.5	14.4	74.8	7.0
	夏季	0	0.9	17.6	77.3	4.2
空气质量		严重异味	异味	稍微异味	清新	非常清新
	冬季	0.6	3.5	14.3	75.4	6.1
	夏季	0.3	0.6	9.7	84.5	4.8

表 7-2　老年人对室内环境要素的满意和期望投票调查概况

环境要素	季　节	满意投票（%）		期望投票（%）		
		满意	不满意	降低	不变	升高
湿度	冬季	85.6	14.4	8.5	85.9	5.6
	夏季	80.4	19.6	15.3	80.4	4.3
风速	冬季	79.8	20.2	9.1	78.3	12.6
	夏季	68.8	31.2	6.7	68.8	24.5
声音	冬季	86.4	13.6	11.9	86.6	1.5
	夏季	85.2	14.8	14.6	84.2	1.2
光	冬季	81.2	18.8	3.5	80.6	15.8
	夏季	81.2	18.8	2.1	80.9	17.0
空气质量	冬季	74.9	25.1	0.6	74.3	25.1
	夏季	80.6	19.4	—	79.7	20.3

7.2　老年人的热主观感觉分析

7.2.1　热感觉、热满意和热期望交叉表分析

为了考察老年人热感觉（TSV）、热满意（TA）和热期望（TP）之间的关系，本书对三者进行交叉表分析。图 7-3 为交叉表流出比例数据的图形化展示。由图 7-3 可以看出，在冬季，热感觉投票为不冷不热（TSV = 0）时，有 1.4% 的老年人热满意投票为 0（不满意），有 2.8% 的老年人热期望投票为 1（期望热些）。在热舒适区间偏冷情况（TSV = −1）时，热满意投票为 0（不满意）的比例达到了 78.8%，同时，热期望投票为 1（期望热些）的比例达到了 81.8%。在夏季，TSV 投票为不冷不热（TSV = 0）时，热满意投票为 1（满意）的老年人比例和热期望投票为 0（期望不变）的比例均为 100%。

表 7-3 为受试老年人热感觉投票、热满意投票和热期望投票的交叉表。表中操作温度 t_{op} 的值为平均值，即投票为 −3 ~ +3 各个标度时对应的老年人样本所处室内环境操作温度的均值。由表 7-3 可以看出，在热舒适区间（−1 ≤ TSV ≤ 1）内，冬季，老年人的热满意投票为 1（满意）的比例（98.8%）与热期望投票为 0（不变）的比例（99.6%）

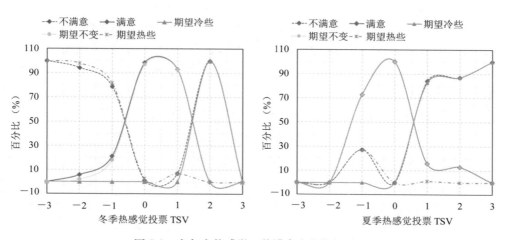

图 7-3　老年人热感觉、热满意和热期望关系

表 7-3 老年人热感觉、热满意和热期望交叉表

热感觉	冬 季						夏 季					
	操作温度（℃）	热满意（%）		热期望（%）			操作温度（℃）	热满意（%）		热期望（%）		
		0	1	-1	0	1		0	1	-1	0	1
太冷了	11.8	1.2	0	0	0	1.1	—	—	—	—	—	—
有点冷	12.1	59.0	1.2	0	0.4	58.0	—	—	—	—	—	—
凉快	12.5	31.3	2.7	0	2.4	30.7	28.2	2.6	3.7	0	3.7	75.0
不冷不热	13.4	3.6	80.7	0	81.4	6.8	29.3	0	87.4	0	87.4	0
暖和	13.6	3.6	15.4	0	15.8	3.4	29.9	60.0	6.0	61.3	6.0	25.0
有点热	15.4	1.2	0	100	0	0	30.2	34.8	2.8	36.0	2.8	0
太热了	—	—	—	—	—	—	30.8	2.6	0	2.7	0	0
总计	—	100	100	100	100	100	—	100	100	100	100	100

注：0—不满意；1—满意；-1—温度降低；0—不变；1—温度升高。

近似相等。夏季，老年人的热满意投票为1（满意）的比例（97.1%）与热期望投票为0（期望不变）的比例（97.1%）相同。在偏冷区间（-3 ≤ TSV ≤ -2）内，冬季，老年人的热满意投票为0（满意）的比例（60.2%）与热期望投票为1（期望热些）的比例（59.1%）近似相等。在偏热区间（2 ≤ TSV ≤ 3）内，夏季，老年人的热满意投票为0（满意）的比例（37.4%）与热期望投票为-1（期望冷些）的比例（38.7%）近似相等。

　　研究表明，人的热感觉、热满意和热期望存在不同步性。de Dear（2001）比较了大量的现场调查结果后发现，生活在炎热地区的人群偏爱比中性稍凉的环境，而生活在寒冷地区的人群偏爱比中性稍暖的环境。同样的研究结论也出现在了 Damiati（2016）和 Rijal（2010）的研究中。然而，在本书中，冬季老年人的热感觉、热满意和热期望出现了近似同步的现象，夏季老年人的热感觉、热满意和热期望出现了完全同步的现象。这说明老年人偏好热中性环境。刘红（2015）在夏热冬冷地区重庆市，对6家养老机构和14个居民小区的现场调查发现，老年人热偏好和热感觉不完全一一对应，即觉得热或有点热时不一定都期望温度降低，但提出还应考虑可接受的室内温度范围，当室内温度在32℃以上时都希望温度降低，而室内温度在25℃～31.5℃时则各有部分老年人希望温度维持不变。本书在室内操作温度为28.2℃～30.8℃时得到的结论与刘红等的研究结论近似。

7.2.2　湿度感觉、湿度满意和湿度期望交叉表分析

为了考察老年人湿度感觉（HSV）、湿度满意（HA）和湿度期望（HP）之间的关系，同样对三者进行交叉表分析，分析结果如图 7-4 所示。图 7-4 中相对湿度的值为平均值，即投票为 −2 ～ 2 各标度时对应的老年人样本所处室内相对湿度的均值，冬季和夏季老年人投票为适中（0）时的相对湿度分别为 49.5% 和 65.4%。由图 7-4 交叉表百分比分析结果可以看出，在冬季，投票为满意的受试老年人中，有 91.1% 的老年人湿感觉投票为适中（0），7.2% 的老年人投票为干燥（1），1.7% 的老年人投票为潮湿（−1）；热期望投票为湿度不变的老年人中，有 90.8% 的老年人湿感觉投票为适中（0）。在夏季，投票为满意和湿度不变的老年人中均有 96.2% 的老年人投票为适中（0）。值得注意的是，在冬季和夏季，湿度期望投票为升高的老年人中，分别有 26.3% 和 14.3% 的老

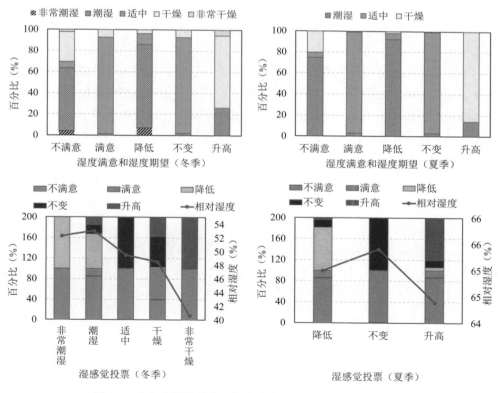

图 7-4　老年人湿度感觉、湿度满意和湿度期望交叉表分析

年人湿感觉投票为潮湿（-1），也就是说这部分老年人在感觉潮湿的情况下，期望环境湿度更大。前文分析了老年人生理参数与环境参数的相关性，结果显示，在冬季，老年人的血氧饱和度在 0.05 水平上与室内相对湿度正相关，而收缩压和舒张压分别在 0.05 和 0.01 水平上与室内相对湿度负相关。从交叉表行百分比角度分析，可以看出，在冬季和夏季湿度感觉投票为适中（0）的老年人中，分别有 98.9% 和 98.8% 的老年人投票为满意，且湿度期望投票为不变的老年人比例与湿度满意的老年人比例相同；在湿度感觉投票为潮湿（-1）的老年人中，冬季和夏季投票为不满意的老年人比例近似相等，分别为 85.3% 和 85.7%，但期望湿度降低的夏季老年人比例（82.1%）大于冬季老年人比例（67.7%）；在湿感觉投票为干燥（1）的老年人中，冬季投票为满意的老年人比例（60%）大于夏季老年人比例（13.3%）。行百分比分析说明，在冬季和夏季，老年人均偏好湿度适中的环境，耐受干燥环境的冬季老年人比例大于夏季老年人比例。

7.2.3 风速感觉、风速满意和风速期望交叉表分析

如图 7-5 所示为冬季和夏季老年人风速感觉、风速满意和风速期望的交叉表分析结果。图 7-5 中风速的值为平均值，即投票为 1～5 各标度时对应的老年人样本所处室内风速的均值。由图 7-5 可以看出，冬季投票为"满意"和期望风速"不变"的老年人中，风速感觉投票均为"无风"的比例最大，夏季投票为"满意"和期望风速"不变"的老年人中，风速感觉投票均为"微风"的比例最大。从交叉表行百分比角度分析，同样可以看出，老年人在冬季偏爱无风的环境，在夏季偏好微风的环境，现场调查中冬季无风环境的风速均值为 0.04 m/s，夏季微风环境的风速均值为 0.23 m/s。

7.2.4 热环境主观感觉投票与室内环境参数的相关性分析

表 7-4 和表 7-5 分别为冬季和夏季老年人热环境主观感觉与环境参数相关性分析结果。

7.2.5 老年人生理参数对热主观感觉的影响

生理参数是表征人体健康状态的客观依据。生理参数正常的老年人与生理参数不

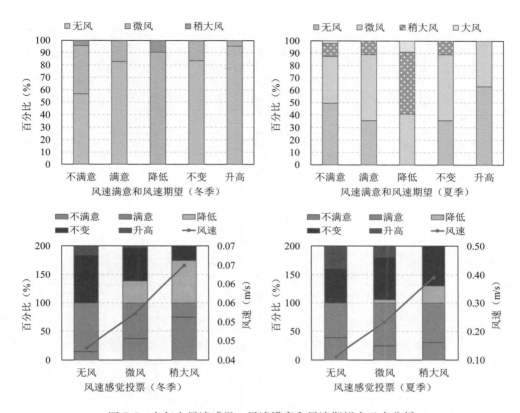

图 7-5　老年人风速感觉、风速满意和风速期望交叉表分析

正常的老年人对热环境的主观感觉可能有不同的反应，这表现在生理参数的个体差异以及体温调节反应本身的影响。

　　本书中，生理参数正常和生理参数非正常的老年人对热环境主观感觉投票各项均值如表 7-6 所示。如图 7-6 ～ 图 7-8 所示为冬季和夏季生理参数正常与非正常老年人热感觉、热满意、热期望、湿感觉、湿满意、湿期望、风感觉、风满意和风期望的投票百分比，图中热感觉投票"-3，-2，-1，0，1，2，3"分别表示"太冷了、有点冷、凉快、不冷不热、暖和、有点热、太热了"；湿度感觉投票"-2，-1，0，1，2"分别表示"非常潮湿、潮湿、适中、干燥、非常干燥"；风速感觉投票"1，2，3，4，5"分别表示"无风、微风、稍大风、大风、很大风"；满意投票"0"表示"不满意"，"1"表示"满意"；期望投票"-1"表示"降低"，"0"表示"不变"，"1"表示"升高"。可以看出，在冬季，生理参数正常的老年人对室内热湿风环境投票为"满意"

表 7-4　冬季老年人热环境主观感觉投票与环境参数相关性分析

环境参数	冬　季								
	热感觉投票 TSA	热满意投票 TA	热期望投票 TP	湿度感觉投票 HSV	湿度满意投票 HA	湿度期望投票 HP	风速感觉投票 VSV	风速满意投票 VA	风速期望投票 VP
室内空气温度 t_a	0.186**	0.221**	−0.188**	0.074	0.097	0.130*	−0.076	0.097	0.042
室内相对湿度 RH	−0.041	−0.013	−0.032	−0.114*	−0.113*	−0.078	−0.071	−0.005	0.016
室内风速 v_a	−0.007	−0.106*	0.119*	−0.091	−0.174**	−0.054	0.065	−0.130*	0.142**
黑球温度 t_g	0.182**	0.219**	−0.191**	0.066	0.079	0.148**	−0.075	0.067	0.053
平均辐射温度 $\overline{t_r}$	0.174**	0.212**	−0.185**	0.060	0.076	0.149**	−0.071	0.056	0.059
操作温度 t_{op}	0.184**	0.220**	−0.190**	0.070	0.085	0.148**	−0.074	0.073	0.054
A 声级 L_A	0.026	0.038	−0.005	−0.031	−0.068	−0.002	0.005	−0.048	0.084
照度 E	0.115*	0.094	−0.107*	0.112*	0.138*	0.064	0.032	0.072	−0.005
CO_2 浓度 C_{CO_2}	−0.031	0.035	−0.033	−0.047	−0.063	0.078	−0.090	0.000	0.040

注：* 表示在 0.05 水平（双侧）上显著相关；** 表示在 0.01 水平（双侧）上显著相关。

表 7-5　夏季老年人热环境主观感觉投票与环境参数相关性分析

环境参数	夏　季								
	热感觉投票 TSA	热满意投票 TA	热期望投票 TP	湿度感觉投票 HSV	湿度满意投票 HA	湿度期望投票 HP	风速感觉投票 VSV	风速满意投票 VA	风速期望投票 VP
室内空气温度 t_a	0.283**	−0.208**	−0.208**	0.070	0.032	0.013	0.335**	−0.014	−0.038
室内相对湿度 RH	−0.145**	0.090	0.108	0.023	0.087	0.031	0.141*	0.054	−0.082
室内风速 v_a	−0.011	0.015	0.032	0.109*	0.082	0.064	0.523**	0.106	−0.246**
黑球温度 t_g	0.268**	−0.189**	−0.193**	0.083	0.047	0.029	0.364**	−0.007	−0.059
平均辐射温度 $\overline{t_r}$	0.230**	−0.155**	−0.159**	0.109*	0.060	0.057	0.411**	−0.001	−0.093
操作温度 t_{op}	0.272**	−0.196**	−0.198**	0.083	0.048	0.026	0.356**	−0.008	−0.055
A 声级 L_A	0.056	−0.073	−0.061	0.013	0.094	0.068	0.189**	−0.067	0.039
照度 E	0.059	−0.074	−0.057	0.037	0.013	−0.011	0.225**	0.028	−0.149**
CO_2 浓度 C_{CO_2}	0.051	0.022	0.003	−0.120*	−0.086	−0.081	−0.193**	−0.072	0.088

注：* 表示在 0.05 水平（双侧）上显著相关；** 表示在 0.01 水平（双侧）上显著相关。

表 7-6 生理参数正常与生理参数非正常老年人的热环境主观感觉概况

主观感觉	冬 季		夏 季	
	生理参数正常	生理参数非正常	生理参数正常	生理参数非正常
热感觉	−0.32	−0.26	0.55	0.50
热满意	0.74	0.77	0.65	0.66
热期望	0.27	0.25	−0.35	−0.30
湿度感觉	0.03	−0.02	−0.11	−0.14
湿度满意	0.84	0.87	0.85	0.77
湿度期望	−0.04	−0.03	−0.12	−0.10
风速感觉	1.22	1.25	1.72	1.72
风速满意	0.79	0.80	0.73	0.66
风速期望	0.10	0.00	0.21	0.16

的比例均小于生理参数非正常老年人的投票比例；在夏季，生理参数正常的老年人对室内热环境投票为"满意"的比例小于生理参数非正常的老年人投票比例，但对室内湿环境和风环境投票为"满意"的比例大于生理参数非正常的老年人投票比例。

用 Mann-Whitney U 双侧检验法进行假设检验，结果显示，生理参数正常与生理参数非正常的老年人在热环境各项主观感觉投票上都没有显著差异，各项显著性水平均为 $P > 0.05$，结果如表 7-7 所示。

用 Spearman 秩相关系数双侧检验考察老年人生理参数与热环境主观感觉投票之间的相关关系，分析结果如表 7-8 和表 7-9 所示。由表 7-8 可以看出，在冬季，老年人的热感觉和热满意投票在 0.05 水平上与手指皮温正相关；老年人的湿度感觉和风速满意在 0.05 水平上与血氧饱和度负相关；老年人的风速期望与收缩压在 0.01 水平上负相关。由表 7-9 可以看出，在夏季，老年人的热感觉与手指皮温在 0.01 水平上正相关。冬季与主观感觉相关的生理参数较多。

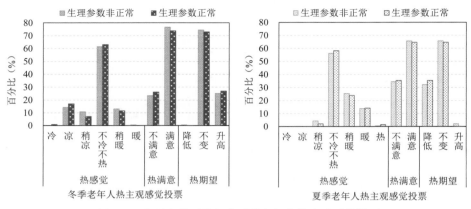

图 7-6   生理参数正常与非正常老年人热主观感觉投票

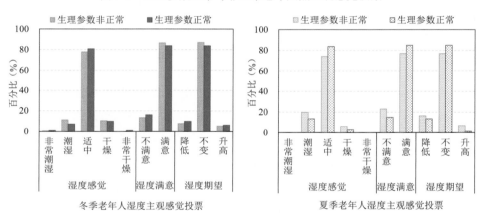

图 7-7   生理参数正常与非正常老年人湿环境主观感觉投票

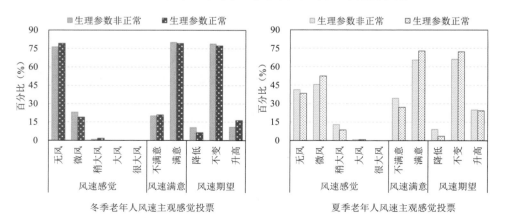

图 7-8   生理参数正常与非正常老年人风环境主观感觉投票

表 7-7 生理参数正常与非正常老年人热环境主观感觉假设检验结果

季 节	分组变量	检验方法	检验变量（类型）	显著性水平 P	检验结果
冬季	生理参数状态	Mann-Whitney U（双侧）	热感觉（有序分类变量）	0.669	生理参数正常与非正常老年人在热感觉上没有显著差异
			热满意（有序分类变量）	0.579	生理参数正常与非正常老年人在热满意上没有显著差异
			热期望（有序分类变量）	0.660	生理参数正常与非正常老年人在热期望上没有显著差异
			湿度感觉（有序分类变量）	0.448	生理参数正常与非正常老年人在湿感觉上没有显著差异
			湿度满意（有序分类变量）	0.500	生理参数正常与非正常老年人在湿满意上没有显著差异
			湿度期望（有序分类变量）	0.810	生理参数正常与非正常老年人在湿期望上没有显著差异
			风速感觉（有序分类变量）	0.559	生理参数正常与非正常老年人在风感觉上没有显著差异
			风速满意（有序分类变量）	0.831	生理参数正常与非正常老年人在风满意上没有显著差异
			风速期望（有序分类变量）	0.076	生理参数正常与非正常老年人在风期望上没有显著差异
夏季	生理参数状态	Mann-Whitney U（双侧）	热感觉（有序分类变量）	0.736	生理参数正常与非正常老年人在热感觉上没有显著差异
			热满意（有序分类变量）	0.840	生理参数正常与非正常老年人在热满意上没有显著差异
			热期望（有序分类变量）	0.393	生理参数正常与非正常老年人在热期望上没有显著差异
			湿度感觉（有序分类变量）	0.461	生理参数正常与非正常老年人在湿感觉上没有显著差异
			湿度满意（有序分类变量）	0.072	生理参数正常与非正常老年人在湿满意上没有显著差异
			湿度期望（有序分类变量）	0.762	生理参数正常与非正常老年人在湿期望上没有显著差异
			风速感觉（有序分类变量）	0.963	生理参数正常与非正常老年人在风感觉上没有显著差异
			风速满意（有序分类变量）	0.150	生理参数正常与非正常老年人在风满意上没有显著差异
			风速期望（有序分类变量）	0.514	生理参数正常与非正常老年人在风期望上没有显著差异

表 7-8 冬季老年人生理参数与热环境主观感觉相关性分析

主观感觉	冬 季					
	心率	手指皮温	血氧饱和度	收缩压	平均动脉压	舒张压
热感觉	0.011	0.121*	−0.037	0.013	0.052	0.025
热满意	−0.028	0.127*	−0.002	0.061	0.037	−0.012
热期望	−0.001	−0.103	0.010	−0.023	−0.026	0.011
湿度感觉	0.066	0.037	−0.119*	−0.009	0.044	0.056
湿度满意	−0.072	−0.055	−0.042	0.044	0.067	0.077
湿度期望	0.080	0.000	−0.057	0.030	0.006	−0.003
风速感觉	0.006	−0.028	0.069	0.055	0.072	0.009
风速满意	−0.031	0.097	−0.126*	0.025	−0.044	−0.049
风速期望	0.045	−0.035	0.007	−0.141**	−0.035	0.031

注：* 表示在 0.05 水平（双侧）上显著相关；** 表示在 0.01 水平（双侧）上显著相关。

表 7-9 夏季老年人生理参数与热环境主观感觉相关性分析

主观感觉	夏 季					
	心率	手指皮温	血氧饱和度	收缩压	平均动脉压	舒张压
热感觉	0.001	0.148**	−0.091	0.070	0.067	0.002
热满意	−0.009	−0.086	0.108	−0.068	−0.066	0.033
热期望	0.026	−0.103	0.107	−0.025	−0.036	0.044
湿度感觉	0.019	−0.002	0.107	−0.029	−0.049	−0.048
湿度满意	0.058	−0.023	−0.031	−0.046	−0.063	−0.067
湿度期望	−0.006	−0.017	0.096	0.000	−0.027	−0.040
风速感觉	0.087	−0.078	0.085	0.028	0.034	0.039
风速满意	0.060	−0.017	0.057	−0.048	0.003	−0.021
风速期望	−0.002	0.004	−0.084	−0.001	−0.016	0.001

注：* 表示在 0.05 水平（双侧）上显著相关；** 表示在 0.01 水平（双侧）上显著相关。

7.2.6　老年人年龄对热主观感觉的影响

相关研究表明，老年人对温度、湿度的感觉都更为迟钝，对不舒适的感知随着年龄的增大而减弱，即使给予老年人对室内环境的自主控制权，相比青年人，老年人也无法准确地将室内环境调节到适当的水平，因此，本书用比较均值、统计投票百分比和 Kruskal-Wallis 双侧检验的方法考察不同年龄段老年人的热环境主观感觉投票。如表 7-10 所示为不同年龄段老年人的热环境主观感觉投票各项均值。如图 7-9 ~ 图 7-11所示为冬季和夏季不同年龄段老年人热环境主观感觉投票各项百分比。结果表明，在冬季，老年人热主观感觉投票为"不冷不热"，湿主观感觉投票为"适中"，热满意和湿满意投票为"满意"，热期望和湿期望投票为"不变"的比例均随着年龄的增加而增大；在夏季，老年人热满意和风速满意投票为"满意"，热期望和风速期望投票为"不变"的比例也随着年龄的增加而增大。如表 7-11 所示为冬季和夏季不同年龄段老年人热环境主观感觉投票的假设检验结果，冬季老年人湿度满意和湿度期望的显著性水平均为 $P < 0.05$，说明不同年龄段老年人在冬季的湿度感觉和湿度满意上有显著差异。

表 7-10　不同年龄段老年人的热环境主观感觉概况

主观感觉	冬　季			夏　季		
	70 ~ 79 岁	80 ~ 89 岁	≥ 90 岁	70 ~ 79 岁	80 ~ 89 岁	≥ 90 岁
热感觉	− 0.29	− 0.26	− 0.32	0.56	0.54	0.44
热满意	0.70	0.77	0.85	0.61	0.64	0.71
热期望	0.28	0.25	0.18	− 0.35	− 0.34	− 0.26
湿度感觉	− 0.10	0.05	− 0.03	− 0.05	− 0.15	− 0.11
湿度满意	0.78	0.88	0.94	0.79	0.78	0.88
湿度期望	− 0.10	0.00	0.00	− 0.07	− 0.13	− 0.10
风速感觉	1.27	1.23	1.18	1.75	1.76	1.58
风速满意	0.76	0.82	0.74	0.63	0.68	0.76
风速期望	0.09	0.01	0.03	0.23	0.15	0.21

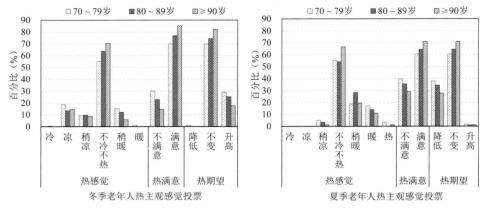

图 7-9　不同年龄段老年人热主观感觉投票

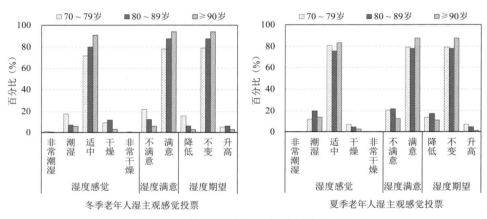

图 7-10　不同年龄段老年人湿主观感觉投票

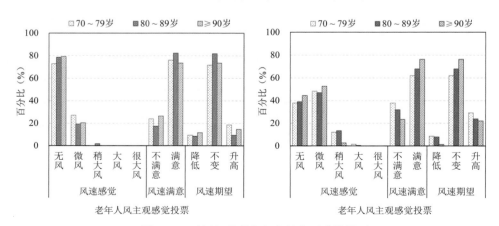

图 7-11　不同年龄段老年人风主观感觉投票

表 7-11　不同年龄段老年人热环境主观感觉假设检验结果

季　节	分组变量	检验方法	检验变量（类型）	显著性水平 P	检验结果
冬季	年龄段	Kruskal-Wallis（双侧）	热感觉（有序分类变量）	0.892	不同年龄段老年人在热感觉上没有显著差异
			热满意（有序分类变量）	0.159	不同年龄段老年人在热满意上没有显著差异
			热期望（有序分类变量）	0.474	不同年龄段老年人在热期望上没有显著差异
			湿度感觉（有序分类变量）	0.041	不同年龄段老年人在湿感觉上有显著差异
			湿度满意（有序分类变量）	0.029	不同年龄段老年人在湿满意上有显著差异
			湿度期望（有序分类变量）	0.065	不同年龄段老年人在湿期望上没有显著差异
			风速感觉（有序分类变量）	0.549	不同年龄段老年人在风感觉上没有显著差异
			风速满意（有序分类变量）	0.274	不同年龄段老年人在风满意上没有显著差异
			风速期望（有序分类变量）	0.323	不同年龄段老年人在风期望上没有显著差异
夏季	年龄段	Kruskal-Wallis（双侧）	热感觉（有序分类变量）	0.535	不同年龄段老年人在热感觉上没有显著差异
			热满意（有序分类变量）	0.439	不同年龄段老年人在热满意上没有显著差异
			热期望（有序分类变量）	0.457	不同年龄段老年人在热期望上没有显著差异
			湿度感觉（有序分类变量）	0.303	不同年龄段老年人在湿感觉上没有显著差异
			湿度满意（有序分类变量）	0.228	不同年龄段老年人在湿满意上没有显著差异
			湿度期望（有序分类变量）	0.629	不同年龄段老年人在湿期望上没有显著差异
			风速感觉（有序分类变量）	0.240	不同年龄段老年人在风感觉上没有显著差异
			风速满意（有序分类变量）	0.201	不同年龄段老年人在风满意上没有显著差异
			风速期望（有序分类变量）	0.760	不同年龄段老年人在风期望上没有显著差异

7.2.7 老年人性别对热主观感觉的影响

如表 7-12 所示为不同性别老年人热环境主观感觉投票各项均值。如图 7-12 ~ 图 7-14 所示为冬季和夏季不同性别老年人热环境主观感觉投票各项百分比。结果表明，在冬季，对热湿风环境满意的女性老年人比例大于男性老年人比例；在夏季，对热湿风环境满意的女性老年人比例大于男性老年人比例。如表 7-13 所示为冬季和夏季不同性别老年人热环境主观感觉投票的假设检验结果，夏季老年人湿度满意的显著性水平 $P < 0.05$，说明不同性别老年人在夏季的湿度满意上有显著差异。

表 7-12 不同性别老年人的热环境主观感觉概况

主观感觉	冬 季		夏 季	
	男性	女性	男性	女性
热感觉	− 0.30	− 0.26	0.50	0.53
热满意	0.70	0.79	0.69	0.63
热期望	0.30	0.23	− 0.29	− 0.34
湿度感觉	0.00	0.00	− 0.10	− 0.14
湿度满意	0.81	0.88	0.87	0.77
湿度期望	− 0.03	− 0.03	− 0.08	− 0.13
风速感觉	1.25	1.23	1.63	1.77
风速满意	0.77	0.81	0.70	0.68
风速期望	0.07	0.01	0.24	0.15

7.3 老年人的声主观感觉分析

7.3.1 声感觉、声满意和声期望交叉表分析

如图 7-15 所示为冬季和夏季老年人声感觉、声满意和声期望的交叉表分析结果。图 7-15 中 A 声级的值为平均值，即投票为 1 ~ 5 各个标度时对应的老年人样本所处室内 A 声级的均值。由图 7-15 可以看出，在冬季和夏季投票为"满意"和期望声音"不变"

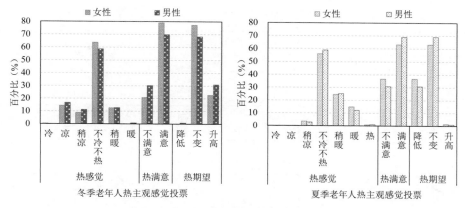

图 7-12 不同性别老年人热主观感觉投票

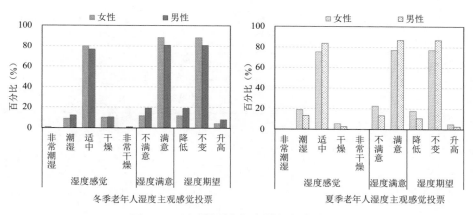

图 7-13 不同性别老年人湿主观感觉投票

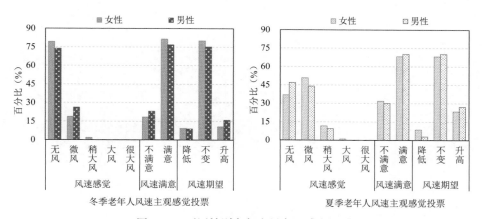

图 7-14 不同性别老年人风主观感觉投票

表 7-13　不同性别老年人热环境主观感觉假设检验结果

季　节	分组变量	检验方法	检验变量（类型）	显著性水平 P	检验结果
冬季	性别	Mann-Whitney U（双侧）	热感觉（有序分类变量）	0.653	不同性别老年人在热感觉上没有显著差异
			热满意（有序分类变量）	0.053	不同性别老年人在热满意上没有显著差异
			热期望（有序分类变量）	0.120	不同性别老年人在热期望上没有显著差异
			湿度感觉（有序分类变量）	0.840	不同性别老年人在湿感觉上没有显著差异
			湿度满意（有序分类变量）	0.060	不同性别老年人在湿满意上没有显著差异
			湿度期望（有序分类变量）	0.904	不同性别老年人在湿期望上没有显著差异
			风速感觉（有序分类变量）	0.302	不同性别老年人在风感觉上没有显著差异
			风速满意（有序分类变量）	0.300	不同性别老年人在风满意上没有显著差异
			风速期望（有序分类变量）	0.260	不同性别老年人在风期望上没有显著差异
夏季	生理参数状态	Mann-Whitney U（双侧）	热感觉（有序分类变量）	0.717	不同性别老年人在热感觉上没有显著差异
			热满意（有序分类变量）	0.291	不同性别老年人在热满意上没有显著差异
			热期望（有序分类变量）	0.358	不同性别老年人在热期望上没有显著差异
			湿度感觉（有序分类变量）	0.491	不同性别老年人在湿感觉上没有显著差异
			湿度满意（有序分类变量）	0.045	不同性别老年人在湿度满意上有显著差异
			湿度期望（有序分类变量）	0.276	不同性别老年人在湿度期望上没有显著差异
			风速感觉（有序分类变量）	0.079	不同性别老年人在风感觉上没有显著差异
			风速满意（有序分类变量）	0.723	不同性别老年人在风满意上没有显著差异
			风速期望（有序分类变量）	0.155	不同性别老年人在风期望上没有显著差异

的老年人中，声感觉投票为"安静"和"非常安静"的比例之和分别占 90% 和 80% 以上。从交叉表行百分比角度分析，同样可以看出，老年人在冬季和夏季均偏爱"安静"或"非常安静"的室内声环境，现场调查中冬季和夏季老年人投票为"安静"的室内 A 声级均值分别为 54.8 dB 和 56.1 dB，投票为"非常安静"的室内 A 声级均值分别为 49.6 dB 和 56 dB。

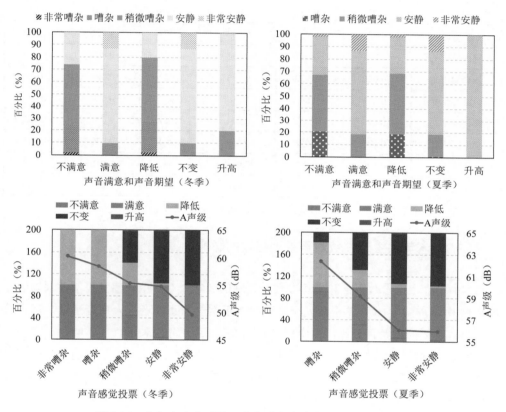

图 7-15　老年人声音感觉、声音满意和声音期望交叉表分析

7.3.2　声主观感觉投票与室内环境参数的相关性分析

如表 7-14 所示为冬季和夏季老年人声环境主观感觉与环境参数相关性分析结果。由结果可以看出，在冬季，老年人对室内环境的声音感觉在 0.01 水平上与风速负相关，与 A 声级负相关；在夏季，老年人对室内环境的声音感觉在 0.01 水平上与 A 声级负相关。

表 7-14 冬季和夏季老年人声主观感觉投票与环境参数相关性分析

环境参数	冬 季			夏 季		
	声音感觉投票 ASV	声音满意投票 AA	声音期望投票 AP	声音感觉投票 ASV	声音满意投票 AA	声音期望投票 AP
室内空气温度 t_a	0.021	−0.036	0.024	0.028	−0.025	−0.032
室内相对湿度 RH	−0.027	−0.056	−0.083	0.094	0.022	−0.018
室内风速 v_a	−0.169**	−0.013	−0.038	0.056	−0.003	0.006
黑球温度 t_g	0.020	−0.033	0.025	0.032	−0.023	−0.028
平均辐射温度 $\overline{t_r}$	0.013	−0.042	0.015	0.037	−0.027	−0.031
操作温度 t_{op}	0.020	−0.033	0.024	0.027	−0.023	−0.031
A 声级 L_A	−0.196**	−0.058	−0.042	−0.204**	−0.030	−0.045
照度 E	0.100	0.029	0.086	0.081	0.010	0.034
CO_2 浓度 C_{CO_2}	−0.011	−0.009	0.024	−0.113*	0.011	−0.016

注：* 表示在 0.05 水平（双侧）上显著相关；** 表示在 0.01 水平（双侧）上显著相关。

7.3.3 老年人生理参数对声主观感觉的影响

本书中，生理参数正常和生理参数非正常的老年人对声主观感觉投票各项均值如表 7-15 所示。图 7-16 为冬季和夏季生理参数正常与非正常老年人声音感觉、声音满意和声音期望的投票百分比，图中声音感觉投票 1 ~ 5 分别表示"非常嘈杂、嘈杂、稍微嘈杂、安静、非常安静"；满意投票 0 表示"不满意"，1 表示"满意"；期望投票 −1 表示"降低"，0 表示"不变"，1 表示"升高"。可以看出，在冬季，生理参数正常的老年人对室内声环境投票为满意的比例小于生理参数非正常老年人的投票比例；在夏季，生理参数正常的老年人对室内声环境投票为满意的比例大于生理参数非正常的老年人投票比例。用 Mann-Whitney U 双侧检验法进行假设检验，结果显示，在冬季，显著性水平为 $P < 0.05$，结果如表 7-16 所示。生理参数正常与生理参数非正常的老年人在声音满意上有显著差异。

用 Spearman 秩相关系数双侧检验考察老年人生理参数与声环境主观感觉投票之间的相关关系，分析结果如表 7-17 和表 7-18 所示。由表 7-17 可以看出，在冬季，老年人的声音满意与收缩压和平均动脉压在 0.05 水平上正相关。

表 7-15　生理参数正常与生理参数非正常老年人的声环境主观感觉概况

主观感觉	冬　季		夏　季	
	生理参数正常	生理参数非正常	生理参数正常	生理参数非正常
声音感觉	3.83	3.93	3.79	3.85
声音满意	0.80	0.89	0.87	0.84
声音期望	− 0.12	− 0.10	− 0.14	− 0.13

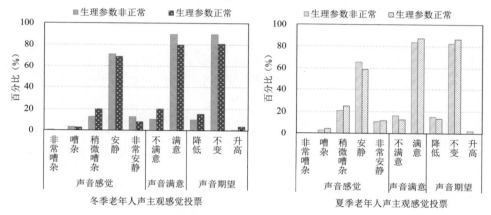

图 7-16　生理参数正常与非正常老年人声主观感觉投票

表 7-16　生理参数正常与非正常老年人声环境主观感觉假设检验结果

季　节	分组变量	检验方法	检验变量（类型）	显著性水平 P	检验结果
冬季	生理参数状态	Mann-Whitney U（双侧）	声音感觉（有序分类变量）	0.091	生理参数正常与非正常老年人在声音感觉上没有显著差异
			声音满意（有序分类变量）	0.016	生理参数正常与非正常老年人在声音满意上有显著差异
			声音期望（有序分类变量）	0.516	生理参数正常与非正常老年人在声音期望上没有显著差异
夏季	生理参数状态	Mann-Whitney U（双侧）	声音感觉（有序分类变量）	0.401	生理参数正常与非正常老年人在声音感觉上没有显著差异
			声音满意（有序分类变量）	0.359	生理参数正常与非正常老年人在声音满意上没有显著差异
			声音期望（有序分类变量）	0.989	生理参数正常与非正常老年人在声音期望上没有显著差异

表 7-17　冬季老年人生理参数与声环境主观感觉相关性分析

主观感觉	冬　季					
	心率	手指皮温	血氧饱和度	收缩压	平均动脉压	舒张压
声音感觉	0.020	−0.023	−0.073	0.028	0.040	0.044
声音满意	−0.013	−0.069	0.015	0.111*	0.117*	0.087
声音期望	0.011	0.042	−0.060	0.057	0.052	0.040

注：* 表示在 0.05 水平（双侧）上显著相关；** 表示在 0.01 水平（双侧）上显著相关。

表 7-18　夏季老年人生理参数与声环境主观感觉相关性分析

主观感觉	夏　季					
	心率	手指皮温	血氧饱和度	收缩压	平均动脉压	舒张压
声音感觉	0.050	−0.023	0.007	−0.023	−0.005	0.018
声音满意	0.011	−0.052	−0.057	−0.076	−0.104	−0.081
声音期望	−0.064	−0.047	−0.049	−0.041	−0.078	−0.056

7.3.4　老年人年龄对声主观感觉的影响

如表 7-19 所示为不同年龄段老年人声环境主观感觉投票各项均值。如图 7-17 所示为冬季和夏季不同年龄段老年人声环境主观感觉投票各项百分比。结果表明，在冬季，老年人投票为"满意"的百分比随着年龄的增大而增大；在夏季，老年人投票为"满意"的百分比随着年龄的增大而减小。如表 7-20 所示为冬季和夏季不同年龄段老年人声环境主观感觉投票的假设检验结果，表明不同年龄段老年人在冬季和夏季的声感觉、声满意和声期望都没有显著差异。

表 7-19　不同年龄段老年人的声环境主观感觉概况

主观感觉	冬　季			夏　季		
	70~79 岁	80~89 岁	≥90 岁	70~79 岁	80~89 岁	≥90 岁
声音感觉	3.88	3.89	4.00	3.74	3.85	3.83
声音满意	0.82	0.88	0.91	0.86	0.86	0.83
声音期望	−0.14	−0.10	−0.03	−0.14	−0.13	−0.14

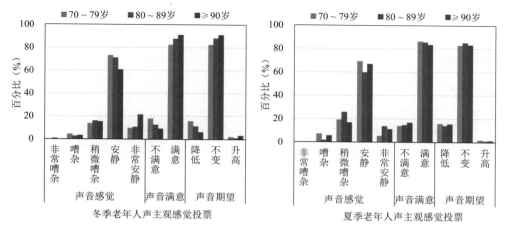

图 7-17　不同年龄段老年人声主观感觉投票

表 7-20　不同年龄段老年人声环境主观感觉假设检验结果

季　节	分组变量	检验方法	检验变量（类型）	显著性水平 P	检验结果
冬季	年龄段	Kruskal-Wallis（双侧）	声音感觉（有序分类变量）	0.555	不同年龄段老年人在声音感觉上没有显著差异
			声音满意（有序分类变量）	0.341	不同年龄段老年人在声音满意上没有显著差异
			声音期望（有序分类变量）	0.320	不同年龄段老年人在声音期望上没有显著差异
夏季	年龄段	Kruskal-Wallis（双侧）	声音感觉（有序分类变量）	0.618	不同年龄段老年人在声音感觉上没有显著差异
			声音满意（有序分类变量）	0.879	不同年龄段老年人在声音满意上没有显著差异
			声音期望（有序分类变量）	0.970	不同年龄段老年人在声音期望上没有显著差异

7.3.5　老年人性别对声主观感觉的影响

如表 7-21 所示为不同性别老年人声环境主观感觉投票各项均值。如图 7-18 所示为冬季和夏季不同性别老年人声环境主观感觉投票各项百分比。结果表明，在冬季和夏季，对声音"满意"的女性老年人比例均近似等于男性老年人比例。如表 7-22 所示为冬季和夏季不同性别老年人声环境主观感觉投票的假设检验结果，老年人声感觉、声满意和声期望的显著性水平都为 $P > 0.05$，说明不同性别老年人在冬季和夏季的声环境主观感觉投票上均没有显著差异。

表 7-21　不同性别老年人的声环境主观感觉概况

主观感觉	冬　季		夏　季	
	男性	女性	男性	女性
声音感觉	3.87	3.91	3.80	3.83
声音满意	0.85	0.87	0.85	0.85
声音期望	−0.13	−0.09	−0.11	−0.14

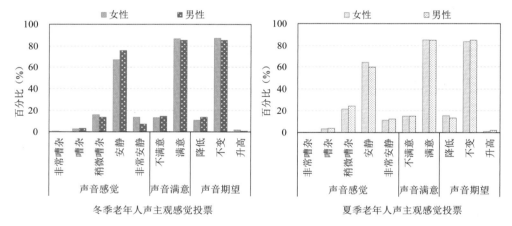

图 7-18　不同性别老年人声主观感觉投票

表 7-22　不同性别老年人声环境主观感觉假设检验结果

季　节	分组变量	检验方法	检验变量（类型）	显著性水平 P	检验结果
冬季	性别	Mann-Whitney U（双侧）	声音感觉（有序分类变量）	0.552	不同性别老年人在声音感觉上没有显著差异
			声音满意（有序分类变量）	0.724	不同性别老年人在声音满意上没有显著差异
			声音期望（有序分类变量）	0.322	不同性别老年人在声音期望上没有显著差异

续　表

季　节	分组变量	检验方法	检验变量（类型）	显著性水平 P	检验结果
夏季	生理参数状态	Mann-Whitney U（双侧）	声音感觉（有序分类变量）	0.690	不同性别老年人在声音感觉上没有显著差异
			声音满意（有序分类变量）	0.970	不同性别老年人在声音满意上没有显著差异
			声音期望（有序分类变量）	0.481	不同性别老年人在声音期望上没有显著差异

7.4　老年人的光环境主观感觉分析

7.4.1　光感觉、光满意和光期望交叉表分析

如图 7-19 所示为冬季和夏季老年人光感觉、光满意和光期望的交叉表分析结果。图 7-19 中照度的值为平均值，即投票为 1～5 各标度时对应的老年人样本所处室内照度的均值。可以看出，冬季投票为"满意"和期望照度"不变"的老年人中，光感觉投票均为"明亮"的比例最大，夏季投票为"满意"和期望照度"不变"的老年人中，照度感觉投票也均为"明亮"的比例最大。从交叉表行百分比角度分析，同样可以看出，老年人在冬季和夏季均偏爱"明亮"的室内光环境，现场调查中冬季和夏季老年人投票为"明亮"环境的室内照度均值分别为 298.7 lx 和 237.6 lx。

7.4.2　光主观感觉投票与室内环境参数的相关性分析

如表 7-23 所示为冬季和夏季老年人光环境主观感觉与环境参数相关性分析结果。由结果可以看出，在冬季，老年人对室内环境的光感觉在 0.01 水平上与 A 声级负相关，与照度正相关，在 0.05 水平上与风速负相关；老年人对室内环境的光期望在 0.01 水平上与照度负相关，在 0.05 水平上与 A 声级正相关。在夏季，老年人对室内环境的光感觉在 0.01 水平上与照度正相关；老年人室内环境的光期望在 0.01 水平上与照度负相关，在 0.05 水平上与 A 声级正相关。

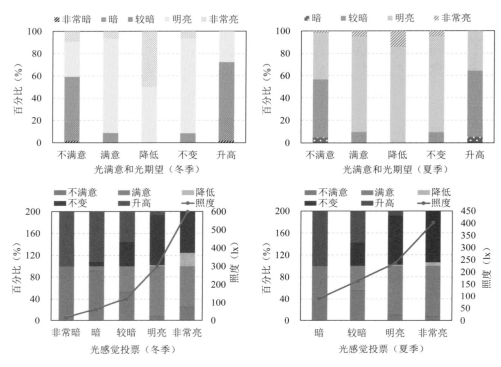

图 7-19　老年人光感觉、光满意和光期望交叉表分析

表 7-23　冬季和夏季老年人光主观感觉投票与环境参数相关性分析

环境参数	冬　季			夏　季		
	光感觉投票 LSV	光满意投票 LA	光满意投票 LP	光感觉投票 LSV	光满意投票 LA	光满意投票 LP
室内空气温度 t_a	−0.041	0.031	−0.012	0.044	−0.081	0.090
室内相对湿度 RH	−0.083	−0.021	0.028	0.071	0.012	0.004
室内风速 v_a	−0.120*	0.010	0.062	0.093	−0.052	0.066
黑球温度 t_g	−0.042	0.030	−0.014	0.054	−0.077	0.088
平均辐射温度 $\overline{t_r}$	−0.034	0.033	−0.020	0.066	−0.073	0.092
操作温度 t_{op}	−0.046	0.026	−0.010	0.053	−0.078	0.090
A 声级 L_A	−0.167**	−0.011	0.119*	0.043	−0.086	0.120*
照度 E	0.390**	0.097	−0.204**	0.238**	0.064	−0.148**
CO_2 浓度 C_{CO_2}	−0.034	−0.004	−0.001	−0.100	0.076	−0.087

注：* 表示在 0.05 水平（双侧）上显著相关；** 表示在 0.01 水平（双侧）上显著相关。

7.4.3 老年人生理参数对光主观感觉的影响

生理参数正常和生理参数非正常的老年人对光环境主观感觉投票各项均值如表 7-24 所示。如图 7-20 所示为冬季和夏季生理参数正常与非正常老年人光感觉、光满意和光期望的投票百分比，图中光感觉投票 1～5 分别表示"非常暗、暗、较暗、明亮、非常明亮"，满意投票 0 表示"不满意"，1 表示"满意"；期望投票"−1"表示"降低"，"0"表示"不变"，"1"表示"升高"。可以看出，在冬季和夏季，生理参数正常的老年人对室内光环境投票为满意的比例均大于生理参数非正常的老年人投票比例。用 Mann-Whitney U 双侧检验法进行假设检验，结果显示，在冬季和夏季，生理参数正常与生理参数非正常的老年人在光感觉、光满意和光期望上都没有显著差异，显著性水平均为 $P > 0.05$，结果如表 7-25 所示。

表 7-24　生理参数正常与生理参数非正常老年人的光环境主观感觉概况

主观感觉	冬　季		夏　季	
	生理参数正常	生理参数非正常	生理参数正常	生理参数非正常
光感觉	3.86	3.84	3.89	3.81
光满意	0.83	0.80	0.84	0.79
光期望	0.15	0.11	0.12	0.17

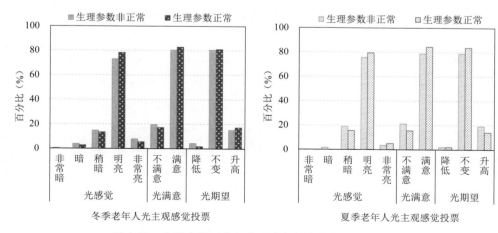

图 7-20　生理参数正常与非正常老年人光主观感觉投票

表 7-25　生理参数正常与非正常老年人光环境主观感觉假设检验结果

季 节	分组变量	检验方法	检验变量（类型）	显著性水平 P	检验结果
冬季	生理参数状态	Mann-Whitney U（双侧）	光感觉（有序分类变量）	0.855	生理参数正常与非正常老年人在光感觉上没有显著差异
			光满意（有序分类变量）	0.588	生理参数正常与非正常老年人在光满意上没有显著差异
			光期望（有序分类变量）	0.386	生理参数正常与非正常老年人在光期望上没有显著差异
夏季	生理参数状态	Mann-Whitney U（双侧）	光感觉（有序分类变量）	0.195	生理参数正常与非正常老年人在光感觉上没有显著差异
			光满意（有序分类变量）	0.201	生理参数正常与非正常老年人在光满意上没有显著差异
			光期望（有序分类变量）	0.269	生理参数正常与非正常老年人在光期望上没有显著差异

用 Spearman 秩相关系数双侧检验考察老年人生理参数与光环境主观感觉投票之间的相关关系，分析结果如表 7-26 和表 7-27 所示。可以看出，在冬季和夏季，老年人光感觉、光满意和光期望与心率、手指皮温、血氧饱和度、收缩压、平均动脉压和舒张压的相关性都不显著。

表 7-26　冬季老年人生理参数与光环境主观感觉相关性分析

主观感觉	冬 季					
	心率	手指皮温	血氧饱和度	收缩压	平均动脉压	舒张压
光感觉	0.003	− 0.004	0.008	− 0.009	− 0.011	− 0.007
光满意	0.030	− 0.061	0.008	− 0.050	0.025	0.032
光期望	− 0.040	0.007	− 0.017	− 0.043	− 0.083	− 0.089

表 7-27　夏季老年人生理参数与光环境主观感觉相关性分析

主观感觉	夏 季					
	心率	手指皮温	血氧饱和度	收缩压	平均动脉压	舒张压
光感觉	0.038	− 0.014	− 0.048	− 0.019	− 0.041	− 0.043
光满意	− 0.006	− 0.038	− 0.056	0.016	− 0.036	− 0.049
光期望	− 0.022	0.087	0.062	0.000	0.047	0.032

7.4.4 老年人年龄对光主观感觉的影响

如表 7-28 所示为不同年龄段老年人光环境主观感觉投票各项均值。如图 7-21 所示为冬季和夏季不同年龄段老年人光环境主观感觉投票各项百分比。结果表明，80 ~ 89 岁老年人对光投票为"满意"的比例在冬季最大，在夏季最小。如表 7-29 所示为冬季和夏季不同年龄段老年人光环境主观感觉投票的假设检验结果。可以看出，在冬季，老年人光满意显著性水平 $P < 0.05$，说明不同年龄段老年人在冬季的光满意上有显著差异；在夏季，老年人光感觉显著性水平 $P < 0.05$，说明不同年龄段老年人在光感觉上有显著差异。

表 7-28 不同年龄段老年人的光环境主观感觉概况

主观感觉	冬 季			夏 季		
	70 ~ 79 岁	80 ~ 89 岁	≥ 90 岁	70 ~ 79 岁	80 ~ 89 岁	≥ 90 岁
光感觉	3.73	3.90	3.85	3.89	3.79	3.99
光满意	0.73	0.85	0.82	0.81	0.79	0.89
光期望	0.18	0.10	0.12	0.12	0.18	0.08

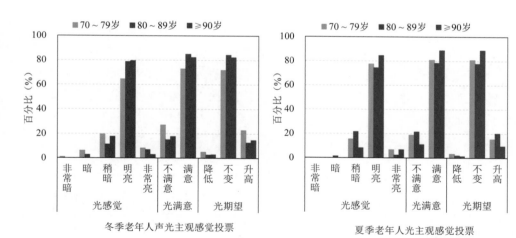

冬季老年人声光主观感觉投票　　　　　夏季老年人光主观感觉投票

图 7-21 不同年龄段老年人光主观感觉投票

表 7-29　不同年龄段老年人光环境主观感觉假设检验结果

季　节	分组变量	检验方法	检验变量（类型）	显著性水平 P	检验结果
冬季	年龄段	Kruskal-Wallis（双侧）	光感觉（有序分类变量）	0.108	不同年龄段老年人在光感觉上没有显著差异
			光满意（有序分类变量）	0.046	不同年龄段老年人在光满意上有显著差异
			光期望（有序分类变量）	0.281	不同年龄段老年人在光期望上没有显著差异
夏季	年龄段	Kruskal-Wallis（双侧）	光感觉（有序分类变量）	0.005	不同年龄段老年人在光感觉上有显著差异
			光满意（有序分类变量）	0.155	不同年龄段老年人在光满意上没有显著差异
			光期望（有序分类变量）	0.178	不同年龄段老年人在光期望上没有显著差异

7.4.5　老年人性别对光主观感觉的影响

如表 7-30 所示为不同性别老年人光环境主观感觉投票各项均值。如图 7-22 所示为冬季和夏季不同性别老年人光环境主观感觉投票各项百分比。结果表明，在冬季，对室内光"满意"的女性老年人比例大于男性老年人比例；在夏季，对室内光"满意"的女性老年人比例小于男性老年人比例。如表 7-31 所示为冬和夏季不同性别老年人光环境主观感觉投票的假设检验结果，老年人光感觉、光满意和光期望的显著性水平都为 $P > 0.05$，说明不同性别老年人在冬季和夏季的光环境主观感觉投票上均没有显著差异。

表 7-30　不同性别老年人的光环境主观感觉概况

主观感觉	冬　季		夏　季	
	男性	女性	男性	女性
光感觉	3.82	3.87	3.91	3.82
光满意	0.80	0.82	0.84	0.80
光期望	0.14	0.11	0.10	0.17

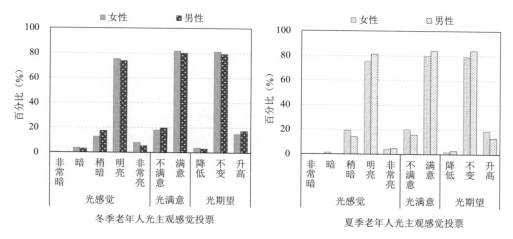

图 7-22　不同性别老年人光主观感觉投票

表 7-31　不同性别老年人光环境主观感觉假设检验结果

季　节	分组变量	检验方法	检验变量 （类型）	显著性 水平 P	检验结果
冬季	性别	Mann- Whitney U （双侧）	光感觉 （有序分类变量）	0.292	不同性别老年人在光感觉上 没有显著差异
			光满意 （有序分类变量）	0.698	不同性别老年人在光满意上 没有显著差异
			光期望 （有序分类变量）	0.508	不同性别老年人在光期望上 没有显著差异
夏季	生理 参数 状态	Mann- Whitney U （双侧）	光感觉 （有序分类变量）	0.156	不同性别老年人在光感觉上 没有显著差异
			光满意 （有序分类变量）	0.351	不同性别老年人在光满意上 没有显著差异
			光期望 （有序分类变量）	0.159	不同性别老年人在光期望上 没有显著差异

7.5　老年人对空气质量的主观感觉分析

7.5.1　老年人对空气质量的感觉、满意和期望交叉表分析

如图 7-23 所示为冬季和夏季老年人对空气质量的感觉、空气质量满意和空气质量期望的交叉表分析结果。图 7-23 中 CO_2 浓度的值为平均值，即投票为 1～5 各标度时

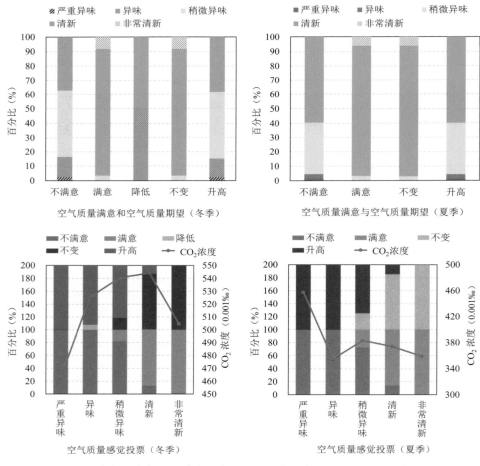

图 7-23　老年人空气质量感觉、空气质量满意和空气质量期望交叉表分析

对应的老年人样本所处室内 CO_2 浓度的均值。可以看出，冬季投票为"满意"和期望空气质量"不变"的老年人中，空气质量感觉投票均为"清新"的比例最大；夏季投票为"满意"和期望空气质量"不变"的老年人中，空气质量感觉投票也均为"清新"的比例最大。从交叉表行百分比角度分析，同样可以看出，老年人在冬季和夏季均偏爱"清新"和"非常清新"的室内环境，现场调查中冬季和夏季老年人投票为"清新"和"非常清新"环境的室内 CO_2 浓度分别为 0.544 1‰、0.504 5‰和 0.374 1‰、0.358 8‰。

7.5.2　老年人对空气质量的主观感觉与室内环境参数的相关性分析

如表 7-32 所示为冬季和夏季老年人对空气质量的主观感觉与室内环境参数相关性分析结果。由结果可以看出，在冬季，老年人对室内环境的空气质量感觉在 0.01 水平上与风速和 A 声级负相关，在显著性水平 0.05 上与风速负相关；在夏季，老年人对室内环境的空气质量感觉在显著性水平 0.05 上与风速正相关。

表 7-32　冬季和夏季老年人空气质量主观感觉投票与环境参数相关性分析

环境参数	冬 季			夏 季		
	空气质量感觉投票 QSV	空气质量满意投票 QA	空气质量期望投票 QP	空气质量感觉投票 QSV	空气质量满意投票 QA	空气质量期望投票 QP
室内空气温度 t_a	−0.025	0.006	−0.002	0.099	−0.015	−0.011
室内相对湿度 RH	−0.048	−0.031	0.002	0.084	0.051	−0.053
室内风速 v_a	−0.236**	−0.009	0.000	0.140*	0.063	−0.075
黑球温度 t_g	−0.022	0.002	0.003	0.096	−0.011	−0.022
平均辐射温度 $\bar{t_r}$	−0.013	0.008	−0.003	0.102	−0.005	−0.030
操作温度 t_{op}	−0.021	0.003	0.002	0.098	−0.009	−0.022
A 声级 L_A	−0.165**	−0.020	0.012	0.005	−0.053	0.034
照度 E	0.110*	0.051	−0.038	0.077	0.015	−0.038
CO_2 浓度 C_{CO_2}	−0.091	−0.063	0.036	−0.077	0.032	−0.028

注：* 表示在 0.05 水平（双侧）上显著相关；** 表示在 0.01 水平（双侧）上显著相关。

7.5.3　老年人生理参数对空气质量主观感觉的影响

生理参数正常和生理参数非正常的老年人对室内空气质量主观感觉投票各项均值
如表 7-33 所示。如图 7-24 所示为冬季和夏季生理参数正常与非正常老年人对空气质
量感觉、空气质量满意和空气质量期望的投票百分比，图中空气质量感觉投票 1 ~ 5
分别表示"严重异味、异味、稍微异味、清新、非常清新"，满意投票 0 表示"不满
意"，1 表示"满意"；期望投票 0 表示"不变"，1 表示"升高"。可以看出，在冬季，
生理参数正常的老年人对室内空气质量投票为满意的比例近似等于生理参数非正常老
年人的投票比例；在夏季，生理参数正常的老年人对室内空气质量投票为满意的比例
小于生理参数非正常的老年人投票比例。用 Mann-Whitney U 双侧检验法进行假设检验，

表 7-33　生理参数正常与生理参数非正常老年人的空气质量主观感觉概况

主观感觉	冬　季		夏　季	
	生理参数正常	生理参数非正常	生理参数正常	生理参数非正常
空气质量感觉	3.81	3.84	3.91	3.94
空气质量满意	0.75	0.75	0.78	0.83
空气质量期望	0.24	0.25	0.23	0.18

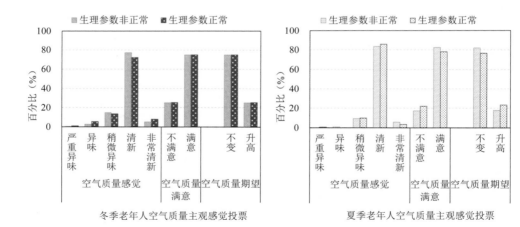

图 7-24　生理参数正常与非正常老年人空气质量主观感觉投票

结果显示，在冬季和夏季，生理参数正常与生理参数非正常的老年人在空气质量感觉、空气质量满意和空气质量期望上都没有显著差异，显著性水平均为 $P > 0.05$，结果如表 7-34 所示。

表 7-34　生理参数正常与非正常老年人空气质量主观感觉假设检验结果

季 节	分组变量	检验方法	检验变量（类型）	显著性水平 P	检验结果
冬季	生理参数状态	Mann-Whitney U（双侧）	空气质量感觉（有序分类变量）	0.986	生理参数正常与非正常老年人在空气质量感觉上没有显著差异
			空气质量满意（有序分类变量）	0.981	生理参数正常与非正常老年人在空气质量满意上没有显著差异
			空气质量期望（有序分类变量）	0.963	生理参数正常与非正常老年人在空气质量期望上没有显著差异
夏季	生理参数状态	Mann-Whitney U（双侧）	空气质量感觉（有序分类变量）	0.611	生理参数正常与非正常老年人在空气质量感觉上没有显著差异
			空气质量满意（有序分类变量）	0.304	生理参数正常与非正常老年人在空气质量满意上没有显著差异
			空气质量期望（有序分类变量）	0.227	生理参数正常与非正常老年人在空气质量期望上没有显著差异

用 Spearman 秩相关系数双侧检验考察老年人生理参数与空气质量主观感觉投票之间的相关关系，分析结果如表 7-35 所示和表 7-36 所示。可以看出，在冬季和夏季，老年人的空气质量感觉、空气质量满意和空气质量期望与心率、手指皮温、血氧饱和度、收缩压、平均动脉压和舒张压的相关性都不显著。

表 7-35　冬季老年人生理参数与空气质量主观感觉相关性分析

主观感觉	冬 季					
	心率	手指皮温	血氧饱和度	收缩压	平均动脉压	舒张压
空气质量感觉	−0.050	0.032	−0.046	0.080	0.044	0.008
空气质量满意	−0.047	0.034	−0.044	0.074	0.078	−0.015
空气质量期望	0.070	−0.046	0.027	−0.056	−0.050	0.038

表 7-36　夏季老年人生理参数与空气质量主观感觉相关性分析

主观感觉	夏　季					
	心率	手指皮温	血氧饱和度	收缩压	平均动脉压	舒张压
空气质量感觉	0.025	-0.012	-0.048	0.063	0.076	0.090
空气质量满意	-0.059	-0.012	-0.059	-0.039	-0.081	-0.076
空气质量期望	0.049	0.022	0.027	0.039	0.078	0.053

7.5.4　老年人年龄对空气质量主观感觉的影响

如表 7-37 所示为不同年龄段老年人空气质量主观感觉投票各项均值。如图 7-25
所示为冬季和夏季不同年龄段老年人空气质量主观感觉投票各项百分比。结果表明，

表 7-37　不同年龄段老年人的空气质量主观感觉概况

主观感觉	冬　季			夏　季		
	70～79 岁	80～89 岁	≥ 90 岁	70～79 岁	80～89 岁	≥ 90 岁
空气质量感觉	3.65	3.91	3.88	3.91	3.94	3.92
空气质量满意	0.66	0.79	0.76	0.75	0.81	0.83
空气质量期望	0.33	0.21	0.21	0.25	0.20	0.17

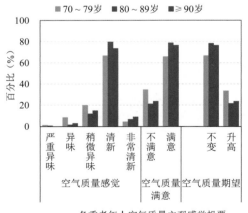

冬季老年人空气质量主观感觉投票

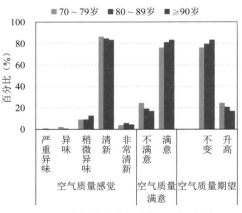

夏季老年人空气质量主观感觉投票

图 7-25　不同年龄段老年人空气质量主观感觉投票

在冬季，80～89 岁老年人对空气质量投票为"满意"的比例最大；在夏季，对空气质量投票为"满意"的老年人比例随着年龄的增加而增大。如表 7-38 所示为冬季和夏季不同年龄段老年人空气质量主观感觉投票的假设检验结果。可以看出，在冬季，不同年龄段老年人在空气质量感觉和空气质量满意上有显著差异。

表 7-38　不同年龄段老年人空气质量主观感觉假设检验结果

季　节	分组变量	检验方法	检验变量（类型）	显著性水平 P	检验结果
冬季	年龄段	Kruskal-Wallis（双侧）	空气质量感觉（有序分类变量）	0.005	不同年龄段老年人在空气质量感觉上有显著差异
			空气质量满意（有序分类变量）	0.047	不同年龄段老年人在空气质量满意上有显著差异
			空气质量期望（有序分类变量）	0.078	不同年龄段老年人在空气质量期望上没有显著差异
夏季	年龄段	Kruskal-Wallis（双侧）	空气质量感觉（有序分类变量）	0.764	不同年龄段老年人在空气质量感觉上没有显著差异
			空气质量满意（有序分类变量）	0.551	不同年龄段老年人在空气质量满意上没有显著差异
			空气质量期望（有序分类变量）	0.572	不同年龄段老年人在空气质量期望上没有显著差异

7.5.5　老年人性别对空气质量主观感觉的影响

如表 7-39 所示为不同性别老年人空气质量主观感觉投票各项均值。如图 7-26 所示为冬季和夏季不同性别老年人空气质量主观感觉投票各项百分比。结果表明，在冬

表 7-39　不同性别老年人空气质量主观感觉概况

主观感觉	冬　季		夏　季	
	男性	女性	男性	女性
空气质量感觉	3.76	3.87	3.93	3.93
空气质量满意	0.69	0.78	0.79	0.81
空气质量期望	0.31	0.21	0.21	0.20

季和夏季，空气质量投票为"满意"的女性老年人比例均大于男性老年人比例。如表 7-40 所示为冬季和夏季不同性别老年人空气质量主观感觉投票的假设检验结果，冬季老年人空气质量期望的显著性水平 $P < 0.05$，说明不同性别老年人在冬季的空气质量期望上有显著差异。

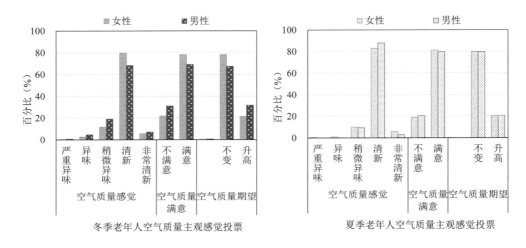

图 7-26　不同性别老年人空气质量主观感觉投票

表 7-40　不同性别老年人空气质量主观感觉假设检验结果

季　节	分组变量	检验方法	检验变量（类型）	显著性水平 P	检验结果
冬季	性别	Mann-Whitney U（双侧）	空气质量感觉（有序分类变量）	0.105	不同性别老年人在空气质量感觉上没有显著差异
			空气质量满意（有序分类变量）	0.059	不同性别老年人在空气质量满意上没有显著差异
			空气质量期望（有序分类变量）	0.039	不同性别老年人在空气质量期望上有显著差异
夏季	生理参数状态	Mann-Whitney U（双侧）	空气质量感觉（有序分类变量）	0.851	不同性别老年人在空气质量感觉上没有显著差异
			空气质量满意（有序分类变量）	0.711	不同性别老年人在空气质量满意上没有显著差异
			空气质量期望（有序分类变量）	0.936	不同性别老年人在空气质量期望上没有显著差异

7.6　老年人综合舒适主观感觉分析

7.6.1　综合舒适感觉、满意和期望的交叉表分析

如图 7-27 所示为冬季和夏季老年人综合舒适感觉、综合舒适满意和综合舒适期望的交叉表分析结果。可以看出，在冬季和夏季投票为"满意"和期望空气质量"不变"的老年人中，均有 95%（含）以上的老年人综合舒适感觉投票为"舒适"。

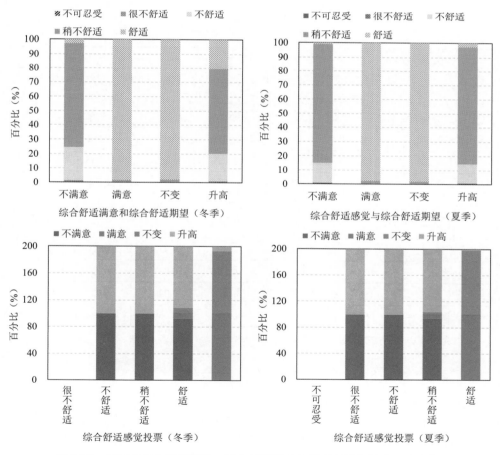

图 7-27　老年人综合舒适感觉、综合舒适满意和综合舒适期望交叉表分析

7.6.2 综合舒适主观感觉投票与室内环境参数的相关性分析

如表 7-41 为冬季和夏季老年人综合舒适主观感觉与室内环境参数相关性分析结果。由结果可以看出，在冬季，老年人对室内环境的综合舒适感觉在 0.01 水平上与相对湿度负相关，与照度正相关，在 0.05 水平上与空气温度正相关；老年人对室内环境的综合舒适满意在 0.05 水平上与相对湿度负相关，在 0.01 水平上与照度正相关；老年人对室内环境的综合舒适期望在 0.05 水平上与照度负相关，在 0.01 水平上与相对湿度和风速正相关。在夏季，老年人的综合舒适感觉、满意和期望与室内环境参数的相关性均不显著。

表 7-41 冬季和夏季老年人综合舒适主观感觉投票与环境参数相关性分析

环境参数	冬 季			夏 季		
	综合舒适感觉投票 OSV	综合舒适满意投票 OA	综合舒适期望投票 OP	综合舒适感觉投票 OSV	综合舒适满意投票 OA	综合舒适期望投票 OP
室内空气温度 t_a	0.117*	0.093	−0.065	−0.063	−0.061	0.049
室内相对湿度 RH	−0.172**	−0.144**	0.110*	0.029	0.036	−0.045
室内风速 v_a	−0.047	−0.049	0.130*	0.031	0.036	−0.050
黑球温度 t_g	0.075	0.061	−0.046	−0.046	−0.044	0.031
平均辐射温度 $\overline{t_r}$	0.062	0.056	−0.044	−0.030	−0.028	0.011
操作温度 t_{op}	0.088	0.068	−0.049	−0.052	−0.050	0.036
A 声级 L_A	−0.034	−0.033	0.094	−0.027	−0.017	0.010
照度 E	0.156**	0.119*	−0.139**	0.040	0.027	−0.042
CO_2 浓度 C_{CO_2}	−0.063	−0.073	0.079	−0.068	−0.071	0.076

注：* 表示在 0.05 水平（双侧）上显著相关；** 表示在 0.01 水平（双侧）上显著相关。

7.6.3 老年人生理参数对综合舒适感觉的影响

生理参数正常和生理参数非正常的老年人综合舒适主观感觉投票各项均值如表 7-42 所示。如图 7-28 所示为冬季和夏季生理参数正常与非正常老年人综合舒适感觉、综合舒适满意和综合舒适期望的投票百分比，图中综合舒适感觉投票 1 ~ 5 分别表示"不

表 7-42　生理参数正常与生理参数非正常老年人的综合舒适主观感觉概况

主观感觉	冬　季		夏　季	
	生理参数正常	生理参数非正常	生理参数正常	生理参数非正常
综合舒适感觉	4.71	4.73	4.72	4.54
综合舒适满意	0.77	0.80	0.76	0.62
综合舒适期望	0.25	0.26	0.26	0.38

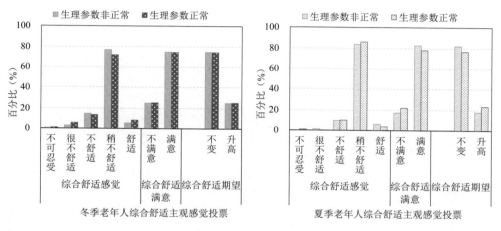

图 7-28　生理参数正常与非正常老年人综合舒适主观感觉投票

可忍受、很不舒适、不舒适、稍不舒适、舒适",满意投票"0"表示"不满意","1"
表示"满意";期望投票"0"表示"不变","1"表示"升高"。可以看出,在冬季,
生理参数正常的老年人对室内环境综合舒适感觉投票为满意的比例近似等于生理参数
非正常老年人的投票比例;在夏季,生理参数正常的老年人对室内环境综合舒适感觉
为满意的比例小于生理参数非正常的老年人投票比例。用 Mann-Whitney U 双侧检验
法进行假设检验,结果显示,在夏季,生理参数正常与生理参数非正常的老年人在综
合舒适感觉、综合舒适满意和综合舒适期望上都有显著差异,显著性水平均为 $P < 0.05$,
结果如表 7-43 所示。

　　用 Spearman 秩相关系数双侧检验考察老年人生理参数与综合舒适主观感觉投票
之间的相关关系,分析结果如表 7-44 所示和表 7-45 所示。可以看出,在冬季,老年
人的综合舒适感觉、综合舒适满意和综合舒适期望与心率、手指皮温、血氧饱和度、
收缩压、平均动脉压和舒张压的相关性都不显著;在夏季,老年人的综合舒适感觉和

表 7-43　生理参数正常与非正常老年人综合舒适主观感觉假设检验结果

季　节	分组变量	检验方法	检验变量（类型）	显著性水平 P	检验结果
冬季	生理参数状态	Mann-Whitney U（双侧）	综合舒适感觉（有序分类变量）	0.660	生理参数正常与非正常老年人在综合舒适感觉上没有显著差异
			综合舒适满意（有序分类变量）	0.561	生理参数正常与非正常老年人在综合舒适满意上没有显著差异
			综合舒适期望（有序分类变量）	0.882	生理参数正常与非正常老年人在综合舒适期望上没有显著差异
夏季	生理参数状态	Mann-Whitney U（双侧）	综合舒适感觉（有序分类变量）	0.008	生理参数正常与非正常老年人在综合舒适感觉上有显著差异
			综合舒适满意（有序分类变量）	0.010	生理参数正常与非正常老年人在综合舒适满意上有显著差异
			综合舒适期望（有序分类变量）	0.016	生理参数正常与非正常老年人在综合舒适期望上有显著差异

表 7-44　冬季老年人生理参数与综合舒适主观感觉相关性分析

主观感觉	冬　季					
	心率	手指皮温	血氧饱和度	收缩压	平均动脉压	舒张压
综合舒适感觉	−0.053	0.083	−0.088	0.072	0.102	0.088
综合舒适满意	−0.059	0.087	−0.073	0.087	0.095	0.083
综合舒适期望	0.011	−0.102	0.075	−0.079	−0.089	−0.060

表 7-45　夏季老年人生理参数与综合舒适主观感觉相关性分析

主观感觉	夏　季					
	心率	手指皮温	血氧饱和度	收缩压	平均动脉压	舒张压
综合舒适感觉	0.022	−0.076	0.072	−0.114[*]	−0.068	−0.033
综合舒适满意	0.022	−0.076	0.072	−0.114[*]	−0.068	−0.033
综合舒适期望	−0.029	0.070	−0.066	0.110[*]	0.077	0.045

注：* 表示在 0.05 水平（双侧）上显著相关；** 表示在 0.01 水平（双侧）上显著相关。

综合舒适满意在 0.05 水平上与收缩压负相关，综合舒适期望在 0.01 水平上与收缩压正相关。

7.6.4 老年人年龄对综合舒适主观感觉的影响

如表 7-46 所示为不同年龄段老年人综合舒适主观感觉投票各项均值。如图 7-29 所示为冬季和夏季不同年龄段老年人综合舒适主观感觉投票各项百分比。结果表明，在冬季，综合舒适感觉投票为"舒适"和综合舒适满意投票为"满意"的比例随着年龄的增加而增大；在夏季，综合舒适感觉投票为"舒适"和综合舒适满意投票为"满意"以及综合期望感觉投票为"不变"的比例均随着年龄的增加而增大。如表 7-47 所示为冬季和夏季不同年龄段老年人综合舒适主观感觉投票的假设检验结果，老年人综合舒适感觉、综合舒适满意和综合舒适期望的显著性水平都为 $P > 0.05$，说明不同年龄段老年人在冬季和夏季的综合舒适主观感觉投票上均没有显著差异。

表 7-46　不同年龄段老年人的综合舒适主观感觉概况

主观感觉	冬　季			夏　季		
	70～79 岁	80～89 岁	≥ 90 岁	70～79 岁	80～89 岁	≥ 90 岁
综合舒适感觉	4.63	4.76	4.79	4.54	4.63	4.65
综合舒适满意	0.73	0.81	0.82	0.63	0.67	0.75
综合舒适期望	0.33	0.22	0.26	0.39	0.34	0.25

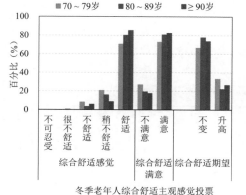

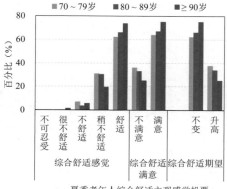

图 7-29　不同年龄段老年人综合舒适主观感觉投票

表 7-47　不同年龄段老年人综合舒适主观感觉假设检验结果

季　节	分组变量	检验方法	检验变量（类型）	显著性水平 P	检验结果
冬季	年龄段	Kruskal-Wallis（双侧）	综合舒适感觉（有序分类变量）	0.097	不同年龄段老年人在综合舒适感觉上没有显著差异
			综合舒适满意（有序分类变量）	0.265	不同年龄段老年人在综合舒适满意上没有显著差异
			综合舒适期望（有序分类变量）	0.116	不同年龄段老年人在综合舒适期望上没有显著差异
夏季	年龄段	Kruskal-Wallis（双侧）	综合舒适感觉（有序分类变量）	0.420	不同年龄段老年人在综合舒适感觉上没有显著差异
			综合舒适满意（有序分类变量）	0.336	不同年龄段老年人在综合舒适满意上没有显著差异
			综合舒适期望（有序分类变量）	0.246	不同年龄段老年人在综合舒适期望上没有显著差异

7.6.5　老年人性别对综合舒适主观感觉的影响

如表 7-48 所示为不同性别老年人综合舒适主观感觉投票各项均值。如图 7-30 所示为冬季和夏季不同性别老年人综合舒适主观感觉投票各项百分比。结果表明，在冬季，对室内环境综合舒适满意的女性老年人比例大于男性老年人比例；在夏季，对室内环境综合舒适满意的女性老年人比例小于男性老年人比例。如表 7-49 所示为冬季和夏季不同性别老年人热环境主观感觉投票的假设检验结果，冬季老年人综合舒适感觉、综合舒适满意和综合舒适期望的显著性水平 $P < 0.05$，说明冬季不同性别老年人在综合舒适感觉、综合舒适满意和综合舒适期望上有显著差异。

表 7-48　不同性别老年人的综合舒适主观感觉概况

主观感觉	冬　季		夏　季	
	男性	女性	男性	女性
综合舒适感觉	4.64	4.77	4.67	4.59
综合舒适满意	0.71	0.83	0.72	0.66
综合舒适期望	0.33	0.21	0.29	0.35

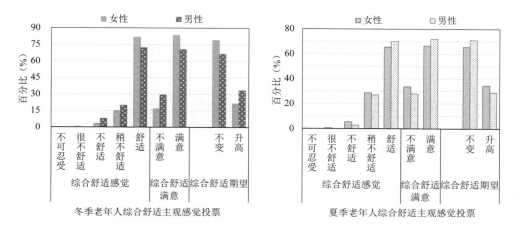

图 7-30　不同性别老年人综合舒适主观感觉投票

表 7-49　不同性别老年人热环境主观感觉假设检验结果

季　节	分组变量	检验方法	检验变量（类型）	显著性水平 P	检验结果
冬季	性别	Mann-Whitney U（双侧）	综合舒适感觉（有序分类变量）	0.039	不同性别老年人在综合舒适感觉上有显著差异
			综合舒适满意（有序分类变量）	0.006	不同性别老年人在综合舒适满意上有显著差异
			综合舒适期望（有序分类变量）	0.014	不同性别老年人在综合舒适期望上有显著差异
夏季	生理参数状态	Mann-Whitney U（双侧）	综合舒适感觉（有序分类变量）	0.334	不同性别老年人在综合舒适感觉上没有显著差异
			综合舒适满意（有序分类变量）	0.308	不同性别老年人在综合舒适满意上没有显著差异
			综合舒适期望（有序分类变量）	0.315	不同性别老年人在综合舒适期望上没有显著差异

7.7 老年人热满意的影响因素分析及 Logistic 回归模型

居住者的满意度是衡量建筑物性能的一个重要方面。本书调研统计结果显示有 97% 以上的老年人每天待在室内的时间超过 15 小时。相关研究也表明,老年人有 80% 以上的时间待在室内。因此,找到影响老年人室内热满意因素显得尤为重要。以往对室内环境中老年人热舒适和热满意问题的研究主要集中在建筑特性、环境参数、温度、湿度和空气速度等方面,以及性别、活动和服装等个别参数的影响。例如,Yang(2016)表示,对室内环境的满意度与夏季和冬季的室内温度有关;老年人对寒冷更敏感,倾向于喜欢炎热或温暖的天气。Hwang(2010)的研究表明,性别并不是老年人热舒适要求的一个重要因素。而 Wong(2009)指出,尽管预测平均热感觉投票 PMV 的性别差异不显著,但在热中性环境下,同一年龄组中,老年女性的 PMV 明显高于男性。正如 Fanger 所言,每个个体都是独一无二的,热舒适方程并不一定能满足所有人,因此,相同的室内条件可能导致不同的主观反应。Frontczak(2011)表明,室内热满意不仅受到环境因素的影响,还与居住者的国籍、教育程度、社会心理、适应时间、年龄、性别、健康状况、气候适应性等个人特征息息相关。Ormandy(2012)提出了类似的观点,认为热舒适取决于年龄、健康状况、性别,以及对个人和家庭的环境和气候的适应。Yamtraipat(2005)还提出,舒适的状态取决于一系列"不可量化"的因素,如心理状态、习惯和教育。因此,为了研究自由运行建筑中老年人室内环境热满意的影响因素,本书在 SPSS 21 统计分析软件平台上对数据进行 Logistic 分析,并建立了冬季和夏季老年人室内热满意的 Logistic 多元回归模型,考察各个因素对老年人室内热满意的影响。

7.7.1 热满意的影响因素筛选

本书将影响老年人对室内环境热满意的潜在因素分为五大类,分别是基本信息、健康状况、生活习惯、环境适应和主观感觉。每个类别含若干个变量,前文已从这五个方面进行了统计学描述。变量"性别"和"年龄"已被许多研究人员研究,包括 Choi(2010)等发现,女性比男性更不满意其热环境,尤其在夏季。荷兰学者 Schellen（2009，2010）的研究表明，相比年轻人，老年人皮肤温度和核心温度更低，更偏好温暖环境。Yamtraipat（2005）研究了"教育水平"对热舒适的影响，发现在非空调房间里高教育水平居住者的舒适温度比低教育水平居住者的舒适温度低。因此本书选择"性别"、"年龄"和"教育水平"作为"基本特征"类目的变量。此外，世界卫生组织认为热舒适不仅是为了确保对环境温度的满意感，而且与健康密不可分。因此，本书选择了"健康状态的自我评估"和"疾病对日常生活的影响"作为"健康状况"类目的变量。Cena（1998）对热舒适的现场调查研究表明，除了改善室内温度外，老年人应该通过调整他们的活动水平来改善他们的热舒适，而不仅仅是增加或减少穿衣量。睡眠也是老年人身体和精神健康的一个标志。因此，本书选择了"规律锻炼"和"规律睡眠"作为"生活习惯"类目的变量。Yamtraipat（2005）认为，在"不可量化"的因素中，最值得研究的是对当地气候的适应性。适应性理论认为，过去的热历史会影响建筑居住者的热期望和热偏好，因此本书选择了在"上海的生活时间"（T_{local}）、"在调研地的生活时间"（$T_{facility}$）和"每天在室内的时间"（T_{indoor}）作为"环境适应"类目的变量。由于湿度环境和风环境是影响热舒适的两个最重要的因素，用 Spearman 秩相关系数双侧检验考察老年人热满意、湿度满意和风速满意之间的相关关系，发现在冬季，热满意在 0.05 水平上与湿度满意正相关，显著性水平 $P = 0.029$，在 0.01 水平上与风速满意正相关，显著性水平 $P = 0.000$；在夏季，热满意在 0.01 水平上与风速满意正相关，显著性水平 $P = 0.000$。因此，本书选择"湿度满意"和"风速满意"作为"主观感觉"的类目的变量。综上，共选择 12 个变量作为影响老年人热满意的潜在变量进行研究，如表 7-50 所示。

表 7-50　老年人热满意影响因素 Logistic 分析的自变量描述

类　目	自变量	描　述	编　码
基本信息	x_1	性别	女性 = 0，男性 = 1
	x_2	年龄	70～110 岁
	x_3	教育程度	未上过学 = 0，小学 = 1，初中 = 2，高中 = 3，大专 = 4，本科 = 5
健康状况	x_4	健康状况自我评估	非常好 = 5，好 = 4，一般 = 3，不好 = 2，非常不好 = 1
	x_5	疾病对日常生活的影响	影响很大 = 1，有一定影响 = 2，没有影响 = 3

类　目	自变量	描　述	编　码
生活习惯	x_6	规律锻炼	否 = 0，是 = 1
	x_7	规律睡眠	否 = 0，是 = 1
环境适应	x_8	在上海的生活时间	0～100 年
	x_9	在养老机构的生活时间	0～30 年
	x_{10}	每天在室内的时间	0～24 小时
主观感觉	x_{11}	湿度满意	不满意 = 0，满意 = 1
	x_{12}	风速满意	不满意 = 0，满意 = 1

　　在建立老年人热满意 Logistic 回归模型时，采用"比分检验"（scoretest）法对自变量进行筛选，引入对因变量有影响作用的变量（$P < 0.05$），将没有影响或影响较小的变量（$P > 0.05$）排除在模型之外。冬季和夏季自变量筛选的比分检验结果如表 7-51 和表 7-52 所示。由检验结果可以看出，在冬季，筛选出的自变量为年龄、健康状况自我评估、疾病对日常生活的影响、规律锻炼、每天在室内的时间、湿度满意和风速满意；在夏季，筛选出的自变量为规律睡眠、湿度满意和风速满意。

表 7-51　冬季自变量筛选比分检验结果

类　目	自变量	描　述	得　分	自由度	显著性水平 P
基本信息	x_1	性别	3.091	1	0.079
	x_2	年龄	4.738	1	0.030
	x_3	教育程度	0.149	1	0.699
健康状况	x_4	健康状况自我评估	6.955	1	0.008
	x_5	疾病对日常生活的影响	12.232	1	0.000
生活习惯	x_6	规律锻炼	5.412	1	0.020
	x_7	规律睡眠	0.021	1	0.884
环境适应	x_8	在上海的生活时间	0.202	1	0.653
	x_9	在养老机构生活时间	0.788	1	0.375
	x_{10}	每天在室内的时间	5.011	1	0.025
主观感觉	x_{11}	湿度满意	4.008	1	0.045
	x_{12}	风速满意	22.447	1	0.000

表 7-52 夏季自变量筛选比分检验结果

类　目	自变量	描　述	得　分	自由度	显著性水平 P
基本信息	x_1	性别	1.214	1	0.271
	x_2	年龄	1.199	1	0.274
	x_3	教育程度	0.545	1	0.461
健康状况	x_4	健康状况自我评估	1.791	1	0.181
	x_5	疾病对日常生活的影响	2.847	1	0.092
生活习惯	x_6	规律锻炼	0.613	1	0.434
	x_7	规律睡眠	7.301	1	0.007
环境适应	x_8	在上海的生活时间	0.627	1	0.428
	x_9	在养老机构的生活时间	3.028	1	0.082
	x_{10}	每天在室内的时间	0.104	1	0.747
主观感觉	x_{11}	湿度满意	3.940	1	0.047
	x_{12}	风速满意	28.410	1	0.000

7.7.2 热满意的 Logistic 回归模型及模型检验

1. 冬季和夏季老年人热满意 Logistic 回归模型

如表 7-53 和表 7-54 所示为冬季和夏季老年人热满意 Logistic 回归结果。出现某种结果的概率与不出现某种结果的概率之比称为比值（Odds）。两个比值之比即为优势比（Odds Ratio，OR）。表 7-53 和表 7-54 中的 Exp(*B*) 即为对优势比的估计，表示自变量每变化一个单位，因变量 y 的平均变化量。

表 7-53 冬季老年人热满意 Logistic 回归结果

类　目	系数 B	标准偏差 SE	Wald	显著性水平 P	优势比估计 Exp(*B*)	95% 置信区间 下限	上限
每天在室内的时间 (x_{10})	0.093	0.047	3.979	0.046	1.098	1.002	1.204
疾病对日常生活的影响 (x_5)	0.642	0.192	11.128	0.001	1.900	1.303	2.771
风速满意 (x_{12})	1.314	0.301	19.018	0.000	3.721	2.062	6.718
常　量	−3.414	1.135	9.043	0.003	0.033		

表 7-54　夏季老年人热满意 Logistic 回归结果

类　目	系数 B	标准偏差 SE	Wald	显著性水平 P	优势比估计 Exp(B)	95% 置信区间	
						下限	上限
规律睡眠 (x_7)	0.767	0.272	7.942	0.005	2.154	1.263	3.672
风速满意 (x_{12})	1.366	0.260	27.588	0.000	3.921	2.355	6.529
常　量	−0.833	0.291	8.167	0.004	0.435	—	—

由表 7-53 和表 7-54 可以看出,在冬季,在变量"疾病对日常生活影响"和"风速满意"不变的情况下,老年人在室内时间每增加 1 小时,老年人对室内的热满意度提高 9.8%;在变量"每天在室内的时间"和"风速满意"不变的情况下,疾病对日常生活的影响越小,热满意度越高,正向每变化一个单位,老年人的热满意度增加 90%;在变量"每天在室内的时间"和"疾病对日常生活的影响"不变的情况下,对室内风速满意的老年人的热满意度是对室内风速不满意居民的 3.72 倍。在夏季,在变量"风速满意"不变的情况下,睡眠规律的老年人对室内环境的热满意度是睡眠不规律老人的 2.15 倍;在变量"规律睡眠"不变的情况下,对室内风速满意的老年人的热满意度是对室内风速不满意的老年人的 3.92 倍。冬季和夏季老年人热满意 Logistic 回归模型如式(7-1)~式(7-4)所示。

$$P_{S_t}(\text{winter}) = \frac{\exp(-3.414 + 0.093\,T_{\text{indoor}} + 0.642F_s + 1.314S_{as})}{1 + \exp(-3.414 + 0.093\,T_{\text{indoor}} + 0.642F_s + 1.314S_{as})} \tag{7-1}$$

$$P_{D_t}(\text{winter}) = \frac{1}{1 + \exp(-3.414 + 0.093\,T_{\text{indoor}} + 0.642F_s + 1.314S_{as})} \tag{7-2}$$

$$P_{S_t}(\text{summer}) = \frac{\exp(-0.833 + 0.767R_S + 1.366S_{as})}{1 + \exp(-0.833 + 0.767R_S + 1.366S_{as})} \tag{7-3}$$

$$P_{D_t}(\text{summer}) = \frac{1}{1 + \exp(-0.833 + 0.767R_S + 1.366S_{as})} \tag{7-4}$$

式(7-1)~式(7-4)中,P_{S_t} 为老年人热满意概率,P_{D_t} 为老年人热不满意概率,T_{indoor} 为"在室内生活的时间",F_s 为"疾病对日常生活的影响",S_{as} 为"风速满意",R_S 为"规律睡眠"。

2. 冬季和夏季老年人热满意 Logistic 回归模型检验

Logistic 回归模型的检验主要包括模型拟合效果和拟合优度检验（test of goodness fit）。

本书使用模型预测概率绘制受试者工作特征（Receiver Operating Characteristic，ROC）曲线，通过检验 ROC 曲线下面积是否大于 0.5，来判断模型的拟合效果，如图 7-31 所示。在对热满意 Logistic 回归模型拟合效果进行判断时，如果一组数值根据模型计算结果实际（actual）属于类别满意，预测（prediction）也属于类别满意，实际属于类别不满意，预测也属于类别不满意，则这个模型就是一个完美的模型。但实际上，一些数值的计算结果实际上是不满意，但根据我们的模型，却预测为满意，还有一些原本应该是不满意，却预测为满意。我们需要知道，这个模型到底预测对了多少，预测错了多少。图 7-31 中，横坐标 1-Specificity 为正确预测到的不满意率就刚好等于实际的不满意率，纵坐标 Sensitivity 为正确预测到的热满意率就刚好等于实际的热满意率，在图中，就是左上方的点（0.0，1.0）。因此，ROC 曲线越往左上方靠拢，Sensitivity 和 Specificity 就越大，模型的预测效果就越好。图中蓝色的曲线指 ROC 曲线，绿色的直对角线是参照线（baseline model），参照线下的面积是 0.5，ROC 曲线与它偏离越大，ROC 曲线就越向左上方靠拢，它的曲线下面积（Aear Under Curve，AUC）也就应越大。可以根据 AUC 值与 0.5 相比，来评估一个模型的预测效果，AUC 值越大，模型预测效果越好。本书冬季和夏季预测模型的拟合效果均通过检验，结果如表 7-55 所示。

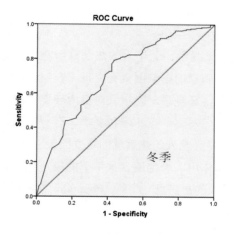
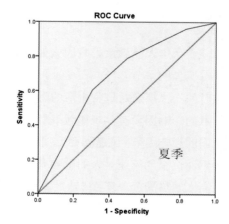

图 7-31　冬季和夏季老年人热满意模型拟合效果 ROC 曲线

表 7-55　冬季和夏季老年人热满意模型的拟合效果检验

季　节	AUC	标准偏差	渐进显著性水平 P	渐进 95% 置信区间	
				下限	上限
冬季	0.708	0.034	0.000	0.642	0.774
夏季	0.684	0.032	0.000	0.622	0.747

模型的拟合优度检验用 Pearson 检验统计量和 Deviance 检验统计量。当模型自变量中包含连续性变量时，Pearson 和 Deviance 检验方法不适合用来检验模型的拟合优度，应当选择 Hosmer-Lemeshow 统计量来检验。在原假设成立的条件下，Hosmer-Lemeshow 统计量渐进服从自由度为组数减 2 的卡方分布，Hosmer-Lemeshow 统计量检验不显著（$P > 0.05$）表示模型拟合数据较好。本书冬季和夏季 Hosmer -Lemeshow Test 检验结果如表 7-56 所示，结果显示 Hosmer -Lemeshow 统计量的显著性水平 $P > 0.05$，所以冬季和夏季的模型拟合度均较好。

表 7-56　冬季和夏季老年人热满意模型的拟合优度检验

季　节	检验方法	Chi-square 卡方	自由度 df	显著性水平 P
冬季	Hosmer-Lemeshow	6.691	8	0.570
夏季	Hosmer-Lemeshow	0.011	2	0.944

7.7.3　冬季和夏季老年人热满意影响因素 Logistic 回归分析结果与讨论

老年人热满意影响因素 Logistic 分析与建模结果显示，老年人的热满意影响因素有明显的季节差异。在冬季，老年人对室内环境热满意的影响因素有"每天在室内的时间""疾病对日常生活的影响"和"风速满意"。在夏季，老年人对室内环境热满意的影响因素有"规律睡眠"和"风速满意"。我们发现，在冬季和夏季，有一个相同的影响因子"风速满意"。事实上，空气流速的确是影响人的热感觉的重要因素之一。然而，空气流速对人的影响有正面作用，也有负面作用，一定适宜水平下的风速会提高人的热满意，但当风速过大或过小时，都会降低人的热满意。此外，Fountain（1994）建立了 PS 模型，该模型的理念是不可能在给定一个风速的情况下使大部分的受试者都达到满意，允许受试者自由调节风速，这样便可以得到更宽的舒适范围。因此，养老机构的管理者应该在保证安全的前提下给予老人更多的环境控制自由，养老机构的建筑结构和设施应该方便老年人调节室内风环境。

　　冬季影响老年人热满意的第二个变量是"每天在室内的时间"。Logistic 分析结果显示，老年人在室内的时间越长，对室内环境的热满意度越高。从本书结果可以分析，室内时间作为老年人热满意的一个影响因素，老年人在室内时间越长，对环境热满意度越高，这种影响可能会导致老年人长时间留在室内。调研期间，老年人在室内的平均时间达到了 21.6 h/d，但调研期间室内空气温度偏低，热环境状态较差。因此，养老机构的管理者和服务人员需要关注老年人长时间留在低温室内的潜在危害，在采取措施改善室内热环境的同时，引导老年人采用适宜的热适应调节手段，例如做运动、离开房间或晒太阳等，来保持健康和舒适。应该设计适宜的半私密空间和室外空间，方便老年人走到室外，减少长时间留在室内的潜在危害。

　　冬季影响老年人热满意的第三个变量是"疾病对日常生活的影响"。研究表明偏低的室内温度会对老年人的生理健康造成危害。例如 Yochihara（1993）发现，在寒冷的环境中，老年人不能像年轻人一样有效地减少血管收缩，他们的血压也比年轻人高得多。本调研中冬季"疾病对日常生活的影响"投票为"影响很大"的老年人占比62.0%，投票为"有一定影响"的老年人占比为 28.7%，投票为"没有影响"的老年人占比 9.4%，而夏季"疾病对日常生活的影响"投票为"影响很大"，"有一定影响"和"没有影响"的老年人占比分别为 10.3%，21.6% 和 68.1%。可以看出，冬季条件下，疾病对老年人日常生活的影响程度大于夏季，因此可以认为老年人冬季的健康状况较差，但由于老年人对热敏感度的降低，老年人对热环境投票为满意的情况下，低温对老年人带来的威胁依然存在。因此，养老机构对室内热环境的管理非常重要，以确保老年人的舒适和健康。此外，由于体温调节系统的老化，老年人更容易受到环境温度变化的影响，应当避免空间温差对老年人健康的影响。

　　夏季影响老年人热满意的另一个因子是"规律睡眠"。本书中，夏季睡眠规律的老年人比例为 72.7%，冬季睡眠规律的老年人比例为 81.6%。冬季老年人平均每天睡眠时间为 9.5 小时，夏季老年人每天平均睡眠时间为 8.8 小时。且访谈中了解到，夏季老年人睡觉中觉醒次数较多，失眠情况经常发生。也就是说，本书中，在非人工冷热源环境下，老年人夏季的睡眠质量比冬季差。Kim（2010）对 24 名不同年龄段（12～84 岁）韩国人的现场测试发现，所有的受试者春季的睡眠质量最好，其次为冬季，夏季最差，并且发现与其他年龄段受试者相比，60 岁以上老年人睡眠质量在夏季和冬季均较差。Okamoto-Mizuno（2010）对 62 岁日本老年人的现场研究发现，与秋季或冬季相比，夏季在睡眠时段中清醒和活动的时间明显增加，并且指出老年人夏季睡眠容易被干扰的原因是皮肤温度的波动。Tsuzuki（2015）对 64 岁以上老年男性的现场研究也发现，与其他季节相比，老年人夏季的睡眠质量最差，表现为夜间觉醒次数和时长的增加，研究还进一步指出，夏季较高的温度和湿度可能是引起老年人睡眠质量下降的原因。因此，老年人夏季睡眠质量较差的原因主要有两个，一是生理特征，二是环境影响。研究表明，睡眠问题的数量和类型与老年人的身体和精神健康状况有关。应采取措施提高老年人的睡眠质量，例如引导老年人合理使用风扇和空调，选择适宜老年人的床褥，采用环境智能控制系统。另外，由于不同身体状况的老年人对热环境的主观感觉不同，可以根据老年人的健康状况进行分群体照料。

7.8　小　结

本章采用数据描述、交叉表分析和 Logistic 方法，对老年人在机构养老居住建筑环境下的主观感觉进行分析。首先对老年人的主观感觉概况进行了描述，其次分析了老年人热环境主观感觉，最后建立了冬季和夏季老年人热满意影响因素的 Logistic 回归模型。主要结论如下：

（1）本书中冬季有超过 84% 的老年人，夏季有超过 85% 的老年人热感觉投票在热舒适区间。受试老年人冬季的热满意投票百分比大于夏季。

（2）冬季老年人的热感觉、热满意和热期望出现了近似同步的现象，夏季老年人的热感觉、热满意和热期望出现了完全同步的现象。

（3）在冬季和夏季，湿度期望投票为升高的老年人中，分别有 26.3% 和 14.3% 的老年人湿感觉投票为潮湿（-1），也就是说这部分老年人在感觉潮湿的情况下，期望环境湿度更大；在冬季和夏季，老年人均偏好湿度适中的环境，耐受干燥环境的冬季老年人比例大于夏季老年人比例。

（4）老年人在冬季偏爱无风的环境，在夏季偏好微风的环境，现场调查中冬季无风环境的风速均值为 0.04 m/s，夏季微风环境的风速均值为 0.23 m/s。

（5）生理参数正常与生理参数非正常的老年人在热环境各项主观感觉投票上都没有显著差异；不同年龄段老年人在冬季的湿度感觉和湿度满意上有显著差异；不同性别老年人在夏季的湿度满意上有显著差异。

（6）老年人在冬季和夏季均偏爱"安静"或"非常安静"的室内声环境，现场调查中冬季和夏季老年人投票为"安静"的室内 A 声级均值分别为 54.8 dB 和 56.1 dB，投票为"非常安静"的室内 A 声级均值分别为 49.6 dB 和 56 dB。

（7）生理参数正常与生理参数非正常的老年人在声音满意上有显著差异。在冬季，老年人的声满意与收缩压和平均动脉压在 0.05 水平上正相关。

（8）老年人在冬季和夏季均偏爱"明亮"的室内光环境，现场调查中冬季和夏季老年人投票为"明亮"环境的室内照度均值分别为 298.7 lx 和 237.6 lx。

（9）老年人在冬季和夏季均偏爱"清新"和"非常清新"的室内环境，现场调查中冬季和夏季老年人投票为"清新"和"非常清新"环境的室内照度 CO_2 浓度分别为 0.544 1‰，0.504 5‰，0.374 1‰和 0.358 8‰。

（10）生理参数正常与生理参数非正常的老年人在综合舒适感觉、综合舒适满意和综合舒适期望上都有显著差异。在夏季，老年人的综合舒适感觉和综合舒适满意在 0.05 水平上与收缩压负相关，综合舒适期望在 0.01 水平上与收缩压正相关。

（11）老年人热满意影响因素 Logistic 分析与建模结果显示，老年人的热满意影响因素有明显的季节差异。在冬季，老年人对室内环境热满意的影响因素有"每天在室内的时间"，"疾病对日常生活的影响"和"风速满意"。在夏季，老年人对室内环境热满意的影响因素有"规律睡眠"和"风速满意"。

Chapter 8 第 8 章

老年人适应性热舒适研究
The Research on Adaptive Thermal Comfort
of the Older People

为了揭示上海地区公共养老设施老年人热适应的特点和预测实际建筑环境中老年人的热反应，本章的研究目标为：

（1）验证 PMV 相关模型对老年人热感觉预测的适用性以及季节差异；

（2）考察自然通风建筑中老年人的热感觉、热满意和热期望，对老年人在真实环境中的热环境需求进行研究；

（3）对老年人的热适应行为进行研究，了解老年人行为的特殊性以及生理状态、年龄、性别和季节差异，并考察老年人热适应行为调节作用的有效性；

（4）现有热适应模型对上海地区老年人的适用性分析。

8.1 热舒适指标及老年人的热舒适温度

8.1.1 室内热舒适指标的选取

在现场研究室内热舒适指标的选择上，以 Fanger 为代表的学者认为所选指标不仅应当包含环境变量，还要考虑活动量水平和衣着变量等人体因素。而以 Humphreys 为代表的学者则认为用空气温度或操作温度等简单指标就可以有效地解释现场受试者的热反应。Humphreys 用 ASHRAE 数据库和 SCATs 数据库对简单热指标（t_a，t_{op} 和 ET*）和复杂热指标（SET 和 PMV）进行了评价分析，通过对这些指标与热感觉投票之间的关系进行相关分析发现，人们的热感觉与简单指标空气温度和操作温度的相关性最好。采用 Pearson 相关系数对老年人居住室内 6 个热环境变量进行相关性分析，结果如表 8-1 所示。由表 8-1 可以看出，在冬季和夏季，空气温度、黑球温度、平均辐射温度和操作温度两两之间在 0.01 水平上均显著相关，且 Pearson 相关系数均大于 0.9。由于操作温度 t_{op} 考虑了空气温度和平均辐射温度的权重平均，因此本书选择简单指标 t_{op}、复杂指标 PMV 和 APMV 对老年人的热感觉进行研究，讨论各指标对上海地区机构养老老年人居住建筑内的老年人的适用性。

表 8-1 热环境参数相关性分析

季节	参 数	室内空气温度 t_a（℃）	室内相对湿度 RH（%）	室内风速 v_a（m/s）	黑球温度 t_g（℃）	平均辐射温度 $\overline{t_r}$（℃）	操作温度 t_{op}（℃）
冬季	室内空气温度 t_a（℃）	1					
	室内相对湿度 RH（%）	0.034	1				
	室内风速 v_a（m/s）	−0.096	0.028	1			
	黑球温度 t_g（℃）	0.959**	0.056	−0.072	1		
	平均辐射温度 $\overline{t_r}$（℃）	0.916**	0.061	−0.058	0.992**	1	
	操作温度 t_{op}（℃）	0.977**	0.049	−0.082	0.997**	0.980**	1
夏季	室内空气温度 t_a（℃）	1					
	室内相对湿度 RH（%）	−0.075	1				
	室内风速 v_a（m/s）	0.418**	0.330**	1			
	黑球温度 t_g（℃）	0.967**	−0.004	0.475**	1		
	平均辐射温度 $\overline{t_r}$（℃）	0.901**	0.083	0.577**	0.976**	1	
	操作温度 t_{op}（℃）	0.980**	−0.023	0.458**	0.998**	0.964**	1

注：* 表示在 0.05 水平（双侧）上显著相关；** 表示在 0.01 水平（双侧）上显著相关。

8.1.2　室外热指标的选取

在热适应研究中，室外温度是评估热舒适条件的重要参数。时间是影响室外热环境与热适应关系的重要因素。

本书采用式（4-6）分别计算了冬季和夏季的主导性室外平均温度，包括评价日所在月平均温度、评价日前 7 日和前 30 日的室外温度算术平均值、评价日前 7 日室外温度指数加权平均值，其中式（4-6）中 α 取值分别为 0.6，0.7，0.8，0.9，每个季节分别获得了 7 种计算结果，如图 8-1 和图 8-2 所示。从图 8-1 可以看出，在冬季，评价日前 7 日室外温度连续平均值、评价日前 7 日室外温度指数加权平均值（当 $\alpha=0.6$，0.7，0.8 时）的计算结果相似；取 $\alpha=0.9$ 时，评价日的室外温度指数加权平均值低于其他方法的计算结果。从图 8-2 可以看出，在夏季，7 种计算结果中，当 $\alpha=0.8$ 和 $\alpha=0.9$ 时，评价日前 7 日室外温度指数加权平均值较低，其中 $\alpha=0.9$ 时的计算值最低，其他方法的计算结果都很接近。ASHRAE Standard 55-2013 中提到，$\alpha=0.9$ 更适合逐日气温变化较小的地区，如潮湿的热带地区，但对于中纬度气候，低 α 数值可能更合适。

上海市地处东经 120°52′ 至 122°12′，北纬 30°40′ 至 31°53′，为北亚热带季风气候，属于中纬度气候。结合图 8-1 和图 8-2 所示计算结果，本书在应用 ASHRAE Standard 55-2013 中规定的热适应模型时，取 $\alpha = 0.6$，由此可以看出，在冬季，评价日前 7 日的室外温度指数加权平均值为 6.6℃，标准偏差 1.86，最小值 3.1℃，最大值 10℃，在夏季，评价日前 7 日的室外温度指数加权平均值为 26.3℃，标准偏差 2.40，最小值 22.9℃，最大值 30.5℃。

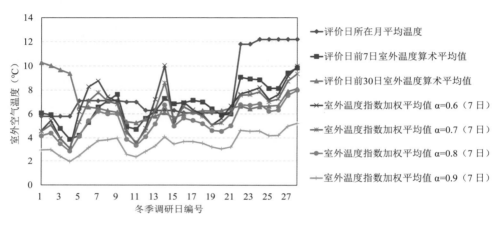

图 8-1　冬季调研期间室外主导平均温度

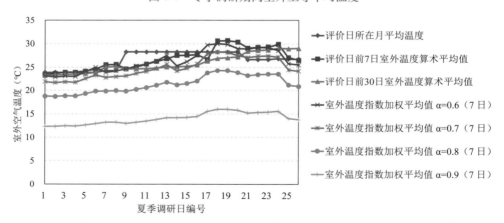

图 8-2　夏季调研日室外主导平均温度

8.1.3 热舒适指标计算分析及老年人的热中性温度

1. 回归法比较老年人的 PMV、PMVe 和 TSV

1) 回归分析

如图 8-3 所示为冬季和夏季操作温度 t_{op} 与老年人实际热感觉投票 TSV、预测平均热感觉投票 PMV 以及修正的预测平均热感觉投票 PMVe 的散点图和线性回归方程，所有线性回归方程都通过了显著性检验，$P < 0.001$。其中计算 PMVe1 和 PMVe2 时，根据 Fanger 和 Toftum 的建议，取修正因子 e 的值为 0.7。由图 8-3 可以看出，根据线性回归线的趋势，在冬季，个体服装热阻和平均服装热阻情况下计算的预测平均热感觉投票 PMV1 和 PMV2 均低估了老年人的实际热感觉投票 TSV，且随着操作温度的升高，PMV 和 TSV 之间的差值逐渐减小。在夏季，图 8-3（b）中 5 条线性回归线在 $t_{op} = 26.5\,℃$ 附近相交，当 $t_{op} < 26.5\,℃$ 时，预测热感觉投票（PMV1、PMV2、PMVe1 和 PMVe2）都低估了实际热感觉投票 TSV；当 $t_{op} > 26.5\,℃$ 时，预测热感觉投票（PMV1、PMV2、PMVe1 和 PMVe2）都高估了实际热感觉投票 TSV，且随着操作温度的升高，这些差值逐渐增大。前人研究中，Yang（2016）对自然通风环境下老年人的现场调查也发现，在偏暖环境下，预测热感觉投票 TSV 高估了实际热感觉投票 TSV，在偏冷环境下反之；同样的结论也出现于 de Dear（2001）和 Yao（2009）在不同建筑和不同气候下的现场研究。

在冬季，个体服装热阻情况下计算的预测平均热感觉投票 PMV1 和平均服装热阻情况下计算的预测平均热感觉投票 PMV2 与操作温度的线性回归线在 $t_{op} = 12.7\,℃$ 点处相交。当 $t_{op} < 12.7\,℃$ 时，PMV1 高于 PMV2；当 $t_{op} > 12.7\,℃$ 时，PMV1 低于 PMV2。在夏季，个体服装热阻情况下计算出的 PMV1 和平均服装热阻情况下计算出的 PMV2 与操作温度的回归线基本重合，修正后的 PMVe1 和 PMVe2 与操作温度的回归线也基本重合。基于修正后的 PMV 的计算结果与 TSV 的计算结果依然存在差异，但差异较未修正的 PMV 的计算结果有所减小。

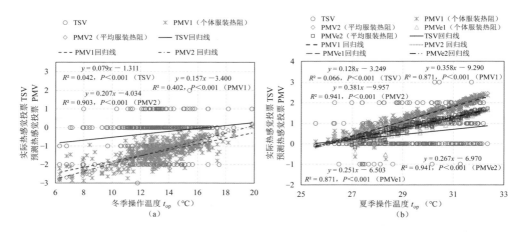

图 8-3　老年人 TSV、PMV 和 PMVe 与操作温度的回归

2）老年人 TSV 与 PMV 关系分析

对冬季和夏季的操作温度分别作步长为 1℃ 的 BIN 处理，对每个温度区间内老年人的 TSV 和 PMV1、PMV2、PMVe1 和 PMVe1 作平均，并分别进行线性回归分析，回归方程如表 8-2 所示，所有线性回归方程均通过显著性检验（$P < 0.001$）。

表 8-2　冬季和夏季老年人实际热感觉投票 TSV 与预测热感觉投票 PMV 的回归方程

季　节	回归方程	决定系数 R^2	显著性水平 P
冬季	MTSV = 0.634 MPMV1 + 0.550	0.701	0.000
	MTSV = 0.486 MPMV2 + 0.337	0.672	0.000
	MTSV = 0.287 MPMV1 + 0.171	0.671	0.024
夏季	MTSV = 0.249 MPMV2 + 0.222	0.611	0.038
	MTSV = 0.411 MPMVe1 + 0.171	0.671	0.024
	MTSV = 0.355 MPMVe2 + 0.222	0.611	0.038

注：MTSV—平均热感觉投票；MPMV1—个体服装热阻情况下的平均预测热感觉投票；MPMV2—平均服装热阻情况下的平均预测热感觉投票；MPMVe1—个体服装情况下的平均修正预测热感觉投票；MPMVe2—平均服装热阻情况下的平均修正预测热感觉投票。

2. 回归法比较老年人的 TSV 和 APMV

1）回归分析

如图 8-4 所示为冬季和夏季操作温度 t_{op} 与老年人实际热感觉投票 TSV 和预测适应性热感觉投票 APMV 的散点图和线性回归方程，所有线性回归方程都通过了显著性检验，$P < 0.001$。其中，计算 PMVe1 和 PMVe2 时，根据 Fanger 和 Toftum 的建议，取修正因子 e 的值为 0.7。计算 APMV，当 PMV $\geqslant$ 0 时，λ 取 0.21，当 PMV $<$ 0 时，λ 取 -0.49。由图 8-4（a）可以看出，根据线性回归线的趋势，在冬季，个体服装热阻和平均服装热阻情况下计算的预测适应性热感觉投票 APMV1 和 APMV2 同样均低估了老年人的实际热感觉投票 TSV，但随着操作温度的升高，APMV 和 TSV 之间的差值无明显变化。在夏季，图 8-4（b）中 5 条线性回归线同样在 t_{op} = 26.5℃附近相交，当 t_{op} $<$ 26.5℃时，预测适应性热感觉投票（APMV1、APMV2、APMVe1 和 AP-MVe1）都低估了实际热感觉投票 TSV；当 t $>$ 26.5℃时，预测热感觉投票（APMV1、APMV2、APMVe1 和 APMVe1）都高估了实际热感觉投票 TSV，且随着操作温度的升高，这些差值逐渐增大。

在冬季，个体服装热阻情况下计算的预测适应性热感觉投票 APMV1 和平均服装热阻情况下计算的预测适应性热感觉投票 APMV2 与操作温度的线性回归线在 t_{op} = 13.1℃点处相交。当 t_{op} $<$ 13.1℃时，APMV1 高于 APMV2；当 t_{op} $>$ 13.1℃时，APMV1 低于 APMV2。在夏季，个体服装热阻情况下计算的 APMV1 和平均服装热阻情况下计算的 APMV2 与操作温度的回归线基本重合，修正后的 APMVe1 和 APMVe2 与操作温度的回归线也基本重合。基于修正后的 APMV 的计算结果与 TSV 的计算结果依然存在差异，但差异较未修正的 PMV 的计算结果有所减小。

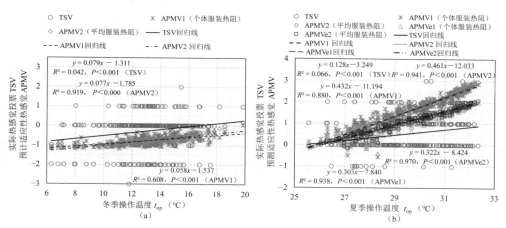

图 8-4　老年人 TSV、APMV 与操作温度的回归

2）老年人 TSV 和 APMV 关系分析

对冬季和夏季的操作温度分别作步长为 1℃的 BIN 处理，对每个温度区间内的老

年人的 TSV 和 APMV1、APMV2、APMVe1 和 APMVe2 做平均，并分别进行线性回归分析，回归方程如表 8-3 所示，所有线性回归方程均通过显著性检验（$P < 0.001$）。

表 8-3　冬季和夏季老年人实际热感觉投票 TSV 与预测适应性热感觉投票 APMV 的回归方程

季　节	回归方程	决定系数 R^2	显著性水平 P
冬季	MTSV = 1.492 MAPMV1 + 0.790	0.709	0.000
	MTSV = 1.118 MAPMV2 + 0.471	0.672	0.000
夏季	MTSV = 0.238 MAPMV1 + 0.171	0.668	0.025
	MTSV = 0.206 MAPMV2 + 0.221	0.611	0.038
	MTSV = 0.339 MAPMVe1 + 0.171	0.668	0.025
	MTSV = 0.294 MAPMVe2 + 0.221	0.611	0.038

注：MTSV—平均热感觉投票；MAPMV1—个体服装热阻情况下的平均预测适应性热感觉投票；MAPMV2—平均服装热阻情况下的平均预测适应性热感觉投票；MAPMVe1—个体服装情况下的平均修正预测适应性热感觉投票；MAPMVe2—平均服装热阻情况下的平均修正适应性热感觉投票。

3. 回归法计算的老年人热中性温度

通过回归方法估计的老年人冬季和夏季热中性温度如表 8-4 所示。

在冬季，老年人的实际热中性温度最低；个体服装热阻情况下的预测热中性温度比实际热中性温度高 5℃，平均服装热阻情况下的预测热中性温度比实际热中性温度高 2.4℃；个体服装热阻情况下的预测适应性热中性温度比实际热中性温度高 9.9℃，平均服装热阻情况下的预测适应性热中性温度比实际热中性温度高 6.5℃。

在夏季，实际的热中性温度最低，但与预测热中性温度以及预测适应性中性温度之间的差值均很小。

表 8-4　回归法计算的老年人热中性温度

季节	温度	TSV	PMV1	PMV2	PMVe1	PMVe2	APMV1	APMV2	APMVe1	APMVe2
冬季	T_n（℃）	16.6	21.6	19.0	—	—	26.5	23.2	—	—
夏季	T_n（℃）	25.4	25.7	26.0	25.7	26.0	25.9	26.1	25.9	26.2

注：T_n—热中性温度；TSV—实际热感觉投票；PMV1—个体服装热阻情况下的预测热感觉投票；PMV2—平均服装热阻情况下的预测热感觉投票；PMVe1—个体服装热阻情况下的修正预测热感觉投票；PMVe2—平均服装热阻情况下的修正预测热感觉投票；APMV1—个体服装热阻情况下的预测适应性热感觉投票；APMV2—平均服装热阻情况下的预测适应性热感觉投票；APMVe1—个体服装热阻情况下的修正预测适应性热感觉投票；APMVe2—平均服装热阻情况下的修正适应性热感觉投票。

4.Griffiths 法计算的老年人热中性温度

当居住者可以用不同的方式对自身的热舒适进行调节时，包括服装、新陈代谢、行为和环境控制等，他们的热感觉投票就保持在"适中"。Oseland（1994）提到，现场调查中，如果人们可以通过更换衣服、调节温度控制装置或打开窗户等行为来调节热舒适，那么就不适合通过简单的回归方法来获得热中性温度。Rijal（2013）采用 Griffiths 法来计算热中性温度。计算方法如式（8-1）所示。

$$T_{n_i} = t_{op_i} + \frac{(0 - TSV_i)}{\alpha} \tag{8-1}$$

式中，T_{n_i} 为第 i 个热中性温度（℃），t_{op_i} 为第 i 个操作温度（℃），TSV_i 为第 i 个老年人的热感觉投票，为回归系数，$i = 1, 2, \cdots, m$。

Humphreys 和 Rijal（1998）在应用 Griffiths 法计算基于七点标度热感觉投票热中性温度时，选用 0.25、0.33 和 0.50 作为回归系数。本书也采用这种方法对老年人热中性温度进行计算，计算结果如表 8-5 所示。从表 8-5 可以看出，在冬季和夏季，不同回归系数情况下计算的老年人平均热中性温度差值均很小。因此，本书选用 0.33 作为 Griffiths 法计算老年人热中性温度的回归系数，从而得到老年人冬季和夏季热中性温度均值为分别为 14℃ 和 28℃，比老年人实际热感觉投票与操作温度回归法计算的热中性温度分别低 2.6℃ 和高 2.6℃。

表 8-5 Griffiths 法计算的老年人热中性温度

季 节	回归系数	热中性温度 T_n（℃）		
		样本量	均 值	标准偏差
冬季	0.25	342	14.2	3.832
	0.33	342	14.0	3.184
	0.50	342	13.7	2.636
夏季	0.25	330	27.5	3.220
	0.33	330	28.0	2.564
	0.50	330	28.5	1.973

8.1.4 生理参数、年龄和性别对热中性温度的影响

1. 生理参数对热中性温度的影响

如图 8-5 所示为冬季和夏季生理参数正常和生理参数非正常老年人的 Griffiths 法热中性温度和热感觉投票在不同操作温度下的分布情况。在冬季，生理参数正常和非正常老年人的 Griffiths 法热中性温度分别为 14.1℃ 和 13.9℃；在夏季，生理参数正常和非正常老年人的 Griffiths 法热中性温度分别为 27.9℃ 和 28.0℃。采用单因素方差分析法（ANOVA）对生理参数正常和非正常老年人的热中性温度进行假设检验。

如表 8-6 所示为方差齐次性检验结果，冬季和夏季 Levene 统计量分别为 1.408 和 2.931，在当前自由度下对应的显著性水平 P 分别为 0.236 和 0.088，当 $P > 0.05$ 时，可以认为冬季和夏季样本所来自的总体均满足方差齐次性的要求，从而进行单因素方差分析，结果如表 8-7 所示。表 8-7 中，冬季和夏季检验统计量 F 分别为 0.191 和 0.017，显著性均为 $P > 0.05$。由此可以认为冬季和夏季生理参数正常和非正常老年人的热中性温度总体均值均不存在统计学差异。

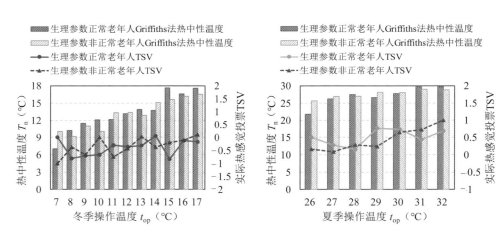

图 8-5 生理参数正常与非正常老年人的热中性温度和热感觉投票

表 8-6 生理参数正常与非正常老年人的热中性温度方差齐次检验结果

季　节	Levene 统计	自由度 $df1$	自由度 $df2$	显著性水平 P
冬季	1.408	1	340	0.236
夏季	2.931	1	328	0.088

表 8-7　生理参数正常与非正常老年人的热中性温度的单因素方差分析

季　节	变异来源	平方和	自由度 df	均方	检验统计量 F	显著性水平 P
冬季	组间	1.938	1	1.938	0.191	0.662
	组内	3 449.335	340	10.145		
	总计	3 451.273	341			
夏季	组间	0.112	1	0.112	0.017	0.896
	组内	2 164.374	328	6.599		
	总计	2 164.486	329			

用 Spearman 秩相关系数双侧检验法考查老年人生理参数与 Griffiths 法热中性温度之间的相关关系，分析结果如表 8-8 所示。由表 8-8 可以看出，在冬季，老年人的热中性温度在 0.05 水平上与手指皮温正相关，与平均动脉压负相关；在夏季，老年人的热中性温度与手指皮温在 0.05 水平上正相关，与收缩压在 0.01 水平上负相关。

表 8-8　冬季老年人生理参数与热中性温度相关性分析

季　节	变量	心　率	手指皮温	血氧饱和度	收缩压	平均动脉压	舒张压
冬季	热中性温度	0.033	0.136*	−0.080	−0.061	−0.108*	−0.081
夏季		0.102	0.113*	0.089	−0.139*	−0.099	−0.022

注：* 表示在 0.05 水平（双侧）上显著相关。

2. 年龄对热中性温度的影响

如图 8-6 所示为冬季和夏季不同年龄段老年人的 Griffiths 法热中性温度和热感觉投票在不同操作温度下的分布情况。在冬季，70～79 岁、80～89 岁和 90 岁以上老年人的 Griffiths 法热中性温度分别为 14.0℃、14.0℃和 13.8℃；在夏季，70～79 岁、80～89 岁和 90 岁以上老年人的 Griffiths 法热中性温度分别为 28.0℃、28.0℃和 28.1℃。

如表 8-9 所示为方差齐次性检验结果，冬季和夏季 Levene 统计量分别为 1.519 和 4.911，在当前自由度下对应的显著性水平 P 分别为 0.220 和 0.027，冬季检验结果显著性水平 P > 0.05，可以认为冬季样本所来自的总体均满足方差齐次性的要求；夏季检验结果显著性水平 P < 0.05，可以认为夏季样本所来自的总体均不满足方差齐次性的要求。从而分别采用单因素方差分析法和 Kruskal-Wallis 检验法对不同性别老年人

的热中性温度进行假设检验。结果如表 8-10 和表 8-11 所示，检验结果的显著性水平均为 $P > 0.05$。由此可以认为不同年龄段老年人的热中性温度总体均值均不存在统计学上的显著差异。

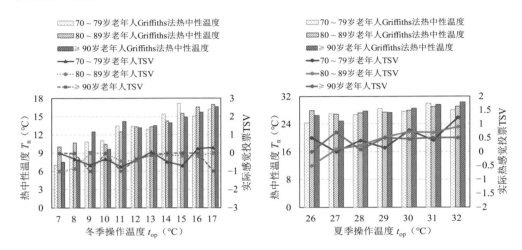

图 8-6　不同年龄段老年人的热中性温度和热感觉投票

表 8-9　不同年龄段老年人的热中性温度方差齐次检验结果

季　节	Levene 统计	自由度 $df1$	自由度 $df2$	显著性水平 P
冬季	1.519	2	339	0.220
夏季	4.911	1	328	0.027

表 8-10　不同年龄段老年人冬季热中性温度的单因素方差分析

季　节	变异来源	平方和	自由度 df	均方	检验统计量 F	显著性水平 P
冬季	组间	0.716	2	0.358	0.035	0.965
	组内	3 450.556	339	10.179		
	总计	3 451.273	341			

表 8-11　不同年龄段老年人夏季热中性温度的 Kruskal-Wallis 检验

季　节	分组变量	检验变量（类型）	显著性水平 P	检验结果
夏季	年龄段	热中性温度（连续变量）	0.346	不同年龄段老年人热中性温度没有显著差异

3. 性别对热中性温度的影响

如图 8-7 所示为冬季和夏季不同性别老年人的 Griffiths 法热中性温度和热感觉投票在不同操作温度下的分布情况。在冬季，男性和女性老年人的 Griffiths 法热中性温度均为 14.0℃；在夏季，男性和女性老年人的 Griffiths 法热中性温度分别均为 28.0℃。如表 8-12 所示为方差齐次性检验结果，冬季和夏季 Levene 统计量分别为 6.253 和 2.192，在当前自由度下对应的显著性水平 P 分别为 0.013 和 0.140，冬季检验结果显著性水平 $P < 0.05$，可以认为冬季样本所来自的总体均不满足方差齐次性的要求；夏季检验结果显著性水平 $P > 0.05$，可以认为夏季样本所来自的总体均满足方差齐次性的要求。从而分别采用独立样本 t 检验和单因素方差分析法对不同性别老年人的热中性温度进行假设检验。结果如表 8-13 和表 8-14 所示，检验结果的显著性水平均为 $P > 0.05$。由此可以认为冬季和夏季男性和女性老年人的热中性温度总体均值都不存在统计学上的显著差异。

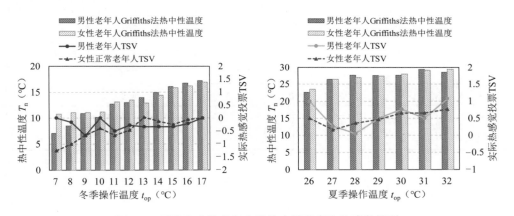

图 8-7　男性和女性老年人的热中性温度和热感觉投票

表 8-12　男性和女性老年人的热中性温度方差齐次检验结果

季　节	Levene 统计	自由度 $df1$	自由度 $df2$	显著性水平 P
冬季	6.253	1	340	0.013
夏季	2.192	1	328	0.140

表 8-13　男性和女性老年人冬季热中性温度的独立样本 t 检验

季　节	检验统计量 t	自由度	显著性水平 P（双侧）	平均值	标准误差差值	差值的95%置信区间	
						下限	上限
冬季	-0.031	221.878	0.975	-0.117	0.376	-0.714	0.691

表 8-14　男性和女性老年人的冬季热中性温度单因素方差分析

季　节	变异来源	平方和	自由度 df	均　方	检验统计量 F	显著性水平 P
夏季	组间	0.024	1	0.024	0.004	0.952
	组内	2 164.462	328	6.599		
	总计	2 164.486	329			

4. 老年人的热接受温度

建立冬季和夏季操作温度与老年人热接受率的线性回归方程，如表 8-15 所示，所有回归方程均通过显著性检验。

表 8-15　冬季和夏季老年人热接受率与操作温度的线性回归

季　节	自变量	因变量	常　量	系　数	决定系数 R^2	显著性水平 P
冬季	操作温度 t_{op}（℃）	热接受率 R	0.334	0.032	0.502	0.022
夏季			2.383	-0.058	0.784	0.019

在热接受率与操作温度的线性回归方程中取接受率为 0.9，得到 90% 受试老年人接受的冬季温度下限为 17.7℃，夏季温度上限为 25.6℃。热接受率方程计算得到的冬季温度下限对应热感觉为 +0.03，计算得到的夏季温度上限对应热感觉为 -0.04，均十分接近中性热感觉。并且在本书中，冬季老年人的热感觉、热满意和热期望出现了近似同步的现象，夏季老年人的热感觉、热满意和热期望出现了完全同步的现象。这说明老年人偏好热中性环境。取接受率为 0.85，得到 85% 受试老年人可接受的冬季温度下限为 16.1℃，夏季温度上限为 26.4℃。取接受率为 0.8，得到 80% 受试老年人可接受的冬季温度下限为 14.6℃，夏季温度上限为 27.3℃，80% 受试老年人可接受的冬季温度下限和夏季温度上限与 Griffiths 法计算得出的热中性温度近似相等。

5. 老年人的热敏感度分析

热敏感度是人们对所处室内温度的敏感程度，一些学者认为，受试者的热敏感度可以用热感觉投票 TSV 线性回归方程的回归系数（即拟合直线的斜率）来衡量。回归系数越大，热感觉改变一个标度所需要的温度变化值越小，热敏感度越高。

本书使用同样的方法对老年人的热敏感度进行分析，也就是通过考查老年人热感觉投票 TSV 与操作温度回归方程的斜率来确定老年人的热敏感水平。冬季和夏季的线性回归方程如式（8-2）和式（8-3）所示。

$$TSV = 0.079 t_{op} - 1.311，R^2 = 0.042，P < 0.001 （冬季） \tag{8-2}$$

$$TSV = 0.128 t_{op} - 3.249，R^2 = 0.066，P < 0.001 （夏季） \tag{8-3}$$

根据式（8-2）和式（8-3），本书受试老年人冬季热敏感度为 0.079，夏季热敏感度为 0.128。Hwang（2010）也发现了类似的结果，他们发现老年人对温暖环境的敏感度高于寒冷环境。在本书中，老年人的敏感度在冬季和夏季都较低，冬季操作温度变化 6.3℃、夏季操作温度变化 3.9℃，老年人的热感觉会改变 0.5 个标度。Ye（2006）研究发现，上海地区年轻人的热敏感度也较低，并将这种原因归结为存在调整服装的热适应行为。在本书中，我们认为老年人的热敏感度不高的一个原因是老年人生理机能下降，而另一个原因是老年人穿了较多的衣服，尤其在冬季，老年人的服装热阻普遍较大。

8.2　老年人的行为适应性

生活在真实建筑中的人，可以通过适当的调节方式，使自己感觉舒适。在预调研中，本书通过对老年人日常生活的观察，确定了一系列老年人常用的热适应调节方式，并在调研中设定可多选的题项，了解老年人的热适应调节行为和意愿。

8.2.1　老年人的热适应行为

现场调查冬季和夏季老年人热适应行为统计结果如图 8-8 所示。由图 8-8 可以看出，在冬季和夏季，90% 以上的受试老年人都选择了加减衣物和开关窗户作为热适应调节手段。在冬季，老年人最常用的热舒适调节手段还有晒太阳（85.4%）和离开房间（61.7%）。现场调查结果表明，老年人偏向于原始且较少消耗能源的方式来调节热舒适，这一点在冬季更为明显。

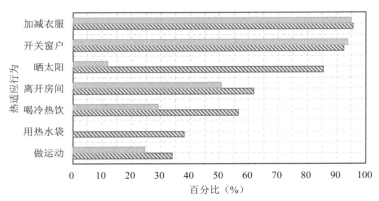

图 8-8   冬季和夏季老年人热适应行为

8.2.2   老年人生理参数状态、年龄、性别对热适应行为的影响

1. 老年人生理参数状态对热适应行为的影响

如图 8-9 所示为冬季和夏季生理参数正常与生理参数非正常老年人的热适应行为百分比,图中虚线所框行为是老年人的意愿行为。卡方检验结果如表 8-16 所示,如果渐进显著性水平 $P < 0.05$,则认为生理参数正常与非正常老年人在该项热适应行为上存在统计学上的显著差异。由表 8-16 可以看出,在冬季,所有的热适应行为都不受生理参数正常与否的影响,卡方检验显著性水平都为 $P > 0.05$;在夏季,开关窗户的行为受生理参数状态的影响,卡方检验显著性水平为 $P < 0.05$,结合图 8-9 可以看出,用开关窗户行为来调节热舒适的生理参数非正常老年人比例(96.8%)大于生理参数正常的老年人比例(90.1%)。

2. 老年人年龄对热适应行为的影响

如图 8-10 所示为冬季和夏季不同年龄段老年人的热适应行为百分比,图中虚线所框行为是老年人的意愿行为。卡方检验结果如表 8-17 所示,如果渐进显著性水平 $P < 0.05$,则认为不同年龄段老年人在该项热适应行为上存在统计学上的显著差异。由表 8-17 可以看出,在冬季,开关电热器的意愿和离开房间的行为受年龄的影响,卡方检验显著性水平为 $P < 0.05$,结合图 8-10 可以看出,70 ~ 79 岁年龄段老年人意愿选择开关电热器行为来调节热舒适的比例最大(12.5%),用离开房间的行为来调节热舒适的老年人百分比随着年龄的增加而减小。

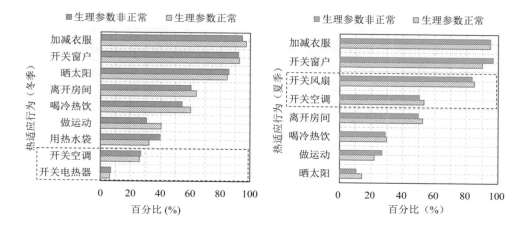

图 8-9　生理参数正常与非正常老年人的热适应行为

表 8-16　生理参数正常与非正常老年人热适应行为的卡方检验

季　节	分　组	行　为	卡方值	渐进显著性水平 P（双向）
冬季	生理参数正常 生理参数非正常	加减衣服	1.110	0.292
		开关窗户	0.037	0.848
		开关空调	0.020	0.889
		晒太阳	0.064	0.801
		开关电热器	0.046	0.830
		喝冷热饮	1.031	0.310
		做运动	3.216	0.073
		离开房间	0.358	0.550
		用热水袋	1.750	0.186
夏季	生理参数正常 生理参数非正常	加减衣服	0.007	0.932
		开关窗户	6.471	0.011
		开关空调	0.277	0.599
		晒太阳	0.984	0.321
		开关风扇	0.138	0.710
		喝冷热饮	0.018	0.892
		做运动	1.080	0.299
		离开房间	0.244	0.621

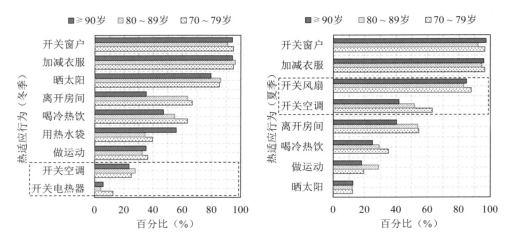

图 8-10　不同年龄段老年人的热适应行为

表 8-17　不同年龄段老年人热适应行为的卡方检验

季　节	分　组	行　为	卡方值	渐进显著性水平（双向）
冬季	70～79 岁 80～89 岁 ≥ 90 岁	加减衣服	0.526	0.769
		开关窗户	1.485	0.476
		开关空调	0.454	0.797
		晒太阳	1.121	0.571
		开关电热器	7.221	0.027
		喝冷热饮	3.442	0.179
		做运动	0.483	0.786
		离开房间	11.385	0.003
		用热水袋	5.861	0.053
夏季	70～79 岁 80～89 岁 ≥ 90 岁	加减衣服	0.464	0.793
		开关窗户	3.289	0.193
		开关空调	5.894	0.053
		晒太阳	0.017	0.991
		开关风扇	0.735	0.693
		喝冷热饮	1.560	0.458
		做运动	4.448	0.108
		离开房间	4.173	0.124

前文的分析已经得出，"每天在室内的时间"是老年人对冬季室内环境热满意的影响因素，老年人在室内时间越长，对环境热满意度越高，这种影响可能会导致老年人长时间待在室内。除此之外，90 岁以上的老年人由于生理机能的下降，更偏向于留在室内，但调研期间室内空气温度偏低，热环境状态较差。在夏季，所有的热适应行为都不受年龄的影响，卡方检验显著性水平都为 $P > 0.05$。

3. 老年人性别对热适应行为的影响

如图 8-11 所示为冬季和夏季男性老年人和女性老年人的热适应行为百分比，图中虚线所框行为是老年人的意愿行为。卡方检验结果如表 8-18 所示，如果渐进显著性水平 $P < 0.05$，则认为男性老年人和女性老年人在该项热适应行为上存在统计学上的显著差异。由表 8-18 可以看出，在冬季，开关空调意愿、做运动和用热水袋的行为都受性别的影响，卡方检验显著性水平都为 $P < 0.05$。结合图 8-11 可以看出，意愿选择开关空调来调节热舒适的男性老年人比例（34.1%）大于女性老年人比例（22.2%），用做运动来调节热舒适的男性老年人比例（46.8%）也大于女性老年人比例（26.4%），而用热水袋的女性老年人比例（42.1%）大于男性老年人比例（40.0%）。在冬季和夏季，用喝冷热饮的行为来调节热舒适的行为均受性别的影响，卡方检验显著性水平为 $P < 0.05$。结合图 8-11 可以看出，在冬季，喝冷热饮的男性老年人比例（65.1%）大于女性老年人比例（51.4%）；在夏季，喝冷热饮的男性老年人比例（17.8%）小于女性老年人比例（35.0%）。

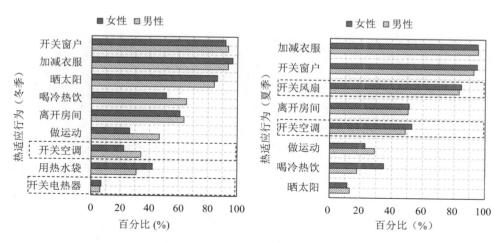

图 8-11　男性老年人和女性老年人的热适应行为

表 8-18   男性老年人和女性老年人热适应行为的卡方检验

季　节	分　组	行　为	卡方值	渐进显著性水平（双向）
冬季	男性女性	加减衣服	1.834	0.176
		开关窗户	0.446	0.504
		开关空调	5.775	0.016
		晒太阳	0.251	0.616
		开关电热器	0.045	0.832
		喝冷热饮	6.067	0.014
		做运动	14.829	0.000
		离开房间	0.272	0.602
		用热水袋	4.219	0.040
夏季	男性女性	加减衣服	0.011	0.981
		开关窗户	0.558	0.455
		开关空调	0.539	0.463
		晒太阳	0.138	0.710
		开关风扇	0.135	0.713
		喝冷热饮	10.332	0.001
		做运动	1.442	0.230
		离开房间	0.012	0.911

8.2.3　老年人服装行为的适应性

调节服装热阻是老年人最主要的热适应调节手段。选择加减衣服作为热适应调节手段的老年人在冬季和夏季分别占到了 95.6% 和 94.9%。图 8-12 和图 8-13 分别是冬季和夏季老年人服装热阻随温度分布的散点图。

采用 BIN 法，按等距步距分别对冬季和夏季的室内操作温度、室外平滑周平均温度进行分组，并分别取各段服装热阻的平均值与温度进行回归分析。其中，室内操作温度选择 1℃步距，室外平滑周平均温度选择 2℃步距。图 8-14 和图 8-15 分别为冬季和夏季老年人服装热阻与室内操作温度及室外平滑周平均温度的散点图和回归曲线，所有的回归方程都通过了拟合优度和显著性检验，显著性水平 $P < 0.05$。

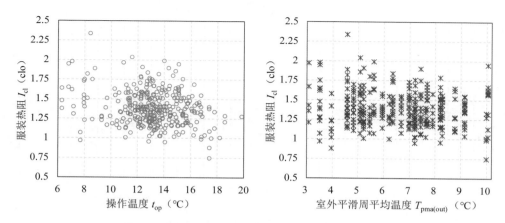

图 8-12　冬季老年人服装热阻随温度分布的散点图

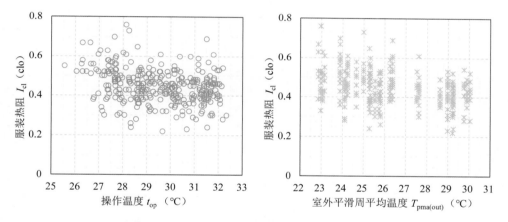

图 8-13　夏季老年人服装热阻随温度分布的散点图

由图 8-14 和图 8-15 可以看出，冬季和夏季老年人的服装热阻均随着温度的升高而降低，但回归方程的系数都较小，这说明，老年人服装热阻随温度升高而降低的值都较小。Nam（2016）指出，在夏季，对服装的调节有限，因为人们的着装量已经很小了。前人对老年人和年轻人的研究中也得出过类似的结论，如表 8-19 所示。用本书夏季研究结论与 Wu（2019）在长沙的夏季研究进行比较，可以发现，同为夏热地区，当操作温度相同时，老年人的服装热阻比年轻人大 0.242 clo。

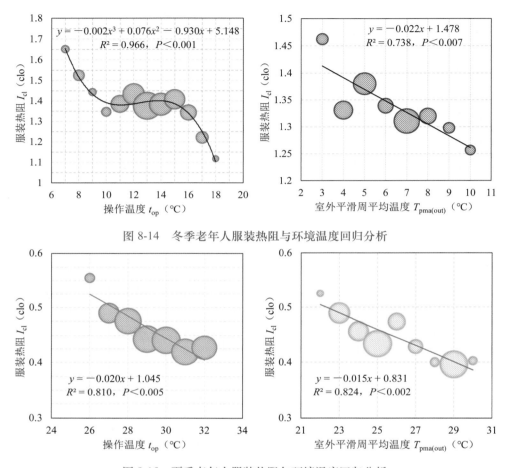

图 8-14　冬季老年人服装热阻与环境温度回归分析

图 8-15　夏季老年人服装热阻与环境温度回归分析

　　进一步进行单因素方差分析（ANOVA），考察不同温度下老年人服装热阻的差异性，当显著性水平 $P < 0.05$ 时，表示不同温度下老年人服装热阻有显著差异，分析结果列于表 8-20。由表 8-20 可以看出，在冬季，不同操作温度下老年人的服装热阻在统计学上有显著差异；在夏季，不同操作温度下老年人的服装热阻和不同室外平滑周平均温度下老年人的服装热阻在统计学上均有显著差异。

表 8-19　服装热阻与环境参数的前人研究成果

研究者	省/市	季　节	受试者年龄	回归方程	决定系数 R^2
Hwang（2010）	台湾	冬季夏季	60 岁以上平均 71 岁	$I_{cl} = -0.07t_{op} + 2.37$	0.79
Ye（2006）	上海	全年	18～42 岁	$I_{cl} = -0.04t_{op} + 1.44$ $I_{cl} = -0.03T_{out} + 1.26$	0.78 0.76
Wu（2019）	长沙	夏季	26.1±5.5 岁	$I_{cl} = -0.02t_{op} + 0.803$	0.58
Zhang（2011）	广州	夏季秋季春季	22.02±0.8 岁	$I_{cl} = -0.036\text{ET*} + 1.582$	0.861

注：R^2—决定系数；I_{cl}—服装热阻；t_{op}—操作温度；T_{out}—室外温度；ET*—新的有效温度。

表 8-20　不同温度下老年人服装热阻的单因素方差分析

季　节	因　子	变异来源	平方和	自由度 df	均　方	检验统计量 F	显著性水平 P
冬季	操作温度	组间	13.054	233	0.056	1.629	0.002
		组内	3.715	108	0.034		
		总计	16.769	341			
	室外平滑周平均温度	组间	1.564	23	0.068	1.422	0.097
		组内	15.206	318	0.048		
		总计	16.769	341			
夏季	操作温度	组间	1.821	208	0.009	1.745	0.000
		组内	0.607	121	0.005		
		总计	2.428	329			
	室外平滑周平均温度	组间	0.725	25	0.029	5.174	0.000
		组内	1.703	304	0.006		
		总计	2.428	329			

　　将室内温度分区间后，冬季有 88.3% 的室内温度分布在 10℃ ~ 16℃温度区间，在这个范围内老年人服装热阻没有显著差异，说明老年人冬季服装热阻对热舒适的调节作用不明显。另外，虽然仅有 7.2% 的房间温度低于 10℃，但在 7℃ ~ 9℃范围内，老年人服装热阻也没有显著差异，由于老年人主要采取加减衣服来调节热舒适，低室温条件下，如果服装调节不起效果，将会给老年人带来潜在的健康危害。在夏季，有 28.8% 的房间温度低于 29℃，有 71.2% 的房间温度在 29℃ ~ 32℃，在这两个温度区间内，老年人的服装热阻均没有显著差异。本书中，虽然服装热阻随着操作温度的升高而降低，但两者的回归方程系数的绝对值均低于 0.03，说明在夏季，服装热阻的热适应调节能力是有限的。

　　如图 8-16 所示为冬季和夏季老年人实际热感觉投票与服装热阻的关系，图中每一个热感觉标度对应的服装热阻为投票为该标度的所有老年人服装热阻的均值。由图 8-16 可以看出，冬季和夏季各标度热感觉下老年人的服装热阻都分布在平均服装热阻附近。用单因素方差分析不同热感觉下老年人的服装热阻差异性，结果如表 8-21 所示。结果表明，冬季和夏季老年人各标度热感觉下的服装热阻均值都没有统计学差异，显著性水平均为 $P > 0.05$。由此，可以说明，在冬季和夏季，调节服装的热适应行为对老年人改善热舒适的效果有限。

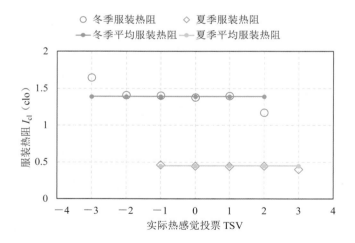

图 8-16　实际热感觉投票与服装热阻的关系

表 8-21　不同热感觉下老年人服装热阻的单因素方差分析

季　节	因　子	变异来源	平方和	自由度 df	均　方	检验统计量 F	显著性水平 P
冬季	热感觉	组间	0.105	5	0.021	0.422	0.833
		组内	16.665	336	0.050		
		总计	16.769	341			
夏季	操作温度	组间	0.014	4	0.003	0.465	0.762
		组内	2.414	325	0.007		
		总计	2.428	329			

8.2.4　老年人开关窗户行为的适应性

开关窗户有助于改善室内的空气流动状况，从而改变室内的热环境，也是老年人经常采用的热适应调节手段。Hwang（2010）的研究发现，开关窗户是老年人和非老年人都最常使用的热适应调节方式，但更受老年人的喜爱。本书选择开关窗户作为热适应调节手段的老年人在冬季和夏季分别占到了 92.4% 和 93.6%。

Logistic 回归法可以用来预测居住者在室内的行为。窗户开启的概率（P）和室内或室外温度（T）的关系可以描述为

$$\text{logit}(P) = \log [P/(1-P)] = bT + c \tag{8-4}$$

式中，

$$P = \frac{\exp^{(bT+c)}}{1 + \exp^{(bT+c)}} \tag{8-5}$$

式中，exp（指数函数）是指以自然对数为底、b 为回归方程的系数；c 为回归方程的常数。

表 8-22 为本书冬季和夏季老年人开关窗户行为的 Logistic 回归方程。可以看出，冬季窗户开启概率与室内操作温度和室外平滑周平均温度的 Logistic 回归方程均未通过显著性检验，显著性水平 $P > 0.05$，说明冬季老年人的窗户开启概率不适合用 Logistic 回归法分析。因此，本书采用线性回归法对冬季老年人的窗户开启概率进行分析，采用 Logistic 回归法对夏季老年人的窗户开启概率进行分析，如图 8-17 和图 8-18 所示为冬季和夏季的回归曲线和方程。可以看出，在冬季，窗户开启概率随着操作温度和室外平滑周平均温度的升高而升高；在夏季，窗户开启概率同样随着操作温度和室外平滑周平均温度的升高而降低，当操作温度达到 28.5℃时，窗户开启概率达到 0.9 以上，当室外平滑周平均温度达到 25.0℃时，窗户开启概率达到 0.9 以上。

表 8-22　窗户开启概率的 Logistic 回归方程

季　节	参　数	回归系数	标准偏差	决定系数 R^2	显著性水平 P
冬季	t_{op}	0.016	0.050	0.000	0.751
	常量	-0.967	0.662		0.144
	$T_{pma(out)}$	0.089	0.068	0.007	0.190
	常量	-1.348	0.467		0.004
夏季	t_{op}	0.846	0.177	0.223	0.000
	常量	-21.829	4.958		0.000
	$T_{pma(out)}$	0.800	0.180	0.239	0.000
	常量	-17.597	4.377		0.000

图 8-17　冬季老年人窗户开启概率与操作温度和室外温度的线性回归

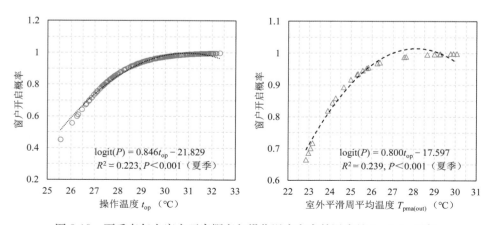

图 8-18　夏季老年人窗户开启概率与操作温度和室外温度的 Logistic 回归

同样用单因素方差分析（ANOVA），考察不同温度下老年人窗户开启概率的差异性。结果如表 8-23 所示。由表 8-23 可以看出，在冬季和夏季，老年人的窗户开启概率在室外平滑周平均温度每个温度点下存在统计学上的显著差异；在冬季，老年人的窗户开启概率在室内操作温度全区间的每个温度点下存在统计学上的显著差异，对室内操作温度进行分段后，当室内操作温度低于 10℃时，窗户开启概率在操作温度的每个温度点下不存在统计学上的显著差异，当室内操作温度高于 10℃时，窗户开启概率在操作温度的每个温度点下存在统计学上的显著差异；在夏季，老年人的窗户开启概率在室内操作温度全区间的每个温度点下存在统计学上的显著差异，对室内操作温度进行分段后，当室内操作温度低于 29℃时，窗户开启概率在操作温度的每个温度点下不存在统计学上的显著差异。当室内操作温度高于 29℃时，开窗比例在操作温度的每个温度点下存在统计学上的显著差异。

表 8-23　冬季和夏季不同温度下老年人窗户开启概率的单因素方差分析

季　节	温度区间	检验统计量 F	显著性水平 P
冬　季	$3℃ \leqslant T_{pma(out)} \leqslant 10℃$	3.644	0.000
	$7℃ \leqslant t_{op} < 10℃$	2.100	0.147
	$10℃ \leqslant t_{op} \leqslant 16℃$	2.289	0.036
	$7℃ \leqslant t_{op} \leqslant 17℃$	2.128	0.022
夏　季	$22℃ \leqslant T_{pma(out)} \leqslant 30℃$	5.414	0.000
	$26℃ \leqslant t_{op} < 29℃$	1.840	0.165
	$29℃ \leqslant t_{op} \leqslant 32℃$	3.485	0.017
	$26℃ \leqslant t_{op} \leqslant 32℃$	6.359	0.000

注：$T_{pma(out)}$—室外平滑周平均温度；t_{op}—操作温度。

其次，分析开窗行为对老年人热适应的调节效果。冬季，在全操作温度区间和操作温度大于 10℃时，老年人窗户开启概率在不同的操作温度下有显著性差异，且随着操作温度的升高，窗户开启概率逐渐升高，说明老年人采取开窗的方式来调节热舒适。独立样本 t 检验结果表明，当 $7℃ \leqslant t_{op} \leqslant 17℃$时，开窗房间和关窗房间的室内操作温度不存在统计学上的显著差异（$t = 0.316$，$P = 0.752$），开窗和关窗房间平均温度分别为 13.2℃和 13.1℃。当 $10℃ \leqslant t_{op} \leqslant 16℃$时，开窗房间和未开窗房间的室内操作温度存在统计学上的显著差异（$t = 2.847$，$P = 0.005$），关窗房间平均温度为 13.4℃，开窗房间平均温度为12.9℃。在夏季，在全操作温度区间和操作温度大于29℃时，老年人的窗户开启概率在不同的操作温度下存在统计学上的显著性差异。独立样本 t 检验结果表明，当 26℃ ≤ t_{op} ≤ 32℃时，开窗房间和关窗房间的室内操作温度存在统计学上的显著差异（$t = 5.741$，$P = 0.000$），关窗房间平均温度为27.9℃，开窗房间平均温度为29.7℃。当 29℃ ≤ t_{op} ≤ 32℃时，开窗房间和未开窗房间的室内操作温度存在统计学上的显著差异（$t = -2.368$，$P = 0.019$），关窗房间平均温度为29.5℃，开窗房间平均温度为30.4℃。

从分析结果可以看出，在冬季，虽然在某些温度区间下，开窗户房间和关窗户房间的室内温度在统计学上存在显著差异，但房间的温度均值却相差不大。所以，开关窗户对冬季房间的温度调节是不明显的。在夏季，开关窗户可以调节室内的温度。在调研中，我们发现，老年人选择开关窗作为热适应调节手段，部分原因是为了调节室内温度，部分原因是为了通风，通过改善室内的气流速度来改善热舒适。但独立样本 t 检验结果发现，在冬季，开窗房间和未开窗房间室内风速不存在统计学上的显著差异（$t = -0.555$，$P = 0.579$），开窗房间和关窗房间的风速均为0.04 m/s。在夏季，开窗房间和未开窗房间室内风速存在显著差异（$t = 5.462$，$P = 0.000$），开窗房间和未开窗房间的平均风速分别为0.21 m/s和0.10 m/s。

以上分析表明，在冬季，开关窗户不能有效地调节室内热环境；在夏季，开关窗户可以调节室内的温度和风速，从而调节老年人的热舒适。

在夏季，老年人主要采用加减衣物、开关窗户作为热适应调节的手段，这些手段产生了一定的效果。在冬季，老年人的服装热阻调节与开关窗户调节效果均有限，晒太阳则依赖于天气和场地状况，效果有限。冬季老年人尚缺乏有效的热适应调节手段。由于老年人倾向于使用原始且较少消耗能源的方式进行热适应调节，因此在老年人居住建筑设计上可以考虑被动式设计因素，为老年人提供舒适、健康和节能的生活环境。此外，国内研究者均指出，冬季调节活动水平是比调节服装热阻更为有效的热适应调节手段，应鼓励老年人进行体育锻炼，在保证老年人热舒适的同时提高老年人的身体素质。

8.3　老年人热适应模型

8.3.1　现有热适应模型对上海地区老年人的适用性分析

目前采用热适应模型来确定非空调采暖环境室内热舒适区的标准主要有：欧洲标准（EN 15251-2007）、ASHRAE 55 标准（ASHRAE Standard 55-2013）和我国民用建筑室内热湿环境评价标准（GB/T 50785—2012）。本书用现场调查数据进行适用性验证，验证不同适应性热舒适标准对夏热冬冷地区老年人的适用性。

1. 欧洲标准（EN 15251-2007）中热适应模型的适用性分析

该标准中热适应模型的示意图以及调研数据的分布情况如图 8-19 所示。从图 8-19 可以看出，欧洲标准（EN 15251-2007）中热适应模型适用的室外温度条件为 10℃～30℃。本书中冬季室外平滑周平均温度范围为 3.1℃～10℃，有 95.6% 的数据点超出模型适用范围。本书中夏季平滑周平均温度范围为 22.9℃～30.1℃，仅有 2.4% 的数据点超出模型的适用范围。但是，欧洲标准（EN 15251-2007）中热适应模型预测的热中性温度与调研得出的老年人实际热中性温度存在统计学上的显著差异，显著性水平 $P < 0.05$，t 检验结果如表 8-24～表 8-26 所示。

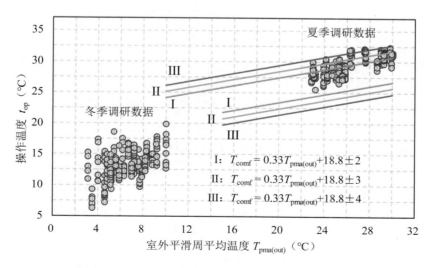

图 8-19　EN 15251-2007 中热适应模型的适用性分析

表 8-24　EN 15251-2007 热适应模型适用性分析：组统计

计算方法	样本量	均　值	标准偏差	标准误差平均值
Griffiths 法实际热中性温度	330	28.0	2.6	0.14
EN 15251-2007 热适应模型预测热中性温度	330	27.5	0.7	0.04

表 8-25　EN 15251- 2007 热适应模型适用性分析：热中性温度方差齐次检验

总指数	Levene 统计	自由度 *df*1	自由度 *df*2	显著性水平 *P*
	227	1	658	0.000

表 8-26　EN 15251- 2007 热适应模型适用性分析：热中性温度的独立样本 *t* 检验

	检验统计量 *t*	自由度	显著性水平 *P*（双侧）	均值差值	标准误差差值	差值的 95% 置信区间	
						下限	上限
已假设方差齐次	3.219	658	0.001	0.473	0.147	0.184	0.761
未假设方差齐次	3.219	383	0.001	0.473	0.147	0.184	0.762

2.de Dear 和 Brager 热适应模型的适用性分析

de Dear 和 Brager 通过对 ASHRAE database 全球数据库进行整理分析，采用操作温度作为室内热环境指标，室外月平均温度作为室外气候指标，将室内最适宜的舒适温度（中性温度）和室外空气月平均最高温度和最低温度的代数平均值联系起来，构建热适应模型。该标准中热适应模型的示意图以及调研数据的分布情况如图 8-20 所示。从图 8-20 可以看出，ASHRAE Standard 55-2013 中热适应模型适用的室外温度条件为 10℃ ~ 33.5℃。同样，本书中有 95.6% 的冬季数据点超出模型适用范围。本书中夏季平滑周平均温度范围为 22.9℃ ~ 30.1℃，在模型的适用范围内。但是，ASHRAE Standard 55-2013 中热适应模型预测的热中性温度与调研得出的老年人实际热中性温度存在统计学上的显著差异，显著性水平 $P < 0.05$，t 检验结果如表 8-27 ~ 表 8-29 所示。

3.GB/T 50785 — 2012 热适应模型的适用性分析

图 8-21 为《民用建筑室内热湿环境评价标准》（GB/T 50785—2012）中热适应模型示意图以及调研数据的分布情况。从图 8-21 可以看出，GB/T 50785—2012 中热适应模型适用的室外温度条件为 7℃ ~ 35℃。同样，本书中有 57.9% 的冬季数据点超出模型适用范围。本书中夏季平滑周平均温度范围为 22.9℃ ~ 30.1℃，在模型的适用范围内。但是，GB/T 50785—2012 中热适应模型预测的热中性温度与调研得出的老年人

实际热中性温度存在统计学上的显著差异，显著性水平 $P < 0.05$，t 检验结果如表 8-30 ~ 表 8-32 所示。

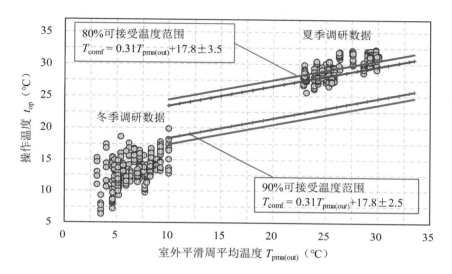

图 8-20　ASHRAE Standard 55-2013 热适应模型的适用性分析

表 8-27　ASHRAE Standard 55-2013 热适应模型适用性分析：组统计

计算方法	样本量	均　值	标准偏差	标准误差平均值
Griffiths 法实际热中性温度	330	28.0	2.6	0.14
ASHRAE 55-2013 热适应模型预测热中性温度	330	26.0	0.7	0.04

表 8-28　ASHRAE Standard 55-2013 热适应模型适用性分析：热中性温度方差齐次检验

总指数	Levene 统计	自由度 $df1$	自由度 $df2$	显著性水平 P
	242	1	658	0.000

表 8-29　ASHRAE Standard 55-2013 热适应模型适用性分析：热中性温度的独立样本 t 检验

	检验统计量 t	自由度	显著性水平 P（双侧）	均值差值	标准误差差值	差值的 95% 置信区间	
						下限	上限
已假设方差齐次	13.672	658	0.000	2.00	0.147	1.712	2.287
未假设方差齐次	13.672	377	0.000	2.00	0.147	1.712	2.287

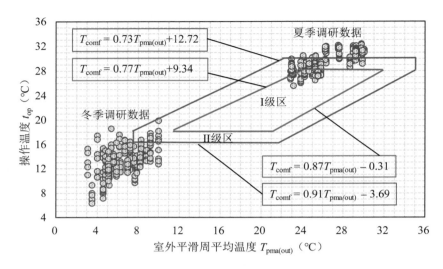

图 8-21　GB/T 50785 — 2012 热适应模型的适用性分析

表 8-30　GB/T 50785 —2012 热适应模型适用性分析：组统计

计算方法	样本量	均值	标准偏差	标准误差平均值
Griffiths 法实际热中性温度	330	28.0	2.6	0.14
GB/T50785—2012 热适应模型预测热中性温度	330	26.1	1.8	0.10

表 8-31　GB/T50785—2012 热适应模型适用性分析：热中性温度方差齐次检验

总指数	Levene 统计	自由度 $df1$	自由度 $df2$	显著性水平 P
	16.573	1	658	0.000

表 8-32　GB/T50785—2012 热适应模型适用性分析：热中性温度的独立样本 t 检验

	检验统计量 t	自由度	显著性水平 P（双侧）	均值差值	标准误差差值	差值的 95% 置信区间	
						下限	上限
已假设方差齐次	10.704	658	0.000	1.86	0.174	1.516	2.198
未假设方差齐次	10.704	595	0.000	1.86	0.174	1.516	2.198

8.3.2　上海地区老年人热适应特点和热适应模型

以上分析发现，现有标准中的热适应模型均不能用来预测夏热冬冷地区老年人的热舒适温度。为了建立夏热冬冷地区老年人的热适应模型，我们首先需要了解居住在此气候区老年人的适应特点。根据前文的分析，我们发现，老年人偏爱热中性温度，会通过热适应行为来使自己的舒适度维持在中性或近似中性状态。虽然在冬季，老年人的热中性温度与手指皮温正相关，与平均动脉压负相关，在夏季，老年人的热中性温度与手指皮温正相关，与收缩压负相关，但老年人的生理健康状态对热中性温度并没有影响，也就是说生理参数正常和非正常老年人的热中性温度不存在显著差异。同样，不同年龄段老年人和不同性别老年人的热中性温度也不存在显著差异。

虽然老年人偏好中性热环境，但是，老年人热敏感度低，对温度变化不敏感，自己感觉判断的中性热环境和热舒适区间可能会对他们的健康造成潜在威胁。例如，在本书中，虽然冬季室内空气温度均值仅为 12.8℃，而且有 85.1% 的调研房间室内温度低于 15℃，有 9.4% 的调研房间的空气温度低于 10℃，但依然有超过 84% 的老年人热感觉投票在热舒适区间 [−1，1]。

在行为适应上，首先，虽然老年人的热适应行为有季节差异，但在冬季和夏季最常用的两种热适应调节行为均为增减衣服和开关窗户。在冬季，增加衣服对老年人热舒适的调节作用不明显，开关窗户也不能有效地调节室内热环境。在夏季，增加衣服的热适应调节手段可以产生一定的效果，但调节作用有限，开关窗户可以调节室内的温度和风速，从而调节老年人的热舒适。其次，用开关窗户行为来调节热舒适的生理参数非正常老年人比例大于生理参数正常的老年人比例。最后，老年人选择或意愿用何种行为来调节热舒适受年龄和性别的影响。

基于前文的分析，我们分别建立了上海地区老年人冬季和夏季的热适应模型，如图 8-22 和图 8-23 所示。冬季的中性温度方程可以通过 TSV 在 [0，1] 区间全部个案的操作温度与室外平滑周平均温度的线性回归获得。Griffiths 法是考虑热适应行为的作用进行计算的热中性温度。老年人会通过热适应行为来使自己的舒适度维持在中性或近似中性状态，且偏好热中性温度，且 80% 受试老年人可接受的冬季温度下限和夏季温度上限与 Griffiths 法计算得出的中性温度近似相等。用 Griffiths 法计算的热中性温度均值与实际热感觉投票回归法计算的热中性温度的差值为 2.6℃，将其作为中性偏移温度建立热舒适区下限的回归方程，如图 8-22 所示。冬季模型的中性温度方程为

TSV = 0 的全部个案的操作温度与室外平滑周平均温度的线性回归，同理，用 Griffiths 法计算的热中性温度均值与实际热感觉投票回归法计算的热中性温度的差值 2.6℃，作为中性偏移温度，建立热舒适区上限的回归方程，如图 8-23 所示。与 GB/T 50785—2012 标准中热适应模型比较，老年人冬季和夏季模型中的回归系数均较小，说明老年人的热舒适温度随着室外温度变化的敏感度低。模型中的边界线为冬季和夏季满足老年人健康要求的最低（高）界线，即冬季不低于 10℃，夏季不高于 28℃。由于在老年人的热健康研究上缺乏有效的数据和相关研究成果，本书以生理学研究中人体对冷环境适应的下临界温度 10℃为冬季健康温度边界，以我国室内热环境设计标准中规定的夏季舒适温度上限 28℃作为夏季健康温度边界。

8.4　小　结

本章通过线性回归、假设检验、Logistic 概率分析的方法，定量分析了现有热舒适指标和热适应模型对上海地区老年人的适应性，构建了热感觉模型、热适应行为模型和热适应模型等，并对老年人的心理、生理和行为的适应特点进行了研究。主要结论如下：

（1）在冬季，个体服装热阻和平均服装热阻情况下计算的预测平均热感觉投票 PMV1 和 PMV2 均低估了老年人的实际热感觉投票 TSV，且随着操作温度的升高，PMV 和 TSV 之间的差值逐渐减小。在夏季，当 t_{op} < 26.5 ℃时，预测热感觉投票（PMV1、PMV2、PMVe1 和 PMVe2）都低估了实际热感觉投票；当 t_{op} > 26.5 ℃时，预测热感觉值（PMV1、PMV2、PMVe1 和 PMVe2）都高估了实际热感觉投票，且随着操作温度的升高，这些差值逐渐增大。

（2）Griffiths 法计算得到的本书中老年人冬季和夏季热中性温度均值分别为 14℃和 28℃，比老年人实际热感觉投票与操作温度回归法计算的热中性温度分别低 2.6℃和高 2.6℃。

（3）老年人的热中性温度不受生理参数状态、性别和年龄的影响。

（4）冬季和夏季老年人的服装热阻均随着温度的升高而降低，但回归方程的系数都较小，这说明，老年人服装热阻随温度升高而降低的值都较小。

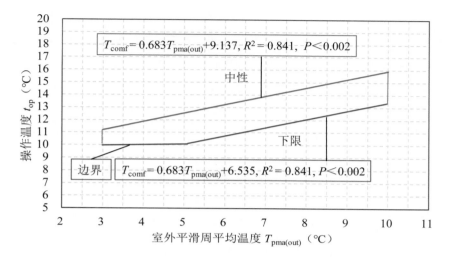

图 8-22 上海地区设施养老老年人冬季热适应模型

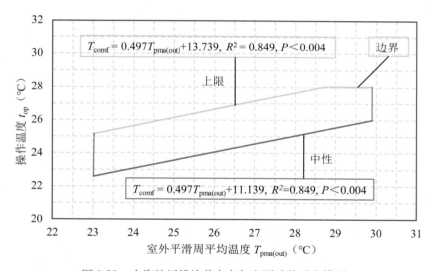

图 8-23 上海地区设施养老老年人夏季热适应模型

（5）老年人的热适应行为有季节差异，但在冬季和夏季最常用的两种热适应调节行为均为加减衣服和开关窗户。在冬季，加减衣服对老年人热舒适的调节作用不明显，开关窗户也不能有效地调节室内热环境。在夏季，加减衣服的热适应调节手段可以产生一定的效果，但调节作用有限，开关窗户可以调节室内的温度和风速，从而调节老年人的热舒适；其次，用开关窗户行为来调节热舒适的生理参数非正常老年人比例大于生理参数正常的老年人比例；再者，老年人选择或意愿用哪种行为来调节热舒适受年龄和性别的影响。

（6）虽然老年人偏好中性热环境，但是，老年人热敏感度低，对温度变化不敏感，老年人根据自己感觉判断的中性热环境和热舒适区间可能会对他们的健康造成潜在威胁。因此，在对老年人的适应性热舒适进行研究时，要考虑老年人的特点，结合老年人的生理健康对热舒适区间做出判断。

Chapter 9　第 9 章

过渡空间和老年人的热适应行为

The Transition Space and Adaptive Behavior
of the Older People

研究表明，人们对居住环境的适应行为与建筑空间的物理特征密切相关。老年人的日常生活活动范围包括住宅的室内空间和户外空间。在内外温度环境差异较大的条件下，机体调节能力较弱的老年人可能产生明显的不舒适感，甚至对健康造成危害。日本学者 Yochihara（1993）指出，在冷环境中，老年人不能像年轻人一样通过血管收缩来减少热损失。由中性温度环境进入冷温度环境中时，老年人的血压比年轻人升高得快；在热环境中，老年人不能像年轻人一样通过血管舒张散热，老年人对冷的感觉有延迟。为此，Yochihara（1993）建议老年人居住建筑中（包括停留时间较短的卫生间和走廊）需要有供冷和供热系统，尽可能消除温度变化给老年人带来的不适感。在日本的《老年住宅设计手册》一书中也明确提出：在结构上考虑保温和通风，尽量消除各房间的温差。

过渡空间是介乎室内和户外环境的缓冲空间，包括有围护结构的共享空间，也包括没有围护结构但发挥过渡作用的"灰空间"。过渡空间对于实现不同空间的转换具有重要的衔接作用，供人们短暂逗留和交往。对于老年人而言，过渡空间还是其在生理和心理上完成环境适应的调节空间。建筑师、规划设计师和景观规划师对过渡空间的形式设计均十分重视，但对其物理环境特征及其健康效应却缺乏充分的认识。

在以老年人为主要居住对象的机构养老服务设施（养老机构）里，过渡空间是老年人频繁使用的空间。一方面，养老机构中的标准层平面布局中，老年人居住的房间大多采用彼此毗邻的方式密集分布，房门前、走廊上和机构入口处成为老年人经常交往的场所。另一方面，养老机构中的房间面积较小、功能单一，老年人的很多生活活动需要前往其他建筑空间甚至其他建筑单体完成。

为了了解养老机构中老年人在户外、过渡空间、室内三类空间的热舒适性差异和热适应行为，本文以上海 17 所养老机构的 42 幢建筑为例，对三类空间热环境，老年人的主观感觉、生理参数以及热适应行为进行了综合分析，旨在完成以下研究目的：

（1）基于老年人主观感觉的居住空间热环境分析；

（2）热环境参数在不同空间层次间的波动情况；

（3）空间温差与老年人室内温度满意度的关系；

（4）对不同类型过渡空间内老年人的生理参数和热适应行为进行分析，以进一步了解其中存在的主要差异；

（5）根据热舒适性对老年人温度满意度和健康的影响，探索老年人建筑的空间组织模式和提高适应性热舒适的设计手段。

9.1　结合心理适应的三类空间热环境分析

9.1.1　不同过渡空间型式下三类空间的温度分析

前文 5.3 节中介绍了本书调研的 42 幢建筑中的四种类型过渡空间。如图 9-1 所示为冬季和夏季室外、过渡空间和室内三类空间的温度均值和四种过渡空间情况下老年人室内热中性、热满意和热期望投票百分比。由图 9-1 可以看出，冬季，在过渡空间 II、III 和 IV 情况下，三类空间温度均值关系都为室内最高，过渡空间次之，室外最低；在过渡空间 I 情况下，过渡空间温度最高，室外次之，室内温度最低。在四种过渡空间情况下，老年人室内热满意度最高的为过渡空间 III 的 80.9%。过渡空间 III 情况下室外、过渡空间和室内三类空间温度呈近似等差递增关系，室外最低，室内最高。夏季，在过渡空间 I、II 和 III 情况下，过渡空间温度均最高，其中过渡空间 I、II 情况下的室内温度最低，过渡空间III情况下的室外温度最低。在四种过渡空间情况下，老年人室内热满意度最高的为过渡空间 IV 的 76.9%。过渡空间IV情况下，室外、过渡空间和室内三类空间温度呈近似等差递减关系，室外最高，室内最低。

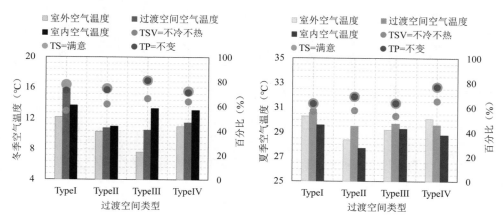

图 9-1　不同过渡空间下三类空间的温度和室内热感觉分布

9.1.2　不同过渡空间下三类空间的湿度分析

冬季和夏季室外、过渡空间和室内三类空间的湿度均值和四种过渡空间情况下老年人室内湿度感觉、湿度满意和湿度期望投票如图9-2所示。由图9-2可以看出,在冬季,过渡空间 III 情况下的室内湿度满意度最高,百分比为89.6%,且室外、过渡空间和室内三类空间相对湿度呈近似等差递减关系,室外相对湿度最高,室内相对湿度最低。在夏季,过渡空间 IV 情况下的室内湿度满意度最高,百分比为88.5%,且室外、过渡空间和室内三类空间相对湿度同样呈近似等差递增,室外相对湿度最低,室内相对湿度最高。

与前文分析结果比较,发现,老年人室内温度满意度和室内湿度满意度最高的过渡空间类型在冬季和夏季均相同,且在冬季,室外、过渡空间和室内三类空间空气温度呈近似等差递增而相对湿度近似等差递减,在夏季,室外、过渡空间和室内三类空间空气温度呈近似等差递减而相对湿度近似等差递增。因此可以认为,在室外温度较难控制的情况下,如果不能用消除空间温差的方式给老年人提高舒适和健康,那么可以选择室外、过渡空间和室内三类空间温湿度等差递增(减)的方式来优化适老建筑的空间热环境设计。

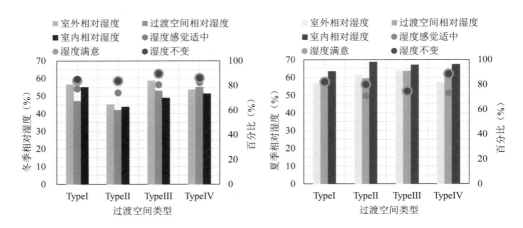

图 9-2　不同过渡空间下三类空间的湿度和室内湿主观感觉分布

9.1.3　不同过渡空间下三类空间的风速分析

冬季和夏季室外、过渡空间和室内三类空间的风速均值和四种过渡空间情况下老年人室内风速主观感觉投票如图 9-3 所示。在冬季，过渡空间 III 情况下老年人的室内风速满意度最高，为 85.3%。比较冬季四种过渡空间环境风速，过渡空间 III 的室内风速最小，过渡空间风速和室内风速差值最小，且室内风速与室外风速的差值最大。在夏季，过渡空间 I、II 和 III 情况下，老年人的室内风满意度近似相等，其中过渡空间 III 情况下老年人的室内风速满意度稍高，为 69.3%。比较夏季四种过渡空间环境风速，过渡空间 III 的室内风速最大，过渡空间风速与室内风速差值最大，且室内风速与室外风速的差值也最大。由此可以得出结论，冬季和夏季老年人室内风速满意度最高的过渡空间类型相同。冬季，老年人偏好室内风速较低，室内和过渡空间风速差值较小，室内和室外风速差值较大的空间环境，夏季，老年人偏好室内风速较高，室内和过渡空间风速差值较大，室内和室外风速差值也较大的空间环境。

与前文的分析结果比较，发现，在冬季，老年人室内风速满意度最高的过渡空间类型和室内温度、湿度满意度最高的过渡空间类型相同，都为 TypeIII。这个结果也反映出了前文中对老年人热满意影响因素研究所得到的结论，即风满意是影响室内热满意的因素之一。

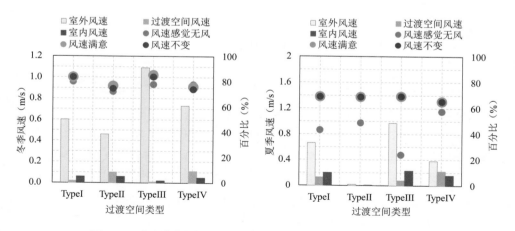

图 9-3　不同过渡空间下三类空间的风速和室内风主观感觉分布

用卡方检验法考察冬季和夏季不同过渡空间下老年人的风速期望差异性，结果如表 9-1 所示。由检验结果可以看出，四种过渡空间情况下，老年人的室内风速期望存在统计学上的显著差异，显著性水平 $P < 0.05$。在过渡空间 IV 情况下，期望风速升高的老年人比例在冬季和夏季均最高。由前文分析可知，在夏季，老年人室内温度满意度和室内湿度满意度最高的过渡空间类型均为过渡空间 IV，但温度和湿度满意度都未超过 90%，因此，可以通过提高室内风速来进一步提高老年人的热满意度。

表 9-1　不同过渡空间下老年人风速期望的卡方检验

季　节	过渡空间类型	风速期望（%）			卡方检验	
		降低	不变	升高	卡方值	渐进显著性水平 P（双向）
冬季	TypeI	3.8	83.5	12.7	16.827	0.010
	TypeII	14.0	74.4	11.6		
	TypeIII	13.2	83.8	2.9		
	TypeIV	6.5	74.4	19.4		
夏季	TypeI	4.1	69.0	26.9	13.370	0.038
	TypeII	6.7	68.9	24.4		
	TypeIII	13.6	69.3	17.0		
	TypeIV	0.0	65.4	34.6		

9.1.4　室内满意度与三类空间温差之间的关系

虽然老年人大部分时间在室内活动，但现场调查中发现老年人会频繁走出室内，到过渡空间或室外做短暂活动后回到室内休息。因此过渡空间温度和室内温度以及室外温度和室内温度的温差，会直接影响老年人的舒适和健康。本书构建了上海地区公共养老设施老年人居住建筑环境室外、过渡空间和室内温差与老年人室内热满意的关系模型，如图 9-4 所示。根据所建模型对温差和老年人热满意率增值进行预测，如图 9-5 所示，在冬季，当过渡空间和室内温差为 6℃ 时，老年人的室内热满意百分比最大；在夏季，当过渡空间和室内温差为 2℃ 时，老年人的室内热满意百分比最大。

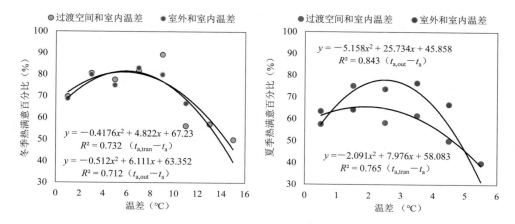

图 9-4　室内温度满意度与三类空间温差拟合

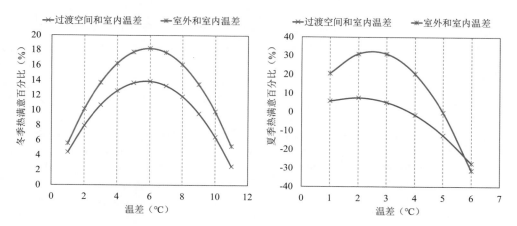

图 9-5　温度升高值与三类空间温差拟合

9.2　过渡空间与老年人行为适应

9.2.1　不同过渡空间下老年人热适应行为

如图 9-6 所示为冬季和夏季不同过渡空间下老年人的热适应行为百分比，图中虚线框中的行为是老年人的意愿行为。卡方检验结果如表 9-2 所示，如果渐进显著性水平 $P < 0.05$，则认为不同过渡空间下老年人在该项热适应行为上存在统计学上的显著差异。由表 9-2 可以看出，在冬季，老年人晒太阳、离开房间和用热水袋的行为以及开关电热器的意愿在不同过渡空间下存在显著差异，卡方检验显著性水平为 $P < 0.05$，结合图 9-6 可以看出，在 TypeI 过渡空间型式建筑内居住的老年人，用晒太阳和离开房间来调节热舒适的比例均最高，TypeI 为半开放式外廊。在夏季，不同过渡空间下老年人的热适应行为不存在统计学上的显著差异。在四个过渡空间情况下，TypeI 过渡空间型式建筑内居住的老年人意愿选择开关电热器的比例最大，用热水袋的比例最小。

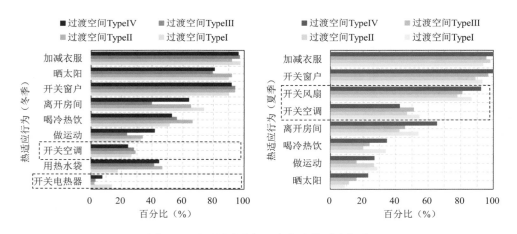

图 9-6　不同过渡空间下老年人热适应行为

表 9-2　不同过渡空间下老年人热适应行为的卡方检验

季　节	分　组	行　为	卡方值	渐进显著性水平 P（双向）
冬季	过渡空间类型	加减衣服	4.026	0.259
		开关窗户	1.415	0.702
		开关空调	0.689	0.876
		晒太阳	8.216	0.042
		开关电热器	10.580	0.014
		喝冷热饮	4.860	0.182
		做运动	6.241	0.100
		离开房间	19.479	0.000
		用热水袋	19.107	0.000
夏季	过渡空间类型	加减衣服	2.945	0.400
		开关窗户	5.055	0.168
		开关空调	1.875	0.599
		晒太阳	5.959	0.114
		开关风扇	4.217	0.239
		喝冷热饮	5.238	0.155
		做运动	5.232	0.156
		离开房间	5.159	0.161

9.2.2　不同过渡空间下老年人的服装热阻

如图 9-7 所示为冬季和夏季不同过渡空间下老年人的服装热阻均值。如表 9-3 所示为冬季和夏季不同过渡空间下老年人服装热阻检验结果。在冬季，检验量显著性水平 $P > 0.05$，说明不同过渡空间下老年人在服装热阻上没有显著差异。在夏季，检验量显著性水平 $P < 0.05$，说明不同过渡空间下老年人在服装热阻上有显著差异。结合图 9-7 可以看出，在过渡空间类型为全开放式外廊（TypeII）的建筑中居住的老年人服装热阻均值最大。

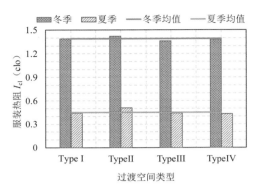

图 9-7 不同过渡空间下老年人服装热阻均值

表 9-3 不同过渡空间下老年人服装热阻假设检验结果

季 节	检验变量（类型）	分组变量	检验方法	显著性水平 P	检验结果
冬季	服装热阻（连续变量）	过渡空间类型	Mann-Whitney U（双侧）	0.598	不同过渡空间下老年人在服装热阻上没有显著差异
夏季	服装热阻（连续变量）	过渡空间类型	Mann-Whitney U（双侧）	0.000	不同过渡空间下老年人在服装热阻上有显著差异

9.2.3 不同过渡空间下老年人的开窗率

如图 9-8 所示为冬季和夏季不同过渡空间下老年人的开窗率。表 9-4 为冬季和夏季不同过渡空间下老年人开窗率的卡方检验结果。在冬季和夏季，检验量显著性水平为均为 $P > 0.05$，说明不同过渡空间下老年人在开窗率上存在显著差异。结合图 9-8 可以看出，在每个过渡空间下，夏季的开窗率都高于冬季。在夏季，在过渡空间类型为内廊（TypeIII）的建筑中居住的老年人开窗率最大，达到 1；在冬季，在过渡空间类型为入口及门厅（TypeIV）的建筑中居住的老年人开窗率最大。

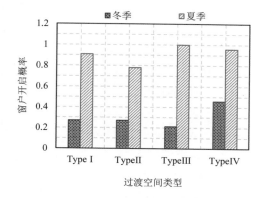

图 9-8 不同过渡空间下老年人的窗户开启概率

表 9-4 不同过渡空间下老年人开窗率的卡方检验

季　节	分　组	检验变量	卡方值	渐进显著性水平 P（双向）
冬季	过渡空间类型	开窗率	16.082	0.000
夏季			21.052	0.000

9.2.4　不同过渡空间下老年人每天在室内的时间

如图 9-9 所示为冬季和夏季不同过渡空间下老年人每天在室内的时间。如表 9-5 所示为冬季和夏季不同过渡空间下老年人每天在室内的时间检验结果。在冬季和夏季，检验量显著性水平均为 $P < 0.05$，说明不同过渡空间下老年人每天在室内的时间存在显著差异。结合图 9-9 可以看出，在过渡空间类型为内廊（TypeIII）的建筑中居住的老年人每天在室内的时间最长，在过渡空间类型为半开放式外廊（TypeI）的建筑中居住的老年人每天在室内的时间最短。由于每天在室内的时间与老年人的热满意和健康息息相关，因此，在老年宜居环境建设上，设计适合老年人需求的建筑空间型式是很有意义的。

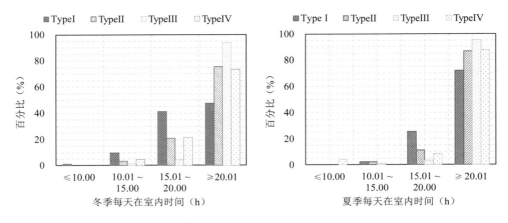

图 9-9　不同过渡空间下老年人每天在室内时间

表 9-5　不同过渡空间下老年人每天在室内时间检验结果

季　节	检验变量 （类型）	分组 变量	检验方法	显著性水平 P	检验结果
冬季	每天在室内的时间 （连续变量）	过渡空间 类型	Mann-Whitney U（双侧）	0.000	不同过渡空间下老年人每天 在室内的时间上有显著差异
夏季	每天在室内的时间 （连续变量）	过渡空间 类型	Mann-Whitney U（双侧）	0.000	不同过渡空间下老年人每天 在室内的时间上有显著差异

9.2.5　不同过渡空间下老年人的规律睡眠

　　如图 9-10 所示为冬季和夏季不同过渡空间下睡眠规律的老年人百分比。如表 9-6 所示为冬季和夏季不同过渡空间下老年人规律睡眠的卡方检验结果。在冬季，检验量显著性水平为 $P < 0.05$，说明不同过渡空间下老年人在规律睡眠上有显著差异。结合图 9-10 可以看出，在过渡空间类型为全开放式外廊（TypeII）的建筑中居住的老年人睡眠规律者百分比最大，在过渡空间类型为内廊（TypeIII）的建筑中居住的老年人睡眠规律者百分比最小。在夏季，检验量显著性水平为 $P > 0.05$，说明不同过渡空间下老年人在睡眠规律上没有显著差异。

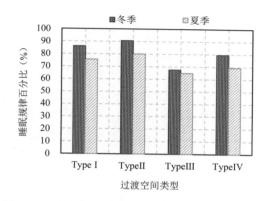

图 9-10　不同过渡空间下老年人规律睡眠的百分比

表 9-6　不同过渡空间下老年人规律睡眠的卡方检验

季　节	分　组	检验变量	卡方值	渐进显著性水平 P（双向）
冬季	过渡空间类型	睡眠规律	14.976	0.002
夏季			4.801	0.187

9.3　过渡空间和老年人生理适应

如表 9-7 所示为冬季和夏季不同过渡空间下老年人生理参数检验结果，表明老年人居住建筑空间型式对老年人生理参数的影响具有季节差异，在冬季，不同过渡空间下老年人的心率、手指皮温、收缩压、平均动脉压和舒张压均有显著差异，而在夏季，只有手指皮温有显著差异。

表9-7 不同过渡空间下老年人生理参数检验结果

季 节	检验变量（类型）	分组变量	检验方法	显著性水平 P	检验结果
冬季	心率（连续变量）	过渡空间类型	Mann-Whitney U（双侧）	0.026	不同过渡空间下老年人在心率上有显著差异
	手指皮温（连续变量）	过渡空间类型	Mann-Whitney U（双侧）	0.005	不同过渡空间下老年人在手指皮温上有显著差异
	血氧饱和度（连续变量）	过渡空间类型	Mann-Whitney U（双侧）	0.409	不同过渡空间下老年人在血氧饱和度上没有显著差异
	收缩压（连续变量）	过渡空间类型	Mann-Whitney U（双侧）	0.044	不同过渡空间下老年人在收缩压上有显著差异
	平均动脉压（连续变量）	过渡空间类型	Mann-Whitney U（双侧）	0.019	不同过渡空间下老年人在平均动脉压上有显著差异
	舒张压（连续变量）	过渡空间类型	Mann-Whitney U（双侧）	0.016	不同过渡空间下老年人在舒张压上有显著差异
夏季	心率（连续变量）	过渡空间类型	Mann-Whitney U（双侧）	0.100	不同过渡空间下老年人在心率上没有显著差异
	手指皮温（连续变量）	过渡空间类型	Mann-Whitney U（双侧）	0.003	不同过渡空间下老年人在手指皮温上有显著差异
	血氧饱和度（连续变量）	过渡空间类型	Mann-Whitney U（双侧）	0.157	不同过渡空间下老年人在血氧饱和度上没有显著差异
	收缩压（连续变量）	过渡空间类型	Mann-Whitney U（双侧）	0.805	不同过渡空间下老年人在收缩压上没有显著差异
	平均动脉压（连续变量）	过渡空间类型	Mann-Whitney U（双侧）	0.935	不同过渡空间下老年人在平均动脉压上没有显著差异
	舒张压（连续变量）	过渡空间类型	Mann-Whitney U（双侧）	0.971	不同过渡空间下老年人在舒张压上没有显著差异

9.4 养老设施建筑空间使用和设计建议

前文基于上海地区公共养老设施典型建筑空间型式考察了老年人对既有设施热环境的心理、行为和生理的适应性。在人与环境的相互渗透关系中，这些研究工作体现了作为整体环境的设施空间对老年人的影响。当前的养老设施由于存在数量少、床位紧张的现实，因此设施发展仍然以增加床位数为主要指标。适老养老设施建筑的热环境设计理念和空间构成应服务和满足于老年人的真实需求，合理的空间热环境分布能够有效地引导老年人的日常行为并有益于老年人的身心健康。

本书对上海地区公共养老设施建筑空间环境设计的若干建议如下：

（1）对于既有建筑，引导老年人采用适宜的热适应行为，并关注空间环境对老年人生理参数的影响。既有建筑大多是由普通建筑改造的，空间改造存在较大困难。在空间热环境参数不能保证老年人热舒适要求时，可以通过引导老年人采用适当的热适应行为来改善环境的舒适性。例如，前文分析可知，在过渡空间类型为内廊（TypeIII）的建筑中居住的老年人每天在室内的时间最长。在室内空气温度偏低或偏高时，热环境状态较差。因此，养老机构的管理者和服务人员需要了解老年人长时间留在低温或高温室内的潜在危害，引导老年人采用适当的热适应调节手段，例如做运动、离开房间、晒太阳、开关电风扇等。在冬季，不同过渡空间下老年人的心率、手指皮温、收缩压、平均动脉压和舒张压均有显著差异，需要格外关注热环境对老年人健康的影响。

（2）对于新建建筑，空间布局和设计应符合老年人特点。首先，在空间结构设计上，应符合老年人的心理、行为和生理需求，使得设施内老年人能够保持舒适和健康，减缓身体机能水平衰退并提高生活质量；其次，在空间热环境设计上，应尽量消除温度突变给老年人带来的不利影响。

9.5　小　结

本章的主要结论如下：

（1）揭示了上海地区4种主要过渡空间在养老机构中的热工表现。冬季，老年人室内热满意度最高的空间热环境特征是室外－过渡空间－室内温（湿）度等差递增（递减），夏季，老年人室内热满意度最高的空间热环境特征是室外－过渡空间－室内温（湿）度等差递减（递增）。

（2）研究探索了过渡空间及其连接的室内与户外空间的热环境参数，以及对老年人的生理参数的影响。建议室外－过渡空间－室内控制的温差为冬季6℃，夏季2℃。

（3）研究表明上述4种主要过渡空间对老年人的热适应行为的影响，分别是，在冬季，老年人晒太阳、离开房间和用热水袋的行为以及开关电热器的意愿在不同过渡空间下存在显著差异；在过渡空间类型为全开放式外廊（TypeII）的建筑中居住的老年人服装热阻均值最大；在过渡空间类型为入口及门厅（TypeIV）的建筑中居住的老年人开窗率最大；在过渡空间类型为内廊（TypeIII）的建筑中居住的老年人每天在室内的时间最长，在过渡空间类型为半开放式外廊（TypeI）的建筑中居住的老年人每天在室内的时间最短。

（4）研究发现被动、自然的方式是受到老年人普遍欢迎的模式，因而在养老机构的过渡空间设计中，较理想的模式是室外－过渡空间－室内温度呈等差递增（递减）式的半开放式外廊。

（5）对于既有机构，可以采取的改造手段是引导老年人采用适宜的热适应行为。

Chapter 10　第 10 章

老年人居住建筑室外热舒适

Outdoor Thermal Comfort for Residential Architecture

of the Older People

第 10 章　老年人居住建筑室外热舒适

公共空间环境与居住质量和身体健康有密切联系，室外热环境越来越受到国内外学者的重视。目前常用的研究方法沿袭室内研究模式，以现场调查和数值模拟为主。无论是调研方法还是模拟方法，在室外热环境研究领域都有重要意义。然而目前的研究还未全面考虑行为模式、群体特征等因素的影响，在应用上仍需完善。

我国现行的建筑标准中对室外环境的关注较少，针对老年人居住建筑的相关标准也存在"缺"和"糙"的双重问题。以"室外"和"老年人"为关键词调研相关标准可以发现，从城市规划到设施建设层面都有提及"场地和室外环境"的内容。但相关内容仅局限于建议性条款，并未对室外热环境有详细规定。

在城市住区规划设计中，遵循的原则是"为老年人、残疾人的生活和社会活动提供条件"。随着老年人口比例的上升，老年人居住建筑在数量上的需求激增。住区规划过程中宜安排一定比例的老年人居住建筑，并且此类建筑选址宜靠近住区配套服务设施和公共绿地。老年人居住建筑不仅需要数量上的保证，建设质量更要严格控制。老年人设施的规划要求是"符合老年人生理和心理需求，综合考虑日照、通风、防寒、采光、防灾及管理等要求"。在建筑布置上，老年人设施场地内的建筑密度不应大于30%，容积率不宜大于0.8，且建筑宜以低层或多层为主。在场地绿化上，新建设施场地范围内绿地率不应低于40%，扩建和改建不应低于35%。此外，室外活动场地亦有一定标准，但规划层面只给出了相关要素组成和面积大小，对环境质量并无关注。

进一步到建筑设施层面，无论是通用的《住宅建筑规范》还是有针对性的《老年人居住建筑设计标准》，对老年人住宅建筑都有一定建设要求。老年人住宅间距以日照要求为基础，必须满足冬至日最少 2 h 日照标准，而每个住宅单元必须保证一个出入口可以通达机动车。住宅建筑的室外空间包括道路、绿地、水体、活动场地等要素，现行建筑设计标准主要对诸要素的存在与否有建议性要求，对水体、道路等有安全性限制。考虑到我国的养老模式以居家养老为主，即便是在普通的住宅中，亦要考虑老年人的使用要求。在室外热环境质量方面，尚缺乏建设意见和评价方法。

老年人居住建筑种类较多，有老年住宅、老年公寓、养老院、托老所等，此外还有日间照料中心等服务性建筑。不同的建筑用途有不同的建设标准。养老机构作为集中养老的主要模式，有其专有的建筑标准。养老机构的选址遵循"地质条件好、市政条件好、公共服务设施齐全、自然环境安全无污染"四项原则。室外绿地率和停车场面积以当地规划要求为准，室外活动、衣物晾晒等用地不宜小于 $400 \sim 600\ m^2$。在养老院建设规范中对于室外环境的描述较少，与《住宅建筑规范》类似，仅对建筑布局和整体安全性能有概括性要求。日间照料中心作为社会养老服务的重要依托，也有单独的建设要求。由于其功能特点，对日间照料中心的建设标准比养老院更低，基本无室外环境要求。在《老年人社会福利机构基本规范》中，对室外环境的描述只有"室外活动场所不得小于 $150\ m^2$，绿化面积达到 60%"，以及"生活环境安静、清洁、优美"。总的来说，无论是哪种形式的老年人居住建筑，其建设标准相近，强制性条款较少。

　　作为民用建筑，养老设施建筑也需要满足绿色建筑有关规定。绿色建筑有关标准在室外热环境方面的规定较多，并有明确的"热环境"概念。在节地与室外环境方面，"住区的绿地率不低于 30%，人均公共绿地面积 $1 \sim 2\ m^2$"是控制项，对住区外环境的热岛效应强度有"不高于 1.5℃"的一般项要求。此外，室外绿化植物种类、硬质地面铺设材料和铺装方法亦有控制。场地设计时，宜采用以下措施改善室外热环境：种植高大乔木为停车场、人行道和广场等提供遮阳；建筑物表面为浅色，地面材料的反射率宜为 $0.3 \sim 0.5$，屋面材料的反射率宜为 $0.3 \sim 0.6$；采用立体绿化、复层绿化，合理进行植物配置，设置渗水地面，优化水景设计；室外活动场地、道路铺装材料的选择除应满足场地功能要求外，宜选择透水性铺装材料及透水铺装构造。在北京市地方标准中，对室外热环境也有一定描述。高大落叶乔木作为场地遮荫的主要绿化植物，在道路、广场和室外停车场周边都有不同的遮荫率限值。建筑物的东、南、西面也宜种植乔木遮阳，有条件时可设计垂直绿化。根据冬、夏季当地的主导风向，绿化带的设计宜满足冬季阻挡主导风、夏季有利自然通风的要求。此地标中对室外硬质地面铺装材料的限制与国标基本一致。各类绿色建筑标准中"室外热环境"的概念比较清晰，但制定的规范同样存在粗糙不全的缺陷。

　　综上所述，在现行的诸多标准规范中，对室外环境的控制项比较缺乏，大多数条款仅限于规划层面，对选址、建筑布局、组成要素有一定要求，硬性指标缺乏。室外热环境主要考虑绿化率、遮阳抗风、硬质表面铺设材料三方面，质量控制和评价指标的相关内容比较少。老年人居住建筑的室外场地主要考虑便捷性和安全性，比较关注道路防滑、水体安全、活动场地遮荫等内容。室外热环境质量虽然不能完全人为控制，但结合老年人的生理特点，应寻求有效方法分析并提高室外热舒适度，降低热损伤发生的可能性。

10.1　老年人居住建筑室外热环境的影响因素

老年人与年轻人的差异表现在身体条件、心理状态、行为模式、社会需求等诸多方面。老年人居住建筑的室外环境规划设计应遵循相关设计标准，结合老年人的各方面特征，从需求出发，力求兼顾健康和舒适的设计要求。老年人居住建筑室外环境的各要素之间的关系如图 10-1 所示。

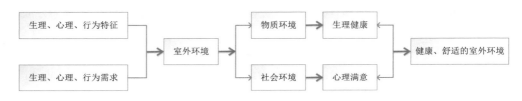

图 10-1　老年人居住建筑室外环境各要素之间的关系

室外环境分为物质环境（硬环境）和社会环境（软环境），前者又分为自然环境和人工环境。热舒适研究所关注的室外热环境属于物质环境，其构成要素既包括自然物质，又包括了各种人造设施。影响室外热环境的因素有很多，这里主要简单介绍自然环境、人工环境和社会环境。

10.1.1　自然环境

（1）地形。老年人居住建筑的选址要尽量避免崎岖不平的地形，室外环境中有时候需要地面的落差来构造景致，而地面凸起或凹陷会产生"向阳面"和"背阴面"，这将影响太阳辐射在场地内的均匀性，并干扰风场。在设计室外环境时，应避免因地形出现的局部热量或冷量堆积，尤其是在人员活动区域。

（2）气候。住区所在的气候带从宏观上也在影响室外热环境。譬如在考虑建筑布局和绿化带设置时，需要参考冬夏季的主导风向。极端气候出现的时间和强度直接关系到户外活动人员的健康和生命，尤其是身体条件较差的老年人群体。气候包含的内容众多，日照条件、温度、风向、降雨量等都需要在规划阶段进行调研。根据日照条件来调整室外的采光和遮荫，避免出现阴冷和炎热的空间。

（3）土壤。地质条件的不同会影响到近地面的环境温湿度，国外已有针对不同土壤构成的室外热环境研究。土壤的含水率、颜色等特征会起到调节局部温湿度的作用。此外，土壤还会影响植被的生长，间接影响室外热环境。

（4）水体。自然存在的水体可经过调查和分析后加以规划使用，亦可视条件设置人工水景。水体是一个大的湿源和储热体，尤其是在夏季，水体对室外热环境的影响很明显。好的水景设置不仅能构造怡人环境，结合乔木或廊亭等遮阳措施能有效缓解夏季的室外炎热气候。无论是湖面还是喷泉，都可以起到给空气降温加湿的作用。但是在利用水体时，需要考虑风向、绿化遮阳等，避免适得其反。

（5）植被。植物是调节城市微气候的重要因素，是降低热岛效应的重要手段，更是构造室外环境的关键所在。老年人住区的室外环境就是他们所有活动的中心，植被在增加美感的同时也应满足老年人的健康要求。遮阳是植被最重要的作用，在公共停车场、道路、主要活动区域的周边宜种植高大乔木提供遮阳。绿化带还会影响到小区内的风场，其布局应充分阻挡冬季的主导风，而夏季有利于场地自然通风。绿化不仅局限于地面，有条件的情况下，在建筑外立面和屋面都可以种植一定量的植物。

10.1.2　人工环境

人工环境指一切人为构造的物品所形成的环境，在一个完整的居住建筑系统中，包含以下要素：

（1）建筑。建筑本身也是构成室外环境的一部分，建筑布局、外墙颜色等都会影响到室外热环境。建筑布局主要关系到室外的自然采光和风速场，在老年人设施相关标准中就对"建筑日照阴影线"作了明确规定，以保证室外光照时间。风经过建筑群会受到阻挡，建筑的布局应适当降低室外环境风速，避免局部风速过大。建筑外墙的反射率会影响室外平均辐射温度，在住宅建筑有关标准中已有明确限值。

（2）道路。老年人住区的室外道路优先考虑其安全性能，不同于年轻人，步行空间的设置要考虑到老年人易疲劳的特点而穿插休憩空间。道路的铺装材料透水性能要好，发射率宜在 0.3 ~ 0.5。休憩空间内需要提供遮阳，适当通风避免炎热。

（3）人造设施。人造设施包括室外的桌椅、运动器械、建筑小品等。众多设施的穿插对室外热环境有一定影响，这些元素本身具有一定的热效应。比如石质的桌椅表面温度较低、金属的运动器械在日照过后温度很高。建筑小品的插入会形成一个相对小的空间，通常又是人员活动区，其热环境也会受到影响。

10.1.3　社会环境

社会环境并不属于影响室外热环境的因素，但是对人的热舒适有重要影响，也是决定某室外空间是否为大众所接受的重要因素。社会环境属于软环境，包括当地的社会文化以及居住行为特征。

（1）社会文化要素：社会组织、社会风尚、经济水平、历史传统、风俗习惯等。例如苏州园林有其特有的构造方法，"曲径通幽，蜿蜒辗转"的风格充分反映了江南水乡的文化特质，与中国北方的社会文化十分迥异。

（2）居住行为要素：居民游憩、购物、休闲健身、文化娱乐，生理出行、居民心理、人口构成，家庭结构等。有研究表明，老年人在搬离原有的室外活动场所过后会难以接受新的室外环境，如果有可能会尽量选择原来的室外场所进行活动。另外，爷孙同堂的居住方式和老人独居的居住方式对老年人的室外活动内容有重要影响，这也间接对室外环境的设计提出了截然不同的要求。

综上所述，住区的室外热环境由物质环境构成，受到自然环境和人工环境的双重影响。无论是宏观气候还是微观植物，在调节室外温湿度方面都有重要作用。人工环境是在自然基础上搭建而成，除了自身具有一定的热效应之外，对自然环境有一定的影响，需要趋利避害地加以规划设计。良好的社会环境会带来老年人心理上的满足，是热舒适不可缺少的条件。

10.2　老年人户外活动的特点

由于不再参与社会工作，老年人的生活时间构成与年轻人完全不同，户外活动的时长、目的和要求都不一样。以下从老年人户外活动的环境需求、性质分类和活动场所三个方面论述老年人户外活动的特点。

1. 老年人的室外环境需求

（1）生理需求：室外自然环境优美，无障碍设施完善，周边公共服务设施齐全；人工环境要安全、便捷，有利于老年人出行。

（2）心理需求：室外环境要尊重老年人，满足消遣和娱乐需求，实现个人目标、意愿，充分发挥老年人的个人潜力。

（3）社会需求：室外场所要与社会充分衔接，可达性高，让老年人能够融入社区生活，避免孤独感。

2. 老年人户外活动分类

必要性活动：购物、等人、候车、就医等，可选择性较低的活动。

自发性活动：包括散步、锻炼、呼吸新鲜空气等，只有在老人有意愿，且时间和场所都合适的情况下才会发生。

社会性活动：包括与他人打招呼、交谈、公共活动等，依赖他人参与才能发生的活动。

3. 老年人户外活动空间功能划分

（1）户外活动中心：分为动态活动区和静态活动区，提供活动和休息场所。

（2）小群体户外活动空间：半围合结构，提供三五个老年人共同活动和休息。

（3）坐息空间：通常在树下、水边，通风良好阳光充足的地方，提供老年人聊天、交谈、观景等活动。

（4）步行空间：供给老人出于锻炼性的步行，与道路结合，充分考虑防滑、坡度等问题。

（5）私密性空间：提供特殊性格爱好老年人的室外空间，要求安静、私密性好。

（6）园艺场所：给老年人提供实现自我价值，消遣与健身结合的空间。

老年人本身有异于年轻人生理和心理的特点，其居室室外环境的设计需要考虑以上设计要素，并充分结合老年人的活动要求。从"特征"和"需求"两点着手，需要解决以下两个问题：

（1）老年人对室外环境参数变化的主观感受；

（2）老年人对室外热湿环境的健康、舒适需求。

以上两个问题仅是构建室外热环境的基础，良好的室外环境应秉承"以人为本"的理念，符合老年人的规律且满足老年人的需求。

10.3   老年人居住建筑室外热舒适调查研究

10.3.1   调查方法

选择上海市某敬老院的室外空间进行热环境和热舒适调查研究。该敬老院位于上海市浦东新区，周边为小型乡镇，建筑密度较低且高层建筑较少。敬老院总占地面积15 000 平方米，目前配备床位 500 余张，现已入住 400 多名老人。其建筑布局为东西朝向的梳形结构，老年人宿舍楼为两层建筑，中间为绿化带和硬化道路。其建筑平面布置如图 10-2 所示。本书选取的室外空间由东、南、北三个方向的建筑形成 U 形半围合结构，内部有乔木和灌木组成的绿地和水泥地面活动区域。根据入住老年人的生活习惯，早间和傍晚有一定数量的人员在该室外空间内活动。因此，本书选取该室外空间为研究对象，进行现场环境测试和问卷调查。

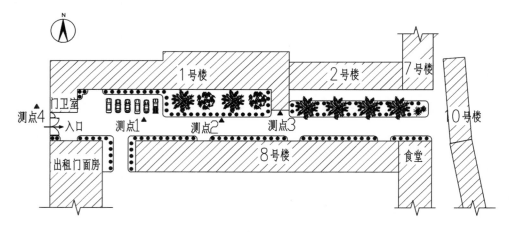

图 10-2   调研敬老院建筑平面图

室外环境与室内环境最大的不同在于太阳辐射，在夏季室外的太阳直射下，人体的体感温度会大大高于空气温度。因此，除了测量空气温度、相对湿度和风速，对反映环境辐射的黑球温度也进行测量。

根据对入住老人室外活动时间的观察，室外环境参数测量时间选择在上午 7~9 点，下午 16～18 点。根据老年人的主要活动场所，选取如图 10-2 所示的四个测点。其中测点 1 放置自动气象站，连续记录调研期间的室外气象参数；测点 2，3，4 处人工测量环境参数，测量时间间隔 15 min。

根据《公共场所环境检测标准》中的规定：室外环境测试的高度应在 0.8～1.6 m，在大多数热舒适文献中环境测试高度取 1.5 m。考虑到老年人平均身高比年轻人低，本次环境测量的高度取 1.2 m。

在进行气象参数测量的同时，对在室外活动的老年人进行问卷调查。问卷内容包含两个部分：

（1）受试者年龄、性别、活动强度、活动地点和着装情况。

（2）受试者对室外环境的感觉、满意及期望的投票。

热感觉投票（TSV）采用 ASHRAE 的七点标度：-3（太冷了），-2（有点冷），-1（凉快），0（不冷不热），1（暖和），2（有点热），3（太热了）。

湿度感觉投票（HSV）采用五点标度：-2（非常潮湿），-1（潮湿），0（适中），1（干燥），2（非常干燥）。

风速感觉投票（WSV）采用五点标度：1（无风），2（微风），3（稍大风），4（大风），5（很大风）。

综合热舒适投票（OCV）分为五点标度：1（不可忍受），2（很不舒适），3（不舒适），4（稍不舒适），5（舒适）。

满意投票两点标度：1（满意），2（不满意）。

期望投票分为三点标度：-1（降低），0（不变），1（升高）。

10.3.2　室外热舒适评价模型的适用性分析

目前常见的热舒适指标有 PMV，ET*，SET*，PET，UTCI 等，大量的室内热感觉预测模型已被建立。PMV 指标自提出以来，在热舒适研究中得到了广泛的应用，并纳入 ASHRAE 标准中。SET* 由于其科学的推导过程，被誉为合理的导出指标。UTCI 的提出时间较短，应用较少，但其热平衡模型比 SET* 更复杂，能更好地应对室外环境。因此，本文选取以上三个指标，分别讨论其在老年人室外热舒适评价中的适用性。PMV 和 SET* 由加州大学伯克利分校建筑环境中心提供的热舒适工具计算得到，UTCI 由 ISB 官方提供的软件计算得到。三个热舒适指标的计算结果如表 10-1 所示。

表 10-1　热舒适指标计算结果

参　数	最小值	最大值	平均值	标准差
预测平均热感觉投票 PMV	−2.2	1.7	0.2	0.6
预测不满意百分比 PPD（%）	5	85	14	13
标准有效温度 SET*（℃）	22.5	33.1	26.7	2.0
通用热气象指数 UTCI（℃）	25.8	29.7	27.4	0.9

1.PMV 模型

　　PMV 指标在室内的有效性已被很多文献证明。但是在室外，有文献通过对比 PMV 和实际热感觉投票 TSV 的频率分布，证明 PMV 不适用于室外热舒适评价。为了研究 PMV 指标在老年人室外热舒适预测中的准确性，本书以每小时内的平均环境参数和平均人员参数为基础计算 PMV，并与对应时间段内的平均热感觉投票 MTSV 相比较。结果如图 10-3 所示。

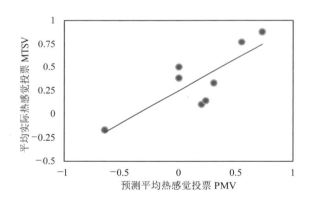

图 10-3　PMV 与 MTSV 的回归关系

图 10-3 中回归直线方程为

$$\text{MTSV} = 0.617\text{PMV} + 0.249，\quad R^2 = 0.662 \tag{10-1}$$

　　从式（10-1）可以看出，PMV 预测值约为实际热感觉的 1.6 倍，其预测热感觉范围较实际热感觉投票更宽，说明 PMV 指标低估了老年人对室外热环境的承受能力。此外，PMV 在中性偏暖热感觉（PMV = 0.5）附近有较高的预测准确度，这是因为 PMV 的建立条件为"人体具有与热舒适状态相适应的平均皮肤温度和皮肤润湿度"，而老年人已适应夏季中性偏暖的热感觉。由于室外环境参数变化范围较大，PMV 指标并不能保障所有环境条件下的准确性，因此 PMV 指标并不适用于老年人室外热舒适评价。

2.SET* 模型

本书中，SET* 在 22.5℃ ~ 33.1℃，极差 10.6℃，平均 26.7℃。由于人的个体差异，在同一温度下不同人的热感觉可能会存在很大的差别，为了避免个体差异造成预测结果不够准确，通常采用平均热感觉投票 MTSV 来与热舒适指标进行回归分析。采用温频法（BIN 法）将标准有效温度 SET* 以 1℃ 为间隔分为若干区间，以每一温度区间的中心温度为自变量，落在区间内的老年人平均热感觉投票 MTSV 为因变量，建立 SET* 对老年人室外热舒适评价模型，如图 10-4 所示。

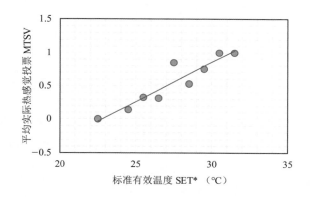

图 10-4 MTSV 与 SET* 的回归模型

图 10-4 中回归直线方程为

$$MTSV = 0.119\,SET* - 2.704, \quad R^2 = 0.877 \qquad (10\text{-}2)$$

方程（10-2）的拟合优度较高，说明 SET* 可以较好地预测老年人室外热感觉。令 MTSV = 0，可得到老年人热感觉为中性的 SET* 为 22.8℃。方程斜率为 0.1187，相当于变化率为 8.4℃ SET*/MTSV，即 SET* 每升高或降低 8.4℃ 会引起老年人的热感觉投票变化一个标度。

如表 10-2 所示为中国不同城市以不同人群为研究对象的室外热舒适研究结果对比，热舒适指标均为 SET*。

表 10-2　不同城市室外热舒适 SET* 模型对比（夏季）

城　市	研究对象	SET* 模型	中性温度（℃）	变化率 SET*/MTSV
长沙	20～40 岁年轻人	MTSV = 0.274 0 SET* − 8.000	29.2	3.6
大连	大学生	MTSV = 0.277 7 SET* − 5.930	21.3	3.6
上海	老年人	MTSV = 0.118 7 SET* − 2.700	22.8	8.4

表 10-2 中，长沙与上海同属夏热冬冷地区，而大连属于寒冷地区。可以看出，同样以年轻人为研究对象的长沙和大连中性温度相差 7.9℃，这是因为南北方居民在长期生活中已充分适应当地气候。对比热感觉的变化率可知，对温度变化的敏感度与地域无关而与年龄相关，老年人的敏感度较年轻人低。

3.UTCI 模型

为了开发一个能使用在人类生物气象学中主要领域的指标，比如对极端天气的预报、生物气象地图的绘制、城市规划等，从 2001 年开始，国际生物气象协会（International Society of Biometeorology，ISB）就着手组织开发 UTCI 指标。来自 26 个国家的超过 45 名不同学科的科学家参与到该项工作，并于 2009 年完成了对 UTCI 的开发。该指标以多节点温度调节模型"Fiala"为基础，考虑了人们因环境温度变化而对衣物的调整，并考虑了人体不同部位的服装热阻分布和因为风速引起的服装热阻和水蒸气蒸发能力的降低。该指标能够满足以下要求：

（1）在所有人体与环境的热交换模式下都具有热生理意义；

（2）在所有的季节、气候和时空尺度上都有效；

（3）在主要的人类生物气象学领域内都适用。

UTCI 的定义与标准有效温度类似，通过参考环境的等效温度来描述实际环境的 UTCI 值。在确定人体热状态时，UTCI 指标通过主成分分析法将多维动态生理响应（包括不同暴露时间下的人体核心温度、出汗率、皮肤湿润度等）综合为一个单一热应力指标，与标准有效温度定义中的皮肤温度和皮肤湿润度作用相同。由 ISB 给出的不同热应力下的 UTCI 范围如表 10-3 所示。由于在 Fiala 模型中，"轻微热应力"未得到相应的生理响应，表 10-3 中未予列出。

本书调研 UTCI 的分布范围为 25.8℃～29.7℃，极差 3.9℃，平均 27.4℃。与 SET* 相比，UTCI 的范围更窄，说明该指标对环境差异的描述精度低于 SET*。采用与 SET* 相同的方法来评价 UTCI 的有效性，结果如图 10-5 所示。

表 10-3　UTCI 评价标度

热应力分类	UTCI 范围（℃）
极端热应力	＞ 46
非常强的热应力	38 ~ 46
强热应力	32 ~ 38
温和热应力	26 ~ 32
无热应力	9 ~ 26
轻微冷应力	0 ~ 9
温和冷应力	− 13 ~ 0
强冷应力	− 27 ~ − 13
非常强的冷应力	− 40 ~ − 27
极端冷应力	＜ − 40

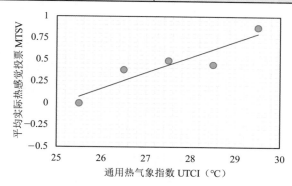

图 10-5　MTSV 与 UTCI 的回归模型

图（10-5）中回归直线方程为

$$MTSV = 0.181UTCI - 4.541, \quad R^2 = 0.842 \tag{10-3}$$

从式（10-3）可以看出，UTCI 对上海地区老年人夏季室外热感觉的预测比较准确，中性热感觉所对应的 UTCI 为 25.1℃，相对变化率为 5.5℃ UTCI/MTSV。对比表 10-3 中的 UTCI 评价标度可知，本书调研的老年人热应力状态处于"无热应力"与"温和热应力"之间。

综上所述，PMV 指标不适用于老年人室外热舒适评价。SET* 模型和 UTCI 模型都能较准确地预测老年人室外热感觉，但在对同一环境变化的描述中，SET* 的极差（10.6℃）大于 UTCI 的极差（3.9℃）。同时，比较每 1℃ 的温度指标变化引起的 MTSV 变化值，SET* 模型比 UTCI 模型更小。因此，在描述环境变化时，SET* 具有更高的精确性；在预测热感觉时，SET* 也具有更优的区分度。所以 SET* 模型对老年人室外热感觉的预测效果较 UTCI 模型更好，SET* 指标更适用于上海地区老年人室外热舒适评价。

10.4　室外热环境数值模拟

10.4.1　模拟方法

随着计算机技术的日渐发展和数值计算方法的日趋完善，CFD 方法在建筑设计领域的应用越来越广泛，且认可度日益提高。相比风洞试验，CFD 技术能大幅缩短试验周期，并减少人力和物力的开销。其基本思想可以归结为：把原来在时间域及空间域上连续的物理量的场，如速度场和压力场，用一系列有限个离散点上的变量值的集合来代替，通过一定的原则和方式建立起关于这些离散点上场变量之间关系的代数方程组，然后求解代数方程组获得场变量的近似值。常见的商用 CFD 软件有 PHOENICS，CFX，AIRPAK，FLUENT 等。目前在城市热岛效应、植物对室外环境的影响、小区风场分析等方面，都有大量的 CFD 使用研究。

为了弥补现场研究在人力、器材和时间等方面的不足，本章借助数值模拟方法对该敬老院的室外空间进行热环境模拟，旨在结合前文结论对该室外空间的热环境条件做全面的分析。

10.4.2　FLUENT 数值模拟简介

FLUENT 是由美国 FLUENT 公司于 1983 年推出的 CFD 软件，现已纳入 ANSIS 系列软件中。它是目前功能最全面、适用性最广、国内使用最广泛的 CFD 软件之一。FLUENT 采用的离散方法是有限体积法，即用有限个离散点来代替原来的连续空间。因此，用 FLUENT 进行数值计算的第一步就是将计算域划分为多个互不重叠的子区域，即计算网格（Grid），该过程可由前处理软件 Gambit 实现。

对于室外三维空间来讲，可用 3D-CAD 进行几何模型的构建，进而将几何计算域导入 Gambit 进行网格划分。Gambit 提供结构化和非结构化网格，后者在具有复杂边界的流场计算中有很高的适用性。在数值计算中，高质量的计算网格能够保证计算精度和计算速度，因此在进行 CFD 计算时，需要耗费大量的时间对计算域进行网格优化。除此之外，前处理过程还包括流体属性参数的确定、边界条件的确定，以及瞬态问题中指定初始条件。

预处理完成后，需要在 FLUENT 中选择求解器和湍流模型。FLUENT 提供耦合式和分离式两类求解器。耦合求解法适用于高速可压流动、由强体积力（如浮力或旋转力）导致的强耦合流动的求解，本书所研究的室外环境属于自然通风模拟，不属于强耦合流动，因此不采用耦合式求解器。分离式解法不直接解联立方程组，而是顺序地、逐个地求解各变量代数方程组，依据是否直接求解原始变量，分离式解法又分为原始变量法和非原始变量法。原始变量法包含的解法很多，其中使用最为广泛的是压力修正法。压力修正法有很多种实现方式，本文选取最常用的 SIMPLE 算法。SIMPLE 是英文 Semi-Implicit Method of Pressure-Linked Equations 的缩写，为"求解压力耦合方正组的半隐式方法"。这种方法的核心是采用"猜测—修正"的过程，在交错网格的基础上来计算压力场，从而达到求解动量方程（Navier-Stokes 方程）的目的。在湍流模型中，目前使用最广泛的是标准模型，即基于湍动能和湍动耗散率的两方程模型。该模型是针对发展非常充分的湍流流动来建立的，即为高 Re 数湍流计算模型。结合壁面函数法，标准模型适用于本书所研究的室外空间。

本书所涉及的室外热环境模拟需要调用 FLUENT 中的能量方程、辐射模型和组分输运方程，以解决室外太阳辐射和植被共同作用下的温度场、湿度场和风速场求解。

10.4.3　计算域与参数设置

按照上节所述模拟步骤对本书调研的敬老院室外空间进行建模，首先需要确定模型的计算域。计算域的大小会影响软件的计算时间和收敛效果，对于建筑外部空间的流场模拟，应在入流、出流、左右和高度四个方向留有足够的空间，原则是入口的初始流速分布不受到域内建筑的影响，出口的流体达到完全发展段。选取过大的计算域会导致网格增多、资源浪费，且对模拟结果无明显作用。存在某一临界区域，若将此区域边界再扩大，对内部的模拟结果没有影响。通常的计算域选择为：入流方向取 5 倍建筑高度；出流方向取 7 倍建筑高度，高度方向取 4 倍建筑高度；左右方向取 4 倍建筑迎风面宽度。因此确定模型的尺寸为：230 m×150 m×28 m。在 CAD 中绘制出的几何模型如图 10-6 所示。

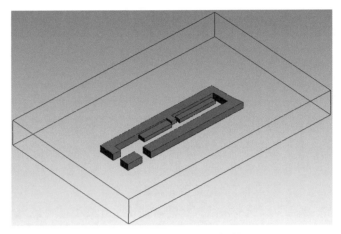

图 10-6　调研空间 3D 几何模型

从图 10-6 中可以看出，整个计算域被分为内区和外区两个部分，研究对象 U 形室外空间位于内区中央，该区域的网格尺度最小、密度最大，向外区延伸则网格尺度渐渐增大。由 Gambit 输出的计算网格如图 10-7 所示。

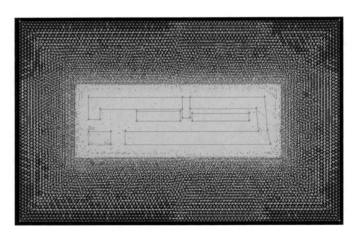

图 10-7　计算域内空气流场网格分布

在诸多室外环境模拟研究中，植物通常被简化为多孔介质。本书将植物冠层以长方体多孔介质区域加以简化，如图 10-7 所示。文献指出，植物的长方体模型易于调整参数，能提高模拟结果的准确性。植物对室外环境的影响主要包括蒸腾作用和风障作用。蒸腾作用能将大量水蒸气散发到空气中，过程中伴随着大量的辐射热散失，进而降低叶片温度。蒸腾作用的强弱主要通过蒸腾速率 [单位 mmol/(m^2·s) 或 g/(m^2·h)] 来反映。风障作用即植物对气流流动的阻碍，表现在增加地表覆盖、增加下垫面粗糙度和拦截运动气流三个方面。风障作用的强弱主要反映在地表粗糙度和摩阻速度的改变上。

在 FLUENT 中，气流穿过多孔介质时受到的阻力大小主要由两个阻力系数确定：黏性阻力系数 α 和惯性阻力系数 C。可用厄根公式（Ergun）求解，如式（10-4）和式（10-5）：

$$\alpha = \frac{D_p^2}{150} \cdot \frac{b^3}{\left(1-b\right)^2} \tag{10-4}$$

$$C = \frac{3.5\left(1-b\right)}{D_p b^3} \tag{10-5}$$

式中　D_p——球形颗粒的直径或非球形颗粒的体积当量直径，m；

　　　b——孔隙率。

根据生物学研究结果，樟树的叶面积指数为 3，孔隙率 b 为 0.8，平均蒸腾速率为 4.23 mmol/(m^2·s)。因此，在 FLUENT 模型中，植物冠层被简化为具有体质源的多孔介质。

由于地面风速是随高度增加而递增的，因此在设置速度入口时需要编译 UDF 对垂直方向的风速进行设置。风速在高度方向的变化规律可由以下指数方程描述：

$$V_z = V_{10} \left(\frac{z}{10}\right)^a \tag{10-6}$$

式（10-6）与 UTCI 计算过程中的 10 m 高空风速计算公式相同，但该式中已知的风速为由当地气象台提供的 10 m 高空风速，UDF 文件见附录 D。调研期间当地气象台的记录情况如表 10-4 所示。

其余边界条件设置如下：出口设为出流 Outflow；两侧和顶面设为对称边界 Symmetry；地面设为辐射面 Wall-radiation；建筑外墙设置为壁面 Wall。

10.4.4　模拟结果分析

1. 模拟结果与实测数据对比

根据调研期间的气象条件，选取风速较大的 6 月 12 日的下午为模拟时刻。在模

表 10-4　调研期间气象台气象参数

日　期	时　段	空气温度（℃）	风速（m/s）	风　向
6月12日	上午	23.4	0.1	西北
	下午	25.3	2.2	东
6月13日	上午	25.0	0.1	北
	下午	27.6	1.0	南
6月14日	上午	25.6	0	北
	下午	29.7	0	北
6月15日	上午	24.7	0	北
	下午	26.8	1.1	东

拟过程中，假设一小时内的日照条件不变，选取中间时刻（17时30分）以确定太阳高度角。截取与环境实测相同高度（1.2 m）的平面，模拟结果如图10-8所示。从温度分布中可以看出，整个室外空间的空气温度比较均匀地分布在25.3℃左右，与来流空气温度相同，说明空气温度受建筑和植被的影响较小。由图10-9风速分布可以看出，U形室外空间区域内风速明显较低，普遍在0.8 m/s以下，建筑对近地面的风速阻碍作用较强。此外，北面的风速明显低于南面，并在北面通道附近形成了一个低风速区，平均风速在0.3 m/s以下，说明植被显著降低了自然通风的效果。相对湿度的模拟结果显示，空气在U形空间内湿度增加，主要来源于植物的蒸腾作用散湿，但相对湿度的波动范围仅为60%～65%，加湿效果有限。图10-10中的红色区域表示湿气在此累积，主要原因是该区域风速较低，植物散湿不能及时地扩散。综上所述，风速受建筑布局和植被的影响最大，植物的蒸腾作用有一定的加湿效果，而空气温度几乎不受影响。

　　为了验证模拟的准确性，提取与调研相同的测点位置的环境参数，与实测结果进行对比，如表10-5所示。

表 10-5　模拟结果与实测数据对比

测　点	温度（℃）		相对湿度（%）		风速（m/s）	
	实测	模拟	实测	模拟	实测	模拟
1	25.4	25.4	60	62	0.5	0.6
2	25.3	25.4	60	63	0.3	0.5
3	25.6	25.5	60	61	0.3	0.4
4	25.8	25.6	59	61	1.2	1.1

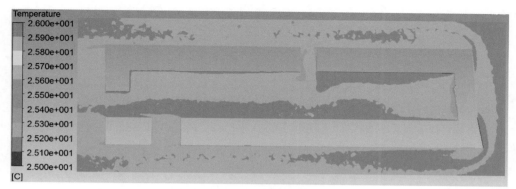

图 10-8　1.2 m 高处的温度分布

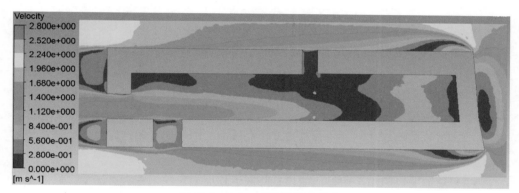

图 10-9　1.2 m 高处的风速分布

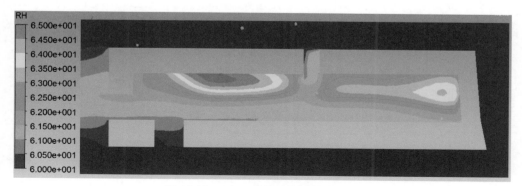

图 10-10　1.2 m 高处的相对湿度分布

温度模拟结果与实测基本一致，而相对湿度比实测值稍高，可能的原因是植物的实际散湿强度并未达到模型中的设定值。风速的模拟值普遍大于实测值，但从表中可以看出，四个测点之间的相对风速大小模拟情况与实测情况相同。由于测点 1 和测点 4 距建筑和绿化带相对更远，风速相应更大。而在老年人频繁使用的测点 2 和测点 3 所在区域，风速最低，这与实际的风感觉投票和风速满意投票结果相符。在自然环境中，风速大小处于动态变化，这与模型中的恒定来流风速条件不同，模拟结果反应的相对大小关系可作为某一时刻室外风场分布的参考。综上所述，FLUENT 对室外温度场、相对湿度场和风速场的模拟具有一定准确性，可用于辅助考察室外热环境状况。

2. 热环境评价与优化措施

根据模拟结果，1.2 m 平面上的平均空气温度为 25.4℃，平均相对湿度 61%。对于测点 3 所在的建筑阴影区，造成热不舒适的主要原因是风速过低，过低的风速增强了人体的热感，带来不适感。植被的阴影区存在湿累积，主要由于建筑布局导致的自然通风不畅，过高的湿度也会增强人体热感。根据模拟结果，对该敬老院的室外空间热环境评价如下：

（1）U 形半围合式建筑布局不利于上海地区的夏季自然通风，室外空间的风速不满足老年人舒适需求；

（2）植被增加局部空气的含湿量，在低风速区形成湿累积，降低室外活动老年人的热舒适感；

（3）植被的风障作用明显，能显著降低近地面的风速，在人员活动区域的上风向时不利于通风。

在目前的条件下，大多数老年人居住建筑都不能因地制宜地进行设计。针对以上提到的问题，老年人居住建筑的室外活动空间应保障以下几点：

（1）建筑布局宜采用开放式的布局，而不是围合或半围合式的布局，合理引导气流进入室外场地，保证人员活动区的夏季通风和冬季防风；

（2）植被不宜布置在空气滞留的区域，在提供夏季遮阳的同时避免局部湿度过高；

（3）应结合冬夏季的主导风向布置植被区，夏季不宜处于上风向，冬季不宜处于下风向。

10.5　小　结

本章以上海市某养老机构的室外活动空间为研究对象，主要基于现场调查的数据，利用 CFD 对室外热环境进行了数值模拟，验证了模型的有效性，并对该敬老院的室外空间提出了评价和建议。本章主要结论如下：

（1）PMV 指标不适用于老年人室外热舒适评价，高估了热感觉约 1.6 倍。SET* 和 UTCI 都能较好地预测热感觉，但 SET* 模型对环境变化的描述更精确，对热感觉预测的区分度更高。SET* 相对老年人热感觉的变化率为 8.4℃ SET*/MTSV，高于年轻人的变化率 3.6℃ SET*/MTSV，说明老年人对温度的敏感度较年轻人低。室内热舒适评价标准不适用于室外环境，上海地区老年人夏季可接受的 SET* 范围为 15.6 ℃～29.9℃。

（2）FLUENT 能较准确地模拟建筑室外热湿环境，结果表明：U 形建筑不利于室外场所的自然通风，适老建筑设计中不宜采用；植物的风障作用明显，可用于夏季自然通风引导和冬季户外防风；植物对室外空气有一定加湿作用，应避免在人员活动区出现局部湿累积。

Chapter 11　第 11 章

总结与展望

Summary and Prospect

第11章 总结与展望

1. 上海地区公共养老设施老年人和居住建筑特征和现状

本书现场调查共获得冬季有效样本量 342 个，夏季有效样本量 330 个。受试老人的平均年龄为 83.6 岁，入住养老机构的女性老年人比例大于男性老年人，其中女性比例为 65.3%，男性比例为 34.7%。籍贯以上海为主，占总调研人数的 78.7%（冬季占82.2%，夏季占 75.2%），籍贯为苏浙沪地区的老年人占总调研人数的 95.4%（冬季占96.2%，夏季占 94.5%）。

在冬季，有 9.4% 的室内空气温度和 9.1% 的操作温度低于人体对冷环境适应的下临界温度 10℃；有 99.1% 的室内空气温度和 98.8% 的操作温度低于老年人居住建筑卧室采暖设计最低温度 18℃。在夏季，本次调研中有 72.4% 的室内空气温度和 77.5%的操作温度高于老年人居住建筑室内供冷工况设计温度上限 28℃。室内热环境状况不佳。

2. 上海地区公共养老设施老年人适应性热舒适特征

本书对在老年人适应性热舒适的研究者中考虑了热因素和非热因素，并探究了基于空间环境的老年人的热适应统计规律，建立了上海地区公共养老设施老年人的热感觉模型、热适应行为模型、热适应模型和老年人居住建筑空间环境温差与老年人室内热满意度的关系模型等，得到主要结论有：

（1）冬季老年人的热感觉、热满意和热期望出现了近似同步的现象，夏季老年人的热感觉、热满意和热期望出现了完全同步的现象。老年人在冬季偏爱无风的环境，在夏季偏好微风的环境，现场调研中冬季无风环境的风速均值为 0.04 m/s，夏季微风环境的风速均值为 0.23 m/s。结合老年人的湿满意度和对生理健康影响的分析，本研究建议：在冬季，室内相对湿度控制的变化范围宜选定在 40%~60%；在夏季，室内相对湿度控制的变化范围宜选定在 50%~70%。老年人的敏感度在冬季和夏季都较低，且冬季的敏感度低于夏季；本研究中老年人偏好热中性环境，建议上海地区公共设施养老机构老年人热舒适评价采用：$-0.2 < TSV < +0.2$ 作为标准。计算得出冬季老年人可接受温度为 14.1℃~19.4℃；夏季老年人可接受温度为 23.8℃~27.0℃。PMV 模型、修正的 PMV 模型以及 APMV 模型对上海地区老年人均不适用，存在低估或高估老年人实际热感觉投票的问题。

（2）老年人热满意影响因素 Logistic 分析与建模结果显示，老年人的热满意影响因素有明显的季节差异。在冬季，老年人对室内环境热满意的影响因素有"每天在室内的时间""疾病对日常生活的影响""风速满意"。在夏季，老年人对室内环境热满意的影响因素有"规律睡眠"和"风速满意"。

（3）老年人倾向于使用原始且较少消耗能源的方式进行热适应调节。老年人的热适应行为有季节差异，但在冬季和夏季最常用的两种热适应调节行为均为增减衣服和开关窗户。在冬季，增加衣服对老年人热舒适的调节作用不明显，开关窗户也不能有效地调节室内热环境。在夏季，增加衣服的热适应调节手段可以产生一定的效果，但调节作用有限，开关窗户可以调节室内的温度和风速，从而调节老年人热舒适。

（4）建立了上海地区老年人冬季和夏季热适应模型，并对模型进行了验证。

（5）冬季，在中性偏冷的温度下，女性老年人比男性老年人感觉冷，在中性偏暖的温度下，女性老年人比男性老年人感觉暖。女性老年人的热满意百分比比男性老年人高，热舒适温度比男性老年人低。夏季，男性老年人和女性老年人的热中性温度不存在统计学上的显著差异，但在同样温度条件下，男性感觉更暖，男性的热满意百分比较大。女性老年人在冬季对环境温度更敏感，男性老年人在夏季对环境温度更敏感。冬季和夏季，男性老年人和女性老年人在热感觉、热满意和热期望上均没有统计学上的显著差异（$P > 0.05$）。

（6）冬季，老年人室内热满意度最高的空间热环境特征是室外－过渡空间－室内温（湿）度等差递增（递减），夏季，老年人室内热满意度最高的空间热环境特征是室外－过渡空间－室内温（湿）度等差递减（增）。建议室外－过渡空间－室内控制的温差为冬季 6℃，夏季 2℃，在养老机构的过渡空间设计中，较理想的模式是室外－过渡空间－室内温度呈等差递增（递减）式的半开放式外廊。

3. 上海地区公共养老设施热环境的管理和设计建议

老年人在设施内的生活状态呈现明显的集体化特征，且处于基本封闭的状态，因此设施内的环境空间几乎就是老年人生活的全部空间，老年人对设施的依赖程度越高，越容易受到设施的限制。因此，在公共养老设施热环境的管理和设计上，管理者和设计者应该：

（1）预防因老年人热敏感度低对健康造成的潜在危害。

（2）满足不同老年人对环境热舒适的差异性需求。

（3）满足老年人适应性热行为需求。

4. 展　望

本书对上海地区老年人居住建筑热环境和适应性健康热舒适进行了研究和分析，鉴于时间关系，后续还有以下工作需要开展：

（1）扩大调研季节、城市和气候区范围，获得更全面的老年人适应性健康热舒适现场调研数据，建立数据库，并构建更完善的老年人热适应模型。

（2）开展人工气候室试验，设立青年对照组，探究老年人热适应模型中的热健康温度边界。

（3）开展基于空间环境的动态热舒适调研，考察老年人在室外、过渡空间和室内三层空间中热舒适的动态变化规律。

参考文献

Alfano F R D, Palella B I, Riccio G. PMV-PPD and Acceptability in Naturally Ventilated Schools[J]. Building and Environment, 2013, 67(67): 129-137.

Almeida-Silva M, Wolterbeek H T, Almeida S M. Elderly exposure to indoor air pollutants[J]. Atmospheric Environment, 2014, 85: 54-63.

Alpérovitch A, Lacombe J M, Hanon O, et al. Relationship between blood pressure and outdoor temperature in a large sample of elderly individuals: the Three-City study[J]. Archives of Internal Medicine, 2009, 169(1): 75-80.

Anderson T W, Rochard C. Cold snaps, snowfall and sudden death from ischemic heart disease[J]. Canadian Medical Association Journal, 1979, 121(12): 1 580.

Barnett A G, Sans S, Salomaa V, et al. The effect of temperature on systolic blood pressure[J]. Blood Pressure Monitoring, 2007, 12(3): 195-203.

Barnett A G. Temperature and Cardiovascular Deaths in the US Elderly: Changes over Time[J]. Epidemiology, 2007, 18(3): 369-372.

Bentayeb M, Simoni M, Norback D, et al. Indoor air pollution and respiratory health in elderly[J]. Journal of Environmental Science and Health Part A, 2013, 48(14): 1 783-1 789.

Bouden C, Ghrab N. An adaptive thermal comfort model for the Tunisian context: field study results[J]. Energy and Buildings, 2005: 37(9): 952-963.

Brager G, Fountain M, Benton C, et al. A Comparison of Methods for Assessing Thermal Sensation and Acceptability in the Field[EB/OL]. (1993-07-01)[2019-10-01].https://escholarship.org/content/qt5n94s9hz/qt5n94s9hz.pdf.

Brager G S. Thermal adaptation in the built environment : a literature review[J]. Energy and Buildings, 1998, 27(1): 83-96.

Cao B, Zhu Y, Ouyang Q, et al. Field study of human thermal comfort and thermal adaptability during the summer and winter in Beijing[J]. Energy and Buildings, 2011, 43(5): 1 051-1 056.

Carli M D, Olesen B W, Zarrella A, et al. People's clothing behaviour according to external weather and indoor environment[J]. Building and Environment, 2007, 42(12): 3 965-3 973.

Cena K, Spotila J R , Avery H W. Thermal comfort of the elderly is affected by clothing. activity, and psychological Adjustment[J]. ASHRAE Transactions. 1986, 92(2A): 329-342.

Choi J H, Aziz A, Loftness V. Investigation on the impacts of different genders and ages on satisfaction with thermal environments in office buildings[J]. Building and Environment, 2010, 45(6): 1 529-1 535.

Collins K J, Exton-Smith A N, Dore C. Urban hypothermia: preferred temperature and thermal perception in old age[J]. British Medical Journal (Clinical Research ed.), 1981, 282(6259): 175-177.

Cruickshanks K J, Wiley T L, Tweed T S, et al. Prevalence of hearing loss in older adults in Beaver Dam, Wisconsin:

The epidemiology of hearing loss study[J]. American Journal of Epidemiology, 1998, 148(9): 879-886.

Damiati S A, Zaki S A, Rijal H B, et al. Field study on adaptive thermal comfort in office buildings in Malaysia, Indonesia, Singapore, and Japan during hot and humid season[J]. Building and Environment, 2016, 109(15): 208-223.

de Dear R, Brager G S, Reardon J, et al. Developing an adaptive model of thermal comfort and preference/ discussion[J]. ASHRAE Transactions, 1998, 104: 145.

de Dear R, Brager G S. The adaptive model of thermal comfort and energy conservation in the built environment[J]. International Journal of Biometeorology, 2001, 45(2): 100-108.

Dhaka S, Mathur J, Brager G, et al. Assessment of thermal environmental conditions and quantification of thermal adaptation in naturally ventilated buildings in composite climate of India[J]. Building and Environment, 2015, 86: 17-28.

Dhaka S, Mathur J, Brager G, et al. Assessment of thermal environmental conditions and quantification of thermal adaptation in naturally ventilated buildings in composite climate of India[J]. Building and Environment, 2015, 86: 17-28.

Daanen H A M, Herweijer J A. Effectiveness of an indoor preparation program to increase thermal resilience in elderly for heat waves[J]. Building and Environment, 2015, 83: 115-119.

Dingsdale A. Budapest's built environment in transition[J]. Geojournal, 1999, 49(1): 63-78.

Eguchi K, Hoshide S, Ishikawa S, et al. Short sleep duration is an independent predictor of stroke events in elderly hypertensive patients[J]. Journal of the American Society of Hypertension, 2010, 4(5): 255-262.

Fanger P O, Toftum J. Extension of the PMV model to non-air-conditioned buildings in warm climates[J]. Energy and Buildings, 2002, 34(6): 533-536.

Fanger P O. Assessment of man's thermal comfort in practice[J]. British Journal of Industrial Medicine, 1973, 30(4): 313-324.

Fanger P O. Thermal comfort: Analysis and applications in environmental engineering[D]. Denmark: Danish Technical University, 1970.

Fanger P O. Thermal Comfort[M]. Malabar: Robert E Krieger Publishing Company, 1982.

Frank S M, Raja S N, Bulcao C, et al. Age-related thermoregulatory differences during core cooling in humans[J]. American Journal of Physiology-Regulatory, Integrative and Comparative Physiology, 2000, 279(1): 349-354.

Fang Z S, Zhang S, Cheng Y, et al. Field study on adaptive thermal comfort in typical air conditioned classrooms[J]. Building and Environment, 2018,133(4): 73-82.

Frontczak M, Wargocki P. Literature survey on how different factors influence human comfort in indoor environments[J]. Building and Environment, 2011, 46(4): 922-937.

Goodwin J, Taylor R S, Pearce V R, et al. Seasonal cold, excursional behaviour, clothing protection and physical activity in young and old subjects[J]. International Journal of Circumpolar Health, 2000, 59(4): 195-203.

Guergova S, Dufour A. Thermal sensitivity in the elderly: a review[J]. Ageing Research Reviews, 2011,10(1): 80-92.

Hakim B S, Meiss P V. Elements of architecture: From form to place[J]. Journal of Architectural Education, 1994, 47(3): 182.

Hamilton S L, Clemes S A, Griffiths P L. UK adults exhibit higher step counts in summer compared to winter months[J]. Annals of Human Biology, 2008, 35(2): 154-169.

Havenith G. Metabolic rate and clothing insulation data of children and adolescents during various school activities[J]. Ergonomics, 2007, 50(10): 1 689-1 701.

Healy J D, Clinch J P. Fuel poverty, thermal comfort and occupancy: results of a national household-survey in Ireland[J]. Applied Energy, 2011, 73(3): 329-343.

Humphreys M A, Hancock M. Do people like to feel "neutral"? – Exploring the variation of the desired thermal sensation on the ASHRAE scale[J]. Energy and Buildings, 2007, 39(7): 867-874.

Humphreys M A, Nicol J F. The validity of ISO-PMV for predicting comfort votes in every-day thermal environments[J]. Energy and Buildings, 2002, 34(6): 667-684.

Humphreys M A, Nicol J F. Understanding the adaptive approach to thermal comfort[J]. ASHRAE Transactions, 1998, 104: 991.

Hwang R L, Chen C P. Field study on behaviors and adaptation of elderly people and their thermal comfort requirements in residential environments[J]. Indoor Air, 2010, 20(3): 235-245.

Hwang R L, Yang K H, Chen C P, et al. Subjective responses and comfort reception in transitional spaces for guests versus staff[J]. Building and Environment, 2008, 43(12): 2 013-2 021.

Iino Y, Igarashi Y, Yamagishi A. Study on the improvement of environmental humidity in houses for the elderly: Part 1–Actual conditions of daily behavior and thermal environment[J]. Elsevier Ergonomics Book, 2005, 3: 231-237.

Indraganti M. Using the adaptive model of thermal comfort for obtaining indoor neutral temperature: Findings from a field study in Hyderabad, India[J]. Building and Environment, 2010, 45(3): 519-536.

Jansen P M, Leineweber M J, Thien T. The effect of a change in ambient temperature on blood pressure in normotensives[J]. Journal of Human Hypertension, 2001, 15(2): 113-117.

Jendritzky G, Dear R D, Havenith G. UTCI–Why another thermal index?[J]. International Journal of Biometeorology, 2011, 56(3): 421-428.

Jitkhajornwanich K, Pitts A C. Interpretation of thermal responses of four subject groups in transitional spaces of buildings in Bangkok[J]. Building and Environment, 2002, 37(11): 1 193-1 204.

Karjalainen S. Gender differences in thermal comfort and use of thermostats in everyday thermal environments[J]. Building and Environment, 2007, 42(4): 1 594-1 603.

Karyono T H. Report on thermal comfort and building energy studies in Jakarta–Indonesia[J]. Building and Environment, 2000, 35(1): 77-90.

Kim M, Chun C, Han J. A study on bedroom environment and sleep quality in Korea[J]. Indoor and Built Environment, 2010, 19(1): 123-128.

Klepeis N E, Nelson W C, Ott W R, et al. The National Human Activity Pattern Survey (NHAPS): A resource for assessing exposure to environmental pollutants[J]. Journal of Exposure Analysis and Environmental Epidemiology, 2001, 11(3): 231-252.

Kline D W, Schieber F. Visual aging: A transient/sustained shift?[J]. Perception and Psychophysics, 1981, 29(2): 181-182.

Lai D, Guo D, Hou Y, et al. Studies of outdoor thermal comfort in northern China[J]. Building and Environment,

2014, 77: 110-118.

Lan L, Lian Z, Liu W, et al. Investigation of gender difference in thermal comfort for Chinese people[J]. European Journal of Applied Physiology, 2008, 102(4): 471-480.

Li B, Tan M, Liu H, et al. Occupant's perception and preference of thermal environment in free-running buildings in China[J]. Indoor Built Environment. 2010, 19(4): 405-412.

Liang H H, Lin T P, Hwang R L. Linking occupants' thermal perception and building thermal performance in naturally ventilated school buildings[J]. Applied Energy, 2012, 94: 355-363.

Liu H, Wu Y, Li B, et al. Seasonal variation of thermal sensations in residential buildings in the Hot Summer and Cold Winter zone of China[J]. Energy and Buildings, 2017, 140: 9-18.

Lu Y, Wang F, Wan X, et al. Clothing resultant thermal insulation determined on a movable thermal manikin. Part I: effects of wind and body movement on total insulation[J]. International Journal of Biometeorology, 2015, 59(10): 1 475-1 486.

Morabito M, Crisci A, Orlandini S, et al. A synoptic approach to weather conditions discloses a relationship with ambulatory blood pressure in hypertensives[J]. American Journal of Hypertension, 2008, 21(7): 748-752.

Morgan C, De Dear R. Weather, clothing and thermal adaptation to indoor climate[J]. Climate Research, 2003, 24(3): 267-284.

Mustapa M S, Zaki S A, Rijal H B, et al. Thermal comfort and occupant adaptive behaviour in Japanese university buildings with free running and cooling mode offices during summer[J]. Building and Environment, 2016, 105: 332-342.

Nam I, Yang J, Lee D. A study on the thermal comfort and clothing insulation characteristics of preschool children in Korea[J]. Building and Environment, 2015, 92: 724-733.

Natsume K, Ogawa T, Sugenoya J, et al. Preferred ambient temperature for old and young men in summer and winter[J]. International Journal of Biometeorology, 1992, 36(1): 1-4.

Nicol J F, Humphreys M A. Adaptive thermal comfort and sustainable thermal standards for buildings[J]. Energy and Buildings, 2002, 34(6): 563-572.

Nobuko H, Yutaka T, Tadakatsu O, et al. Physiological and subjective responses in the elderly when using floor heating and air conditioning systems[J]. Journal of Physiological Anthropology and Applied Human Science, 2004, 23(6): 205-213.

Oguro M, Arens E, de Dear R, et al. Evaluation of the effect of air flow on clothing insulation and total heat transfer coefficient for each part of the clothed human body[J]. Journal of Architecture and Planning (Transactions of AIJ), 2001, 549(66): 13-21.

Oida Y, Kitabatake Y, Nishijima Y, et al. Effects of a 5-year exercise-centered health-promoting programme on mortality and ADL impairment in the elderly[J]. Age and Ageing, 2003, 32(6): 585-592.

Okamoto-Mizuno K, Tsuzuki K. Effects of season on sleep and skin temperature in the elderly[J]. International Journal of Biometeorology, 2010, 54(4): 401-409.

Ormandy D, Ezratty V. Health and thermal comfort: From WHO guidance to housing strategies[J]. Energy Policy, 2012, 49(10): 116-121.

Oseland N A. A comparison of the predicted and reported thermal sensation vote in homes during winter and summer[J]. Energy and Buildings, 1994, 21(1): 45-54.

Pak R, McLaughlin A. Designing displays for older adults[M]. Boca Raton: CRC press, 2010.

Pantavou K, Theoharatos G, Santamouris M, et al. Outdoor thermal sensation of pedestrians in a Mediterranean climate and a comparison with UTCI[J]. Building and Environment, 2013, 66: 82-95.

Piers L S, Soares M J, McCormack L M, et al. Is there evidence for an age-related reduction in metabolic rate? [J]. Journal of Applied Physiology, 1998, 85(6): 2 196-2 204.

Reid K J, Martinovich Z, Finkel S, et al. Sleep: A Marker of Physical and Mental Health in the Elderly[J]. The American Journal of Geriatric Psychiatry, 2006, 14(10): 860-866.

Rejeski W J, Mihalko S L. Physical Activity and Quality of Life in Older Adults[J]. The Journals of Gerontology Series A: Biological Sciences and Medical Sciences, 2001, 56(Supplement 2): 23-35.

Rijal H, Honjo M, Kobayashi R, et al. Investigation of comfort temperature, adaptive model and the window-opening behaviour in Japanese houses[J]. Architectural Science Review, 2013, 56(1): 54-69.

Rijal H B, Yoshida H, Umemiya N. Seasonal and regional differences in neutral temperatures in Nepalese traditional vernacular houses[J]. Building and Environment, 2010, 45(12): 2 743-2 753.

Rockwood K, Mitnitski A B, MacKnight C. Some mathematical models of frailty and their clinical implications[J]. Reviews in Clinical Gerontology, 2002, 12(2): 109-117.

Rockwood K, Song X, MacKnight C, et al. A global clinical measure of fitness and frailty in elderly people[J]. Canadian Medical Association Journal, 2005, 173(5): 489-495.

Rohles F H J. Preference for the thermal environment by the elderly[J]. Human Factors, 1969, 11(1): 37-41.

Rose G. Seasonal variation in blood pressure in man[J]. Nature, 1961, 4 760(189): 235.

Schellen L, Lichtenbelt W D V M, Loomans M G L C, et al. Differences between young adults and elderly in thermal comfort, productivity, and thermal physiology in response to a moderate temperature drift and a steady-state condition[J]. Indoor Air, 2010, 20(4): 273-283.

Schellen L, Lichtenbelt W D V M, Loomans M, et al. 2009. Thermal comfort, physiological responses and performance of elderly during exposure to a moderate temperature drift[R]. Proceedings of the 9th International Healthy Buildings Conference and Exhibition, Syracuse, USA, Sept.13-17, 2009.

Schooling C M, Lam T H, Li Z B, et al. Obesity, Physical Activity, and Mortality in a Prospective Chinese Elderly Cohort[J]. Archives of Internal Medicine, 2006, 166(14): 1 498.

Shea J L, Zhang Y. Ethnography of eldercare by elders in Shanghai, China[J]. Ageing International, 2016, 41(4): 366-393.

Tamura A. Thermal comfort in transitional spaces—basic concepts: literature review and trial measurement[J]. Building and Environment, 2004, 39(10): 1 187-1 192.

Teli D, Jentsch M F, James P A B. Naturally ventilated classrooms: An assessment of existing comfort models for predicting the thermal sensation and preference of primary school children[J]. Energy and Buildings, 2012, 53: 166-182.

Tsuzuki K, Mori I, Sakoi T, et al. Effects of seasonal illumination and thermal environments on sleep in elderly men[J]. Building and Environment, 2015, 88: 82-88.

Tsuzuki K, Iwata T. Thermal comfort and thermoregulation for elderly people taking light exercise[J]. Proceedings of indoor air, 2002, 2: 647-652.

Tsuzuki K, Ohfuku T, Mizuno K, et al. Thermal comfort and thermoregulation for elderly Japanese people in summer[R]. Proceedings of the 7th REHVA World Congress-Clima 2000, Napoli, 47-54.

Tucker P, Gilliland J. The effect of season and weather on physical activity: a systematic review[J]. Public Health, 2007, 121(12): 909-922.

Whitenewsome J L, Sánchez B N, Parker E A, et al. Assessing heat-adaptive behaviors among older, urban-dwelling adults[J]. Maturitas, 2011, 70(1): 85-91.

Wilson D H, Walsh P G, Sanchez L, et al. The epidemiology of hearing impairment in an Australian adult population[J]. International Journal of Epidemiology, 1999, 28(2): 247-252.

Wong F M. The significance of work comfort in architecture[J]. Architectural Science Review, 1967, 10(4): 119-130.

Wong L T, Fong K N K, Mui K W, et al. A field survey of the expected desirable thermal environment for older People[J]. Indoor and Built Environment, 2009, 18(4): 336-345.

Wu Z B, Li N P, Wargocki P. Adaptive thermal comfort in naturally ventilated dormitory buildings in Changsha, China[J]. Energy and Buildings, 2019, 186: 56-70.

Yamagishi Y I A. Study on the improvement of environmental humidity in houses for the elderly: Part 1-Examination of the humidity enviroment[J]. Environmental Ergonomics, 2005, 239-245.

Yamtraipat N, Khedari J, Hirunlabh J. Thermal comfort standards for air conditioned buildings in hot and humid Thailand considering additional factors of acclimatization and education level[J]. Solar Energy, 2005, 78(4): 504-517.

Yan H, Yang L, Zheng W, et al. 2016. Influence of outdoor temperature on the indoor environment and thermal adaptation in Chinese residential buildings during the heating season[J]. Energy and Buildings, 2016 (116): 133-140.

Yang J, Nam I, Sohn J R. The influence of seasonal characteristics in elderly thermal comfort in Korea[J]. Energy and Buildings, 2016, 128: 583-591.

Yao R, Li B, Liu J. A theoretical adaptive model of thermal comfort – Adaptive Predicted Mean Vote (aPMV)[J]. Building and Environment, 2009, 44(10): 2 089-2 096.

Ye X J, Zhou Z P, Lian Z W, et al. Field study of a thermal environment and adaptive model in Shanghai[J]. Indoor Air, 2006, 16(4): 320-326.

Yochihara Y, Ohnaka T, Nagai Y, et al. Physiological responses and thermal sensations of the elderly in cold and hot environments[J]. Journal of Thermal Biology, 1993, 18(5-6): 355-361.

Yun H, Nam I, Kim J, et al. A field study of thermal comfort for kindergarten children in Korea: An assessment of existing models and preferences of children[J]. Building and Environment, 2014, 75: 182-189.

Zhang Y F, Wang J Y, Chen H M. Thermal comfort and adaptation in naturally ventilated buildings in hot-humid area of China[J]. Heating Ventilating and Air Conditioning, 2011, 45(11): 2 562-2 570.

艾克哈德·费德森（Eckhard Feddersen），伊萨·吕德克（Insa Lüdtke）. 全球老年住宅：建筑和设计手册 [M]. 周博，译. 北京：中信出版社，2011.

安玉松，于航，王恬，等. 上海地区老年人夏季室外活动热舒适度的调查研究 [J]. 建筑热能通风空调，2015(1)：23-26.

巴赫基. 房间的热微气候：按照人的热感觉计算舒适参数 [M]. 傅忠诚，译. 北京：中国建筑工业出版社，1987.

曹奕丰，王文志，刘红梅，等. 北京市和上海市抽样人群脑卒中发病率和危险因素暴露水平比较 [J]. 中国临床神经科学，2010，18(1)：5-9.

陈功，江海霞，郑翩翩，等. 社会调查及数据质量评估研究进展 [J]. 调研世界，2017(10)：60-65.

陈杰. 昆明市绿地绿量研究 [J]. 现代农业科技，2013(9)：163-165.

陈伟伟，高润霖，刘力生，等. 《中国心血管病报告2017》概要 [J]. 中国循环杂志，2018，1(33)：1-8.

陈信. 人—机—环境系统工程生理学基础 [M]. 北京：北京航空航天大学出版社，1995.

陈业鹏. 季节性对老年人脑出血发病影响的临床研究 [J]. 中国医学工程，2014，22(4)：32-33.

党俊武，周燕珉，伍小兰，等. 中国老年宜居环境发展报告（2015）[M]. 北京：社会科学文献出版社，2015.

窦懋羽. 重庆市住宅小区热环境分析和设计策略研究 [D]. 重庆：重庆大学，2007.

高焕民，柳耀泉，吕辉. 老年心理学 [M]. 北京：科学出版社，2007.

耿修林. 社会调查中样本容量的确定 [M]. 北京：科学出版社，2008.

国家质量监督检验检疫总局，卫生部，国家环境保护总局. 室内空气质量标准：GB/T18883−2002[S]. 北京：中国标准出版社，2003.

郭飞，张鹤子. 老年人与非老年人自然通风住宅热适应模型对比研究 [J]. 大连理工大学学报，2016(2)：1-6.

郭云良，刘克为，戚其华. 老年生物学 [M]. 北京：科学出版社，2007.

韩杰. 自然通风环境热舒适模型及其在长江流域的应用研究 [D]. 长沙：湖南大学，2009.

韩占中，王敬，兰小平. Fluent：流体工程仿真计算实例与应用 [M]. 北京：北京理工大学出版社，2008.

黑岛晨汛. 环境生理学 [M]. 北京：海洋出版社，1986.

胡安明. 居住区室外环境设计研究 [D]. 北京：北京林业大学，2005.

黄晨，龙惟定，范存养. 建筑环境学 [M]. 北京：机械工业出版社，2016.

纪秀玲，戴自祝，甘永祥. 夏季室内人体热感觉调查 [J]. 中国卫生工程学，2003(3)：141-143.

金振星. 不同气候区居民热适应行为及热舒适区研究 [D]. 重庆：重庆大学，2011.

克伦塔尔. 老年学 [M]. 毕可生，译. 兰州：甘肃人民出版社，1986.

赖达祎. 中国北方地区室外热舒适研究 [D]. 天津：天津大学，2012.

李爱雪. 严寒地区高校建筑热舒适与热适应现场研究 [D]. 哈尔滨：哈尔滨工业大学，2012.

李百战，喻伟，王清勤，等. 《民用建筑室内热湿环境评价标准》编制介绍 [J]. 住宅产业，2012(10)：66-70.

李斌，李庆丽. 养老设施空间结构与生活行为扩展的比较研究 [J]. 建筑学报，2011(S1)：153-159.

李东升，何满喜，朱维斌，等. 植物叶片厚度日变化规律数学模型的研究 [J]. 生物数学学报，2006，21(2)：247-252.

李贺，李玉明，周欣. 老年人心血管系统变化及对心血管疾病防治的影响 [J]. 中华老年心脑血管病杂志，2009，11(5)：389-391.

李俊鸽，杨柳，刘加平. 夏热冬冷地区人体热舒适气候适应模型研究 [J]. 暖通空调，2008，38(7)：20-24.

李苏建. 老年人不同季节血压波动规律调查 [J]. 中国校医，1999，13(2)：128-129.

李元奎，刘红霞. 老年人不同季节血脂水平变化分析 [J]. 现代康复，2000，4(2)：210-211.

李峥嵘，罗明刚，艾正涛. 植被对建筑遮阳降温效果综述 [J]. 建筑节能，2011，39(11)：47-50.

梁朋云. 树木对建筑小区风环境影响的模拟研究 [D]. 邯郸：河北工程大学，2011.

梁娅娜. 居住区户外环境老年人适应性研究 [D]. 大连：大连理工大学，2006.

林波荣. 绿化对室外热环境影响的研究 [D]. 北京：清华大学，2004.

林江涛. 老年呼吸疾病的诊治 [J]. 中国实用内科杂志，1998，18(10)：579-580.

刘汴生. 衰老与老年病防治研究 [M]. 武汉：华中科技大学出版社，2009.

刘丞，卜行宽，邢光前，等. 老年人听力减退和耳疾流行病学调查研究 [J]. 中华耳鼻咽喉头颈外科杂志，
　　2006，41(9)：661-664.

刘红，吴语欣，张恒，等. 夏季自然通风住宅老年人适应性热舒适评价研究 [J]. 暖通空调，2015(6)：
　　50-58.

刘建军，郑有飞，吴荣军. 热浪灾害对人体健康的影响及其方法研究 [J]. 自然灾害学报，2008，17(01)：
　　151-156.

刘洁生，朱伟杰，王子栋. 环境生理学 [M]. 北京：科学出版社，2011.

刘晶. 夏热冬冷地区自然通风建筑室内热环境与人体热舒适的研究 [D]. 重庆：重庆大学，2007.

刘婧. 夏季长沙室外热舒适调查及研究 [D]. 长沙：湖南大学，2011.

刘婧芝. 居住区老年户外环境设计研究 [D]. 长沙：中南林业科技大学，2008.

刘荣才. 老年心理学 [M]. 武汉：华中师范大学出版社，2009.

刘炜，刘波，王晓静. 住宅中老年人生活区域照明光环境设计研究 [J]. 重庆建筑大学学报，2001，23(6)：
　　39-43.

刘先国. 生理学 [M]. 北京：科学出版社，2003.

刘幼硕，吴春华. 老年人呼吸系统解剖生理学改变与呼吸系统疾病 [J]. 中华老年医学杂志，2004，23(8)：
　　598-600.

刘幼硕. 老年人内分泌系统特点与疾病 [J]. 中华老年医学杂志，2005，24(8)：637-639.

刘长庭. 呼吸系统疾病是严重影响人类健康的重要疾病 [J]. 中华保健医学杂志，2013，15(1)：1-2.

马克斯·T．A．，莫里斯·E．N. 建筑物·气候·能量 [M]. 陈士驎，译. 北京：中国建筑工业出版社，
　　1990.

马文军，潘波. 问卷的信度和效度以及如何用 SAS 软件分析 [J]. 中国卫生统计，2000，17(6)：364-365.

马永江. 老年人泌尿系统的改变与疾病 [J]. 上海医学，1981(5)：016.

麦金太尔（Mcintyre D A）. 室内气候 [M]. 龙惟定，译. 上海：上海科学技术出版社，1988.

毛辉. 成都地区住宅室内热舒适性调查与分析研究 [D]. 成都：西南交通大学，2010.

茅艳. 人体热舒适气候适应性研究 [D]. 西安：西安建筑科技大学，2007.

梅陈玉婵，齐铱，徐玲. 老年学理论与实践 [M]. 北京：社会科学文献出版社，2004.

齐士格，王志会，李志新，等. 2013 年中国老年人睡眠时间分布及其与脑卒中的关系 [J]. 中国医学前沿杂
　　志（电子版），2016，8(6)：109-114.

世界卫生组织. 关于老龄化与健康的全球报告 [OL]. (2016-10-01)[2019-10-01]. https://www.who.int/ageing/
　　publications/world-report-2015/zh/.

世界卫生组织. 全球老年友好城市建设指南 [OL]. (2007-10-01)[2019-10-01]. https://www.who.int/ageing/age_friendly_cities_guide/zh/.

孙庆伟. 人体生理学 [M]. 北京：中国医药科技出版社，2011.

孙霆. 杭州市心脑血管疾病与气溶胶等大气污染物之间关系的 Poisson 回归分析 [D]. 杭州：浙江大学，2009.

谈美兰. 夏季相对湿度和风速对人体热感觉的影响研究 [D]. 重庆：重庆大学，2012.

汤梦君，王炎. 老年人生殖健康状况与需求的研究进展 [J]. 老龄科学研究，2018，6(7)：46-57.

田颖，张书余，罗斌，等. 热浪对人体健康影响的研究进展 [J]. 气象科技进展，2013(2)：49-54.

王贵生，燕磊，申继亮. 老年人机构养老适应的内容与阶段性 [J]. 心理与行为研究，2013，11(5)：635-639.

王剑，王树刚. 哈尔滨某高校学生寝室热舒适性研究 [J]. 暖通空调，2013，43(10)：96-99.

王江萍. 老年人居住外环境规划与设计 [M]. 北京：中国电力出版社，2009.

王宁，袁美丽，苏金乐. 几种樟树叶片结构比较分析及其与抗寒性评价的研究 [J]. 西北林学院学报，2013，28(4)：43-49.

王世强. 低频噪声对老年人健康的影响 [J]. 黑龙江科技信息，2007(1)：189.

王淑琴，刘德义，高兴斌. 高血压病患者血压的季节性变化与气象因素相关性的前瞻性研究 [J]. 中华临床医师杂志（电子版），2011，05(6)：1 570-1 574.

王恬，于航，焦瑜，等. 上海老年人居室冬季室内环境评价因素研究 [J]. 建筑热能通风空调，2015，34(2)：1-4.

王恬，于航，焦瑜，等. 上海养老机构室内环境调查与评价 [J]. 建筑科学，2015，31(4)：45-49.

王廷夷. 植被对建筑物自然通风的影响研究 [D]. 湘潭：湖南科技大学，2010.

巫秀美，倪宗瓒. 因子分析在问卷调查中信度效度评价的应用 [J]. 中国慢性病预防与控制，1998(1)：28-31.

吴本俨. 老年人消化系统的衰老改变 [J]. 中华老年医学杂志，2007，26(1)：76-78.

吴玉韶，党俊武. 中国老龄事业发展报告（2013）[M]. 北京：社会科学文献出版社，2013.

伍业锋. 常见调查总体变异系数上限及其在样本量快速估计中的应用 [J]. 统计与决策，2011(3)：15-18.

夏强. 人体生理学 [M]. 杭州：浙江大学出版社，2005.

谢清芳，彭小勇，万芬，等. 小型绿化带对局部微气候影响的数值模拟 [J]. 安全与环境学报，2013，13(1)：036.

熊明辉，熊英. 人体正常值 [M]. 北京：中国工人出版社，2007.

熊燕. 基于适应性热舒适的农宅设计策略初探：以湖北罗田骆驼坳镇为例 [J]. 建筑与文化，2015(10)：110-112.

许丹丹. 中国成年人室外温度与心率、血压间的关系：个体特征的修饰效应 [J]. 环境卫生学杂志，2017(2)：163.

闫海燕. 基于地域气候的适应性热舒适研究 [D]. 西安：西安建筑科技大学，2013.

杨柳. 建筑气候分析与设计策略研究 [D]. 西安：西安建筑科技大学，2003.

杨茜. 寒冷地区室内热舒适研究 [D]. 西安：西安建筑科技大学，2010.

杨薇，张国强. 湖南某大学校园建筑环境热舒适调查研究 [J]. 暖通空调，2006，36(9)：95-101.

杨薇．夏热冬冷地区住宅夏季热舒适状况以及适应性研究 [D]．长沙：湖南大学，2007．

杨永录．体温与体温调节生理学 [M]．北京：人民军医出版社，2015．

杨玉．老年人呼吸系统临床生理学特点 [J]．中国实用内科杂志，1989(11)：600-601．

杨治良．心理物理学 [M]．兰州：甘肃人民出版社，1988．

姚新玲．上海养老机构老年人居室热环境调查及分析 [J]．暖通空调，2011，41(12)：66-70．

叶红晖，夏永梅，厉郡华，等．月份和季节对老年人脑出血发病的影响 [J]．中华老年心脑血管病杂志，2013，15(12)：1 326-1 327．

叶少波．政府统计数据质量评估方法及其应用研究 [D]．长沙：湖南大学，2011．

叶晓江．人体热舒适机理及应用 [D]．上海：上海交通大学，2005．

于永中，李天麟，刘尊永，等．采暖卫生标准的研究：(I)7℃—25℃环境中安静状态时手指皮肤温度和手指血流图的改变 [J]．卫生研究，1984(1)：45-48．

俞准．暂留区热舒适性参数研究 [D]．北京：华北电力大学，2004．

原新，李志宏，党俊武，等．中国老龄政策体系框架研究 [J]．人口学刊，2009(6)：25-29．

张传森，杨向群，刘亚国．人体系统解剖学 [M]．上海：第二军医大学出版社，2006．

张恒．住宅建筑夏季老年人热舒适研究 [D]．重庆：重庆大学，2013．

张琳．哈尔滨市住宅人体热适应性与热舒适性研究 [D]．哈尔滨：哈尔滨工业大学，2010．

张文范．21 世纪上半叶中国老龄问题对策研究 [M]．北京：华龄出版社，2000．

张文彤，董伟．SPSS 统计分析高级教程 [M]．第 2 版．北京：高等教育出版社，2013．

张勇．样本量并非"多多益善"：谈抽样调查中科学确定样本量 [J]．中国统计，2008(5)：45-47．

张宇峰，赵荣义．建筑环境人体热适应研究综述与讨论 [J]．暖通空调，2010，40(9)：38-48．

章丽英，薛雅卓，李敏．社会福利院老年人生活适应过程的质性研究 [J]．护理研究，2013，27(25)：2 726-2 728．

赵英．城市"弱势群体"居住需求研究 [D]．西安：西安建筑科技大学，2007．

中国建筑学会建筑电气分会．建筑照明 [M]．北京：中国建筑工业出版社，2010．

中华人民共和国建设部．城镇老年人设施规划规范：GB 50437—2007[S]．北京：中国建筑工业出版社，2007．

中华人民共和国建设部．老年人建筑设计规范：JGJ 122—1999[S]．北京：中国建筑工业出版社，1999．

中华人民共和国住房和城乡建设部，中华人民共和国国家质量监督检验检疫总局．老年人居住建筑设计规范：GB 50340—2016[S]．北京：中国建筑工业出版社，2016．

中华人民共和国住房和城乡建设部．建筑照明设计标准：GB 50034—2013[S]．北京：中国建筑工业出版社，2013．

中华人民共和国住房和城乡建设部．民用建筑供暖通风与空气调节设计规范：GB 50736—2012[S]．北京：中国建筑工业出版社，2012．

中华人民共和国住房和城乡建设部．养老设施建筑设计规范：GB 50867—2013[S]．北京：中国建筑工业出版社，2013．

周方．不同季节中老年人身体活动量变化特征及推荐量的研究 [D]．北京：北京体育大学，2015．

朱建春．基于生理机能特征的老年产品设计研究 [J]．齐齐哈尔大学学报：哲学社会科学版，2016(7)：145-147．

朱卫红，窦瑞青，孟珺，等. 上海市社区老年人脑卒中危险因素暴露情况及心脑血管疾病发病风险 [J]. 中国公共卫生，2018，34(8)：1 075-1 078.

朱颖心. 建筑环境学 [M]. 北京：中国建筑工业出版社，2016.

朱钰，杨殿学. 统计学 [M]. 北京：国防工业出版社，2012.

附录 A 老年人健康热舒适调查问卷

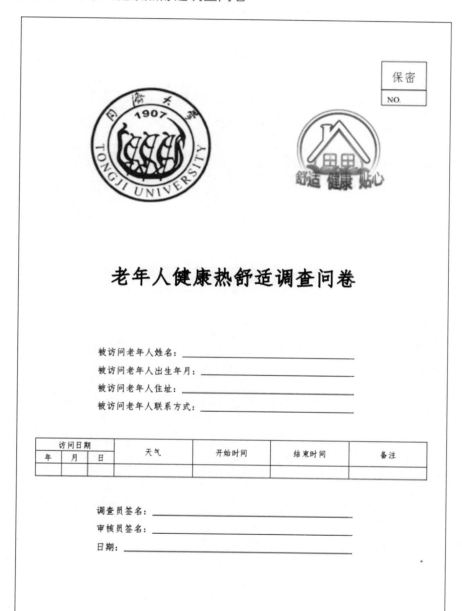

A.1 调查问卷

问卷 I

本部分由调查员填写，需客观真实，并请严格遵循国家现行有关测试标准及测量仪器操作规范。　　　　　NO.

A. 老年人居住建筑概况		
A1. 楼层：	A2. 房间面积/m²：	A3. 居住人数：
A4. 窗户朝向：东□ 南□ 西□ 北□	A5. 窗开启情况：开启□ 关闭□	A6. 门开启情况：开启□ 关闭□
A7. 空调类型：	A8. 空调开启情况：开启□ 关闭□ 无□ 温度：	
A9. 光源：自然光源□ 人工光源□	A10. 风扇开启情况：开启□ 关闭□ 无□	

B. 老年人居住建筑室内环境参数				
测点位置 (请在图中标出测点1、2、3等)	热环境	声环境	光环境	CO_2

B1. 空气温度（℃）	测量开始时间：	测量结束时间：	测量时间（min）：			
		1	2	3	4	5
	0.6m					
	1.1m					

B2. 相对湿度（%）	测量开始时间：	测量结束时间：	测量时间（min）：			
		1	2	3	4	5
	0.6m					
	1.1m					

B3. 空气流速（m/s）	测量开始时间：	测量结束时间：	测量时间（min）：			
		1	2	3	4	5
	0.6m					
	1.1m					

B4. 黑球温度（℃）	测量开始时间：	测量结束时间：	测量时间（min）：			
		1	2	3	4	5
	0.6m					
	1.1m					

B5. 噪声（dB）	测量开始时间：	测量结束时间：	测量时间（min）：			
		1	2	3	4	5
	1.5m					

B6. 照度（lx）	测量开始时间：	测量结束时间：	测量时间（min）：			
		1	2	3	4	5
	0.8m					

B7. CO_2（ppm）	测量开始时间：	测量结束时间：	测量时间（min）：			
		1	2	3	4	5
	0.6m					
	1.1m					

C. 老年人生理参数			
测量开始时间：	测量结束时间：	测量时间（min）：	
C1. 体温（℃）：	C2. 皮肤温度（℃）：	C3. 血压（mmHg）：	
C4. 血氧（%）：	C5. 呼吸（次/分）：	C6.心率（次/分）：	C7. 心电：

A.2　调查问卷（I）

问卷 II

本部分由受试者填写，如果受试者填写有困难，调查员以访谈的形式完成填写。 NO.

D. 基本信息

D1. 年龄：	D2. 性别：	D3. 身高：	D4. 体重：

D5. 您的籍贯是：	D6. 您在上海的生活时间： D7. 您在这里的生活时间：

D8. 您的文化程度是：	小学□ 初中□ 高中□ 大学专科□ 大学本科□ 硕士□ 博士□ 其他□，请注明_____

D9. 您60岁以前的主要职业是：	教育□ 专业技术□ 干部□ 商业□ 农、林、牧、渔、副业□ 工人□ 服务业□ 军人□ 家务劳动□ 其他□，请注明_____

D10. 您此刻的穿着是：	上装：长袖内衣□ 薄针织衣□ 长袖衬衫□ 毛/羽绒背心□ 厚针织衣□ 薄毛衣□ 绒衣□ 厚毛衣□ 夹克/棉衣□ 羽绒服 □ 其他□，请注明_____ 下装：长裤腿内衣□ 毛裤□ 长裤□ 绒裤□ 羽绒裤□ 其它，请注明_____ 鞋袜：袜子□ 布鞋□ 拖鞋□ 皮鞋□ 运动鞋□ 棉鞋□ 其它□，请注明_____

D11. 您此刻坐在什么地方？	金属椅子□ 木制椅子□ 标准办公椅□ 沙发□ 高级办公椅□ 床上□ 坐垫□ 其他□，请注明_____

E. 健康状况

E1. 您这半年的健康状况？	非常好□ 好□ 一般□ 不好□ 非常不好□

E2. 您目前患有下列疾病中的哪种疾病？	未患疾病□ 高血压□ 低血压□ 心脏病□ 糖尿病□ 脑血管疾病□ 呼吸系统疾病□ 白内障□ 青光眼□ 听力障碍□ 骨病□ 其他□，请_____

A.3　调查问卷（II）

E3. 您所患疾病对您日常生活的影响程度?	影响很大□　有一定影响□　没有影响□
E4. 您每天需要按时服药吗?	否□　是□, 请注明每天服药次数_____
E5. 30 分钟内您服用过药物吗?	否□　是□, 请注明药物作用_____
E6. 您在下列哪一个季节身体的不舒适感最强? (健康状况最差)	春□　春夏之间□　夏□　夏秋之间□　秋□　秋冬之间□　冬□　冬春之间□　全年□　无□

F 生活方式

F1-1. 您现在抽烟吗?	是□　否□
F1-2. 您过去抽烟吗?	是□　否□, 戒烟____年
F2-1. 您现在常喝酒吗?	是□　否□
F2-2. 您过去喝酒吗?	是□　否□, 戒酒____年
F3-1. 您现在是否经常进行体育锻炼?	是□　否□
F3-2. 您平均每天锻炼多长时间?	_____小时
F4-1. 您起床和就寝的时间很规律?	是□　否□
F4-2. 您每天的睡眠时间是几个小时?	_____小时
F5-1. 您平时在室内待多长时间?	_____小时
F5-2. 您平时在室外待多长时间?	_____小时
F6. 您现在参加以下活动吗? (多选)	
家务 (做饭, 带小孩, 照顾同伴等)	几乎每天□　有时参加□　不参加□
种花养宠物	几乎每天□　有时参加□　不参加□
阅读书报	几乎每天□　有时参加□　不参加□
看电视听广播	几乎每天□　有时参加□　不参加□
上网	几乎每天□　有时参加□　不参加□
下棋或打牌	几乎每天□　有时参加□　不参加□
社团活动	几乎每天□　有时参加□　不参加□

G. 您此刻的感觉

G1-1. 此刻您的冷热感觉是:	太冷了□ 有点冷□ 凉快□ 不冷不热□ 暖和□ 有点热□ 太热了□
G1-2. 此刻您对您房间温度满意吗?	满意□ 不满意□
G1-3. 此刻您希望如何改变您房间温度?	降低□ 不变□ 升高□
G2-1. 此刻您觉得房间的湿度情况是:	非常潮湿□ 潮湿□ 适中□ 干燥□ 非常干燥□
G2-2. 此刻您对您房间的湿度满意吗?	满意□ 不满意□
G2-3. 此刻您希望如何改变您房间湿度?	降低□ 不变□ 升高□
G3-1. 此刻您觉得房间的风速是:	无风□ 微风□ 稍大风□ 大风□ 很大风□
G3-2. 此刻您对您房间的风速满意吗?	满意□ 不满意□
G3-3. 此刻您希望如何改变您房间的风速?	降低□ 不变□ 升高□
G4-1. 此刻您觉得您房间光线情况?	非常暗□ 暗□ 较暗□ 明亮□ 非常亮□
G4-2. 此刻您对您房间的光线满意吗?	满意□ 不满意□
G4-3. 此刻您希望如何改变您房间光线?	降低□ 不变□ 升高□
G5-1. 此刻您觉得房间里的声音如何?	非常嘈杂□ 嘈杂□ 稍微嘈杂□ 安静□ 非常安静□
G5-2. 此刻您对您房间的声音大小满意吗?	满意□ 不满意□
G5-3. 此刻您希望如何改变您房间声音?	降低□ 不变□ 升高□
G6-1. 此刻您觉得您房间空气如何?	严重异味□ 异味□ 稍有异味□ 清新□ 非常清新□
G6-2. 此刻您对您房间空气质量满意吗?	满意□ 不满意□
G6-3. 此刻您希望如何改变您房间空气质量?	不变□ 升高□
G7-1. 此刻您在房间里的感觉是:	舒适□ 稍不舒适□ 不舒适□ 很不舒适□ 不可忍受□
G7-2. 此刻您对您房间的舒适度满意吗?	满意□ 不满意□
G7-3. 此刻您希望如何改变您房间的舒适度?	不变□ 升高□
G8.您会做以下哪些事让自己感觉更舒适? (多选)	减/加衣服□ 开/关窗户□ 开/关空调□ 晒太阳□ 开/关电热器□ 喝热/冷饮□ 做运动□ 离开房间□ 用热水袋□
G9.您此刻的心情:	开心□ 一般□ 不开心□

感谢您的参与，祝您健康长寿！

A.5 调查问卷 (II)

附录 B　老年人主观感觉调查辅助卡片

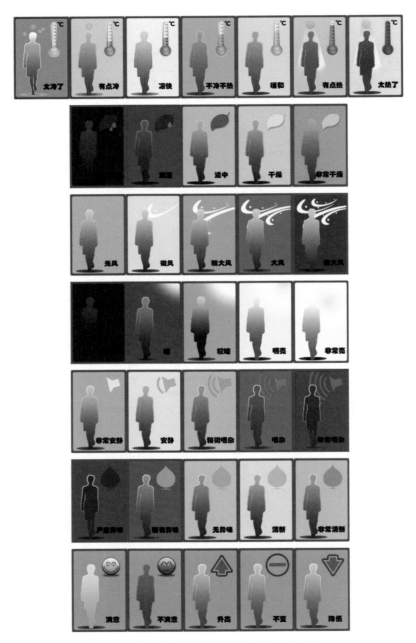

B.1　老年人主观感觉调查辅助卡片（女性）

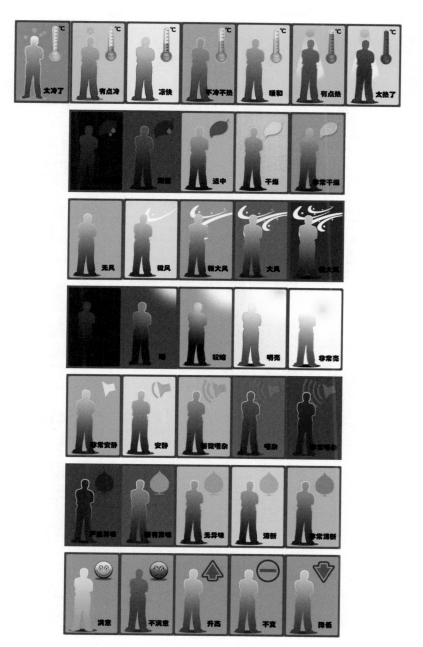

B.2 老年人主观感觉调查辅助卡片（男性）

附录 C 主要物理量和符号表

e	期望因子	$t_{a,tran}$	过渡空间空气温度（℃）
S	身体热积率（W/m²）	RH_{tran}	过渡空间相对湿度（%）
M	代谢产热率（W/m²）	$v_{a,tian}$	过渡空间风速（m/s）
E	蒸发热传递率（W/m²）	T_{local}	在上海的生活时间（y）
W	对外做功（W/m²）	$T_{facility}$	在调研地的生活时间（y）
R	辐射热交换（W/m²）	T_{indoor}	每天在室内的时间（h）
C	对流传热率（W/m²）	$T_{outdoor}$	每天在室外的时间（h）
n_0	初始样本量	TSV	热感觉投票
N	总体大小	TA	热满意投票
S^2	总体方差	TP	热期望投票
d	绝对误差限度（%）	HSV	湿度感觉投票
$1-\alpha$	置信水平	HA	湿度满意投票
W_1	抽样比	HP	湿度期望投票
t_a	空气温度（℃）	VSV	风速感觉投票
RH	相对湿度（%）	VA	风速满意投票
t_g	黑球温度（℃）	VP	风速期望投票
v_a	风速（m/s）	P	显著性水平
L_A	A 声级（dB）	P	概率
E	照度（lx）	P_{St}	热满意概率
C_{CO_2}	二氧化碳浓度（0.001‰）	P_{Dt}	热不满意概率
$\overline{t_r}$	平均辐射温度（℃）	F_S	疾病对日常生活的影响
t_{op}	操作温度（℃）	S_{as}	风速满意
I_{cl}	全套服装热阻（clo）	R_s	规律睡眠
I_{clu}	单件服装热阻（clo）	APMV	预计适应性平均热感觉指标
SA	体表面积（m²）	λ	自适应系数
H_t	身高（cm）	PPD	预测不满意百分比
W_t	体重（kg）	PMV	预测平均热感觉投票
$t_{a,out}$	室外空气温度（℃）	PMVe	修正的预测平均热感觉投票
RH_{out}	室外相对湿度（%）	T_{comf}	舒适温度（℃）
$v_{a,out}$	室外风速（m/s）	$T_{pma(out)}$	室外平滑周平均温度（℃）

附录 D　入口流速 UDF

```
#include "udf.h"

#define Uheight 2.2      /* 地面 x 米高度风速  */
#define B 0.15          /* 地面粗糙度 */
#define height 10.0      /* 地面高度 */
/*  profile for x-velocity     */
DEFINE_PROFILE(inlet_velocity,t,i)
{
  real y, x[ND_ND];        /* variable declarations */
  face_t f;
  begin_f_loop(f,t)
    {
      F_CENTROID(x,f,t);
      y  =  x[1];
      F_PROFILE(f,t,i)  =  Uheight*pow(y/10,B);
    }
  end_f_loop(f,t)
}
```